新世纪

新世纪应用型高等教育计算机类课程规划教材

区块链技术导论

Introduction to Blockchain Technology

主编 曲毅

副主编 李朝辉 初翔 马磊

大连理工大学出版社

图书在版编目(CIP)数据

区块链技术导论 / 曲毅主编. -- 大连 : 大连理工大学出版社，2023.6
新世纪应用型高等教育计算机类课程规划教材
ISBN 978-7-5685-4177-0

Ⅰ. ①区… Ⅱ. ①曲… Ⅲ. ①区块链技术－高等学校－教材 Ⅳ. ①TP311.135.9

中国国家版本馆 CIP 数据核字(2023)第 011640 号

大连理工大学出版社出版
地址:大连市软件园路 80 号 邮政编码:116023
发行:0411-84708842 邮购:0411-84708943 传真:0411-84701466
E-mail:dutp@dutp.cn URL:https://www.dutp.cn
大连永盛印业有限公司印刷 大连理工大学出版社发行

幅面尺寸:185mm×260mm 印张:14.75 字数:341 千字
2023 年 6 月第 1 版 2023 年 6 月第 1 次印刷

责任编辑:王晓历 责任校对:孙兴乐
封面设计:张 莹

ISBN 978-7-5685-4177-0 定 价:53.80 元

本书如有印装质量问题，请与我社发行部联系更换。

自序

区块链技术被认为是继蒸汽机、电力、互联网科技之后第四个最有潜力引发颠覆性革命的核心技术之一，区块链将逐渐成为“价值互联网”的重要基础设施，中国、美国及欧洲各国都已将区块链上升为国家战略。

2021 年 3 月，区块链被写入《中华人民共和国国民经济和社会发展第十四个五年规划纲要》，其中提出推动区块链技术创新，以联盟链为重点发展区块链服务平台和金融科技、供应链管理、政务服务等领域应用方案，完善监管机制。同年 6 月，中华人民共和国工业和信息化部和中华人民共和国国家互联网信息办公室联合发布《关于加快推动区块链技术应用和产业发展的指导意见》，指出聚焦供应链管理、产品溯源、数据共享等实体经济领域，推动区块链融合应用，支撑行业数字化转型和产业高质量发展，推动区块链技术应用于政务服务、存证取证、智慧城市等公共服务领域，支撑公共服务透明化、平等化、精准化。2021 年下半年，元宇宙概念开始火热，“Web 3.0”成为区块链领域的中心议题。2022 年，数字藏品作为区块链技术的产物遍地生花，包括小米、美的、哔哩哔哩、阅文集团等纷纷推出自己的数字藏品。

区块链平台有很多，本教材只介绍了目前四个重要的区块链平台：比特币、以太坊、Hyperledger Fabric 和 FISCO BCOS。比特币是区块链技术的第一个杀手级应用，构建了去中心化的加密货币系统，是区块链 1.0 阶段的杰出代表。以太坊是区块链 2.0 阶段的主要代表，它是一个区块链基础开发平台，提供了图灵完备的智能合约系统。通过支持智能合约编程，可实现复杂的商业和非商业逻辑，让区块链技术应用不局限于虚拟货币。在区块链 3.0 阶段，区块链广泛应用于教育、医疗、农业、电商、供应链、政务、数字版权等场景，Hyperledger Fabric 是这些联

盟链的重要代表。FISCO BCOS是国内发起的联盟链社区项目，拥有超3 000家企业、机构和七万余名成员，核心参与者300多名，开源子项目十余个，形成了活跃的开源联盟链生态圈。Web 3.0旨在为“价值互联网”提供去中心化的社会基础设施。

区块链是一个交叉性学科，区块链与人工智能、大数据、云计算、5G、物联网等技术互有交叉，与新旧技术的结合也更加紧密。全球主要国家都在加快布局区块链技术发展。我国在区块链领域尤其是联盟链领域拥有良好基础，应加快推动区块链技术和产业创新发展，积极推进区块链和经济社会融合发展。应构建区块链产业生态，加快区块链和人工智能、大数据、物联网等前沿信息技术的深度融合，推动集成创新和融合应用。但是，人才稀缺严重制约着区块链的发展。

区块链技术开发和应用人才之所以缺口巨大，是因为区块链涉及计算机、分布式、密码、经济学等多个学科，所以人才培养存在滞后性，无法满足产业和行业迅猛发展的需求，既懂区块链技术又懂电商和物流等专业理论的人才更为稀缺。本教材编者凭借多年在电商、物流等领域的教学和科研深耕，以及与大连捷径科技有限公司等区块链企业的产学研合作成果，完成了本教材的编写，对于培养多学科交叉的人才，具有重要的基石作用。

李朝黎 初翔

2023年6月

前言

本教材从区块链技术的起源与本质入手，深入浅出地介绍了区块链的技术原理，详细介绍了目前四个重要的区块链平台：比特币、以太坊、Hyperledger Fabric 和 FISCO BCOS。全书共分为 10 章，包括区块链起源与本质、区块链基本概念、区块链基础技术、区块链中的密码学、区块链共识机制与共识算法、区块链交易机制、区块链网络、智能合约、区块链价值与应用、区块链的机遇与挑战。本教材适合作为高等院校计算机相关专业及其他工科、管理专业的区块链教材，也可作为区块链爱好者的自学参考书。

为响应教育部全面推进高等学校课程思政建设工作的要求，本教材融入思政元素，逐步培养学生正确的思政意识，树立肩负建设国家的重任，从而实现全员、全过程、全方位育人，使学生树立爱国主义情感，能够积极学习技术，立志成为社会主义事业建设者和接班人。

本教材由大连海事大学曲毅任主编；由大连海事大学李朝辉、初翔，大连捷径科技有限公司技术总监马磊任副主编。具体编写分工如下：曲毅负责编写第 1 章、第 3 章、第 6 章至第 8 章；李朝辉负责编写第 2 章；初翔负责编写第 4 章、第 5 章；马磊负责编写第 9 章、第 10 章，并负责全书的校对和格式整理工作。全书由曲毅负责策划、统稿和审核。本教材在编写过程中得到了大连海事大学航运经济与管理学院领导、同事的大力支持，也感谢张军育书记在思政内容的编写上给予的大力支持。此外，上海隔镜信息科技有限公司 CEO 余炀审阅了本教材，并提出了许多宝贵的意见和建议，在此表示衷心的感谢。

在编写本教材的过程中，编者参考、引用和改编了国内外出版物中的相关资料以及网络资源，在此表示深深的谢意！相关著作权人看到本教材后，请与出版社联系，出版社将按照相关法

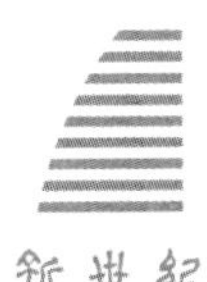

律的规定支付稿酬。

限于水平，书中仍有疏漏和不妥之处，敬请专家和读者批评指正，以使教材日臻完善。

编　者

2023 年 6 月

所有意见和建议请发往：dutpbk@163.com

欢迎访问高教数字化服务平台：https://www.dutp.cn/hep/

联系电话：0411-84708445　84708462

第1章 区块链的起源与本质

本章导读

区块链是一种开放、透明、分散、无摩擦和安全的技术，是分布式数据存储、点对点信息传输、共识机制、密码学算法等技术的综合应用。近年来，区块链技术得到了快速的发展，区块链的应用领域直接关乎国计民生，在技术革新和产业变革中具有非常重要的意义。

区块链技术被认为是继蒸汽机、电力、互联网科技之后第四个最有潜力引发颠覆性革命的核心技术，区块链将推动“信息互联网”逐渐向“价值互联网”“信任互联网”变迁，中国、美国等国家都已将区块链升级为国家战略，阿里巴巴、腾讯、小米、华为等互联网企业，以及银联、工商银行、农业银行等金融机构，也都在深度布局区块链，区块链的人才需求将出现井喷式增长。

2019年10月24日，在中央政治局第十八次集体学习时，习近平总书记强调指出“要把区块链作为核心技术自主创新的重要突破口，加快推动区块链技术和产业创新发展”。这一重要论断明确了区块链作为新一代信息基础设施在推动国家社会经济发展中的重要地位，为区块链的发展指明了路径和方向。区块链已走进大众视野，成为社会的关注焦点。

顺应国家大力发展区块链的趋势，自2020年以来，全国迎来了区块链政策热潮，中央以及各地方政府纷纷颁布区块链相关政策。2021年区块链被列为国民经济和社会发展“十四五”规划七大数字经济重点产业之一，迎来创新发展新机遇。截止到2020年11月，国家层面共有50项区块链政策信息公布，各地区块链相关政策达190余项，其中广东省、山东省、北京市等20多个省市出台了区块链专项政策。可见国家对于区块链的支持力度也越来越大，包括政策倾斜和资金支持，区块链前景一片大好。

通过本章的学习，可以达到以下目标要求：

- 了解区块链的诞生。
- 了解区块链的发展历程。
- 理解区块链的定义。
- 理解区块链的基本特性。

1.1 区块链的诞生

区块链(BlockChain)技术是一系列现代信息技术的组合,2008 年伴随着大家所熟知的比特币一起诞生,但区块链不等于比特币,区块链是比特币底层的核心技术。

中文最大的魅力是望文生义,即便是第一次听说区块链,也能想象出来用一个链子把多个块儿串起来的样子。或许有人会想,那不就是"结绳记事"吗?

《周易·系辞》云:"上古结绳而治。"《春秋左传集解》云:"古者无文字,其有约誓之事,事大大其绳,事小小其绳,结之多少,随扬众寡,各执以相考,亦足以相治也。"

结绳记事,是远古时代人类摆脱时空限制记录事实、进行传播的一种手段。在语言产生以后、文字出现以前的漫长年代里,通过不同粗细的绳子,在上面结成不同距离的结。其中,结又有大有小,每种结法、距离大小以及绳子粗细表示不同的意思,由专人循一定规则记录,先是可以记录数字与账本,后来随着发展能够记录风俗传统和传说等重大事件。结绳记事如图 1-1 所示。

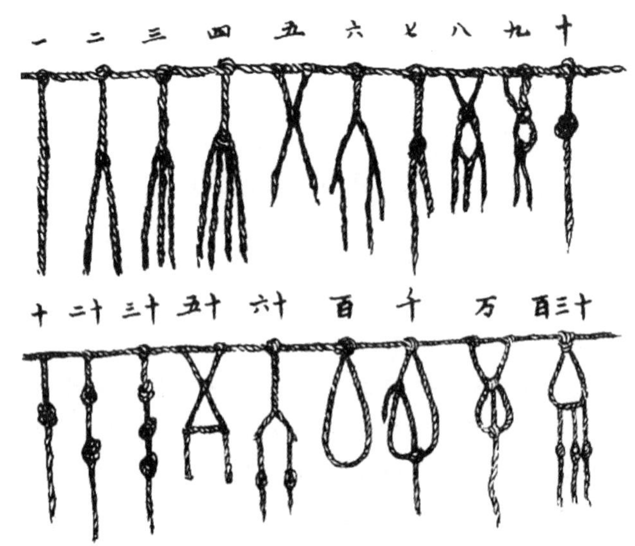

图 1-1　结绳记事

跟"结绳记事"一样,区块链最早最成功的应用也就是记录数字和记录账本,然后才开始记录更为丰富的信息。区块链如图 1-2 所示。

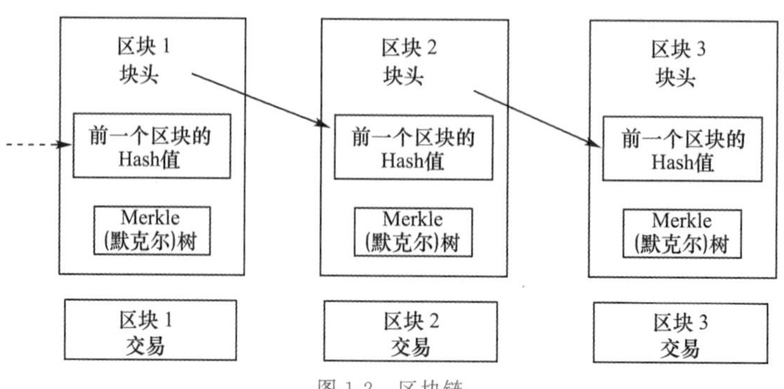

图 1-2　区块链

对比一下结绳记事和区块链，都是一条绳子或一条链子，带着一些绳结或一堆交易信息，从记账角度来看，这个理解还真的很形象。

第一个成功利用区块链技术记账的应用就是比特币。

2008 年 10 月 31 日，有人以“中本聪”的化名在一个密码学评论组上发表了一篇《比特币：一种点对点式的电子现金系统》，其中阐述了基于 P2P 网络技术、加密技术、时间戳技术、区块链技术等技术建立一个去中心化的电子现金系统架构理念，其理念大体涵盖了去中心化、工作量证明、工作原理、比特币总量、交易数据共享等多个方面，并首次提出了比特币的概念，被认为是区块链的诞生。在这之前，无数技术天才都在实践数字货币的梦想，失败的数字货币或数字支付系统不胜枚举。这些失败的实验，也给了比特币之父中本聪（Satoshi Nakamoto）启发。中本聪吸收了历史上数字货币的经验教训，他认为基于分布式账本搭建的数字货币系统比中心化的系统更为可靠。通过优化大卫·乔姆（David Chaum）构建的 Ecash 系统，并综合使用时间戳、工作量证明机制、非对称加密技术以及 UTXO 等技术，中本聪主导发明的比特币成为集大成者，获得了前所未有的成功。

从比特币的发展我们可以看到，区块链作为比特币的底层支撑技术，并非由单一技术构成，而是一系列技术的集合。也许包括中本聪本人在内的所有极客都未曾想到，比特币会有如此强大的生命力。2010 年 4 月，比特币首次公开交易的市场价是 0.03 美元，而到 2017 年底，比特币甚至达到了接近 2 万美元的最高价格，总市值超过 1 000 亿美元，几十万倍的涨幅吸引了全球投资者的目光。

1.2　区块链的发展历程

区块链在其发展的数十年历程中，有如下的重要时间节点：

1976 年，贝利·惠特菲尔德·迪菲（Bailey W. Diffie）、马丁·爱德华·赫尔曼（Martin E. Hellman）两位密码学的大师发表了论文《密码学的新方向》，论文覆盖了未来几十年密码学所有的新的进展领域，包括非对称加密、椭圆曲线算法、哈希等一些手段，奠定了迄今为止整个密码学的发展方向，也对区块链的技术和比特币的诞生起到决定性作用。因此，可以把 1976 年当作区块链史前时代的元年，正式开启了整个密码学，包括密码学货币的时代。

1977 年，著名的非对称加密算法（RSA）诞生，这是 1976 年《密码学的新方向》的自然延续，三位发明人也因此在 2002 年获得了图灵奖。

1980 年，梅克尔·拉尔夫（Merkle Ralf）提出了 Merkle-Tree（默克尔树）这种数据结构和相应的算法，后来的主要用途之一是分布式网络中数据同步正确性的校验，这也是比特币中引入用来做区块同步校验的重要手段。

1982 年，兰伯特（Lamport）提出拜占庭将军问题，标志着分布式计算的可靠性理论和实践进入了实质性阶段。同年，大卫·乔姆提出了密码学支付系统 Ecash，这是密码学货币最早的先驱之一。

1985 年，科布利茨（Koblitz）和米勒（Miller）各自独立提出了著名的椭圆曲线加密

(Ellipse Curve Cryptograpghy, ECC)算法。由于此前发明的 RSA 算法计算量过大很难实用，ECC 算法地提出才真正使得非对称加密体系产生了实用的可能。因此，可以说到了 1985 年，也就是《密码学的新方向》发表 10 年左右的时候，现代密码学的理论和技术基础已经完全确立了。

最终，从 1976 年开始，经过 20 年左右的时间，密码学、分布式计算领域终于进入了爆发期。

1997 年，Hash Cash(哈希现金)方法，也就是第一代工作量证明机制(Proof of Work, PoW)出现了，当时发明出来主要用于做反垃圾邮件。在随后发表的各种论文中，具体的算法设计和实现，已经完全覆盖了后来比特币所使用的 PoW 机制。

到了 1998 年，戴伟(Wei Dai)与尼克·萨博同时提出了密码学货币的概念。其中戴伟的 B-Money 被称为比特币的精神先驱，而萨博的 Bitgold 提纲和中本聪的比特币论文里列出的特性很接近。

在 21 世纪到来之际，区块链相关的领域又有了几次重大进展：首先是点对点分布式网络，1999 年到 2001 年的三年时间内，Napster(集中式服务器)、eDonkey 2000(eD2k 网络)和 BitTorrent(比特流)先后出现，奠定了 P2P(对等)网络计算的基础。

2001 年 NSA 发布了 SHA-2 系列算法，其中包括目前应用最广的 SHA-256 算法，这也是比特币最终采用的哈希(Hash)算法。应该说此时比特币或者区块链技术诞生的所有的技术基础在理论上、实践上都被解决了。

中本聪在 2008 年 11 月的时候发表了著名的论文《比特币：一种点对点式的电子现金系统》，2009 年 1 月紧接着用他第一版的软件挖掘出了创始区块，开启了比特币的时代。

2010 年，第一个比特币交易所上线。这一年比特币已经成功产出约 100 万枚，越来越多的人开始关注这个没有实体的货币。5 月，早期比特币爱好者——美国程序员拉兹洛(Laszlo)用 10 000 个比特币买了 2 个价值 25 美元的披萨(按现在比特币的价格计算，这个披萨价值上亿元)。这是第一次有记录地把比特币当作现实生活中的货币进行交易，比特币产生了自己的价值。2010 年 7 月 17 日，著名比特币交易所 Mt. gox(门头沟)成立，一度成为世界最大的比特币交易所之一，这标志着比特币真正进入了市场。

2011 年 4 月，比特币官方正式记载的第一个版本是 0.3.21，这个版本非常初级，但意义重大。首先，由于它支持 uPNP，实现了我们日常使用的 P2P 软件的能力，比特币才真正能登堂入室，进入寻常百姓家，让任何人都可以参与交易。其次，在此之前比特币节点最小单位只支持 0.01 比特币，相当于"分"，而这个版本真正支持了"聪"。可以说从这个版本之后，比特币才成为现在的样子，真正形成了市场，在此之前基本上是技术人员的玩物。

2013 年，比特币发布了 0.8 的版本，这是比特币历史上最重要的版本，它完善了比特币节点本身的内部管理、网络通信的优化。也就是在这个时间点以后，比特币才真正支持全网的大规模交易，成为中本聪设想的电子现金，真正产生了全球影响力。同年，张楠骞(南瓜张)第一个研发出 ASIC 矿机，并命名为"阿瓦隆"，前三批次总共生产 1 500 台。ASIC 矿机问世，也孕育着这个市场的新巨头的出现。比特币开始走向大规模商业化的阶段。

2014 到 2015 年，去中心化应用平台出现了：俄罗斯维格利克·布特林(Vitalik

Buterin)创立发明了以太坊(Ethereum),智能合约的概念引领区块链2.0。以太坊的出现,意味着一个巨大的创新,也意味着一个非常具有标志性的去中心化应用平台出现。

2016年初,以太坊的技术得到市场认可,价格开始暴涨,吸引了大量开发者以外的人进入以太坊的世界。通过以太坊推出的智能合约,提出了区块链交易的不同概念。

2017年,使用以太坊智能合约发行代币的项目多如牛毛。代币(Token)发行项目方盛行,但是大多数都是为了"圈钱"的垃圾项目,整个市场十分混乱,各种圈钱项目跑路,部分大众也因为贪婪和无知纷纷卷入其中上当受骗。这一年9月4日,以中国央行为首的七部门出手正式叫停代币发行。通知指出,任何组织和个人不得非法从事代币发行融资活动。

2018年,是区块链技术的启动元年,在市场狂乱之后,虚拟货币和区块链在市场、监管、认知等各方面进行调整,回归理性。各国均在积极规范代币募资的行为,监管政策逐渐完善。谋求代币合法合规成了行业共识,欺诈性的代币募资行为在逐渐减少,公众的防范意识进一步增强。

2019年,提倡区块链技术赋能实体经济。有多个行业正在积极研发、应用区块链技术,并逐步走向落地应用。

2020年,我国区块链政策持续利好、标准规范更加完善、产业规模持续增长、技术持续创新发展、重点领域应用示范效应加速显现。行行查研究中心数据显示,2020年中国区块链市场支出规模为4.7亿美元,其中金融领域支出约为2.8亿美元,同比增长超过60%。区块链相关专利申请数量逐年增长,据企查查区块链专利数据显示,2020年我国区块链相关专利申请数量达到8 288件,同比增长了48.6%。

诞生12年,比特币在2021年迎来了几个事件。9月7日,中美洲国家萨尔瓦多将比特币定为法定货币,这是比特币第一次成为一个国家或地区的法定货币。10月12日,美国证监会八年来首次批准ProShares公司推出比特币ETF,并在纽约证券交易所上市,这标志着第一支合规的比特币期货ETF登陆美国资本市场,加密货币投资敞口的再次扩大。

2021年年初,比特币延续2020年年末的涨势不停,一举站上2万美元关口,打破了2017年创造的历史高点。但随着特斯拉购买比特币的重磅消息席卷全球,比特币价格的飙升并未停止,在4月达到了6万美元的高度。此后,伴随着5月份中国对虚拟货币挖矿和炒作的禁止及全球资本市场的动荡,比特币迎来数次大暴跌,包括5月及12月都出现了短时超20%的价格回调。截至2021年末,比特币的价格维持在5万美元附近。

2021年3月,区块链被写入《中华人民共和国国民经济和社会发展第十四个五年规划和2035年远景目标纲要》(简称"十四五"规划),"十四五"规划提出打造数字经济新优势,加快推动数字产业化,推动区块链技术创新,以联盟链为重点发展区块链服务平台和金融科技、供应链管理、政务服务等领域应用方案,完善监管机制。同年6月,工信部和网信办联合发布《关于加快推动区块链技术应用和产业发展的指导意见》指出,聚焦供应链管理、产品溯源、数据共享等实体经济领域,推动区块链融合应用,支撑行业数字化转型和产业高质量发展,推动区块链技术应用于政务服务、存证取证、智慧城市等公共服务领域,支撑公共服务透明化、平等化、精准化。

2021年9月24日，中国人民银行、中央网信办、最高人民法院、最高人民检察院、工业和信息化部、公安部、市场监管总局、银保监会、证监会、外汇局联合发布《关于进一步防范和处置虚拟货币交易炒作风险的通知》(以下简称《通知》)，就虚拟货币和相关业务活动的属性，《通知》再度予以明确：虚拟货币不具有与法定货币等同的法律地位，虚拟货币相关业务活动属于非法金融活动，境外虚拟货币交易所通过互联网向我国境内居民提供服务同样属于非法金融活动，并提醒参与虚拟货币投资交易活动存在法律风险。

《通知》提出一系列工作措施，包括建立部门协同、央地联动的常态化工作机制，加强对虚拟货币交易炒作风险的监测预警，构建多维度、多层次的虚拟货币交易炒作风险防范和处置体系。

2021年下半年，元宇宙概念开始火热，2021年年末"Web 3.0"在区块链领域中逐渐成为中心议题。在"Web 3.0"的含义下，由于区块链所代表的分布式存储、非对称加密技术以及去中心化理念都与"Web 3.0"概念非常吻合，因此成了最有希望实现"Web 3.0"愿景的领域之一。

到了2022年，数字藏品这个以区块链技术开发的产物遍地生花。区块链数字藏品就是使用区块链技术通过唯一标识确认权益归属的数字作品、艺术品和商品，能够在区块链网络中标记出其所有者，并对后续的流转进行追溯，包括但不限于数字图片、音乐、视频、电子票证、数字纪念品等各种形式。这一年初，互联网公司都开始入场数字藏品，包括小米、美的、哔哩哔哩、阅文集团等纷纷推出自己的数字藏品。

1.3 区块链的定义

区块链概念的出现，首先是在中本聪的比特币白皮书中提到的，中本聪对区块链概念的描述如下：

时间戳服务器通过对以区块(Block)形式存在的一组数据，实施随机散列而加上时间戳，并将该随机散列进行广播，就像在新闻或世界性新闻组网络(Usenet)的发帖一样。显然，该时间戳能够证实特定数据必然于某特定时间是的确存在的，因为只有在该时刻存在了才能获取相应的随机散列值。每个时间戳应当将前一个时间戳纳入其随机散列值中，每一个随后的时间戳都对之前的一个时间戳进行增强，这样就形成了一条链。

节点始终都将最长的链视为正确链，并持续工作和延长它。如果有两个节点同时广播不同版本的新区块，其他节点在接收到该区块的时间上，就将存在先后差别。当此情形，它们将在率先收到的区块基础上进行工作，但也会保留另外一条链，以防后者变成最长链。该僵局的打破，要等到下一个工作量证明被发现，而其中的一条链被证实为是较长的一条，那么在另一条分支链上工作的节点将转换阵营，开始在较长的链上工作。

中本聪对区块链的描述是比较具体的，但翻译出来比较难理解，通常我们会认为：

区块链是由节点参与的分布式数据库系统，它的特点是不可篡改、不可伪造，可以将其理解为一个分布式账本。它是比特币系统的一个重要技术。

区块链是由一串使用密码学方法产生的数据块组成的，每一个区块都包含了上一个区块的哈希(Hash)值，从创始区块(Genesis Block)开始连接到当前区块，形成区块链。每一个区块都确保按照时间顺序在上一个区块之后产生，否则前一个区块的 Hash 值是未知的。

区块链是一种新型去中心化协议，能安全地存储比特币交易或其他数据，信息不可伪造和篡改，区块链技术解决了拜占庭将军问题，大大降低了现实经济的信任成本与会计成本，重新定义了互联网时代的产权制度。

百度百科将区块链概念定义为：

从科技层面来看，区块链涉及数学、密码学、互联网和计算机编程等很多科学技术问题。从应用视角来看，简单来说，区块链是一个分布式的共享账本和数据库，具有去中心化、不可篡改、全程留痕、可以追溯、集体维护、公开透明等特点。这些特点保证了区块链的“可信”与“透明”，为区块链创造信任奠定基础。而区块链丰富的应用场景，基本上都是基于区块链解决信息不对称问题的特点，能够实现多个主体之间的协作信任与行动一致。

区块链是分布式数据存储、点对点传输、共识机制、加密算法等计算机技术的新型应用模式。区块链是比特币的一个重要底层技术，它本质上是一个去中心化的数据库，是一串使用密码学方法产生的相关联数据块，每一个数据块中包含了一批次比特币网络交易的信息，用于验证其信息的有效性(防伪)和生成下一个区块。

比特币白皮书英文原版其实并未出现 Blockchain 一词，而是使用的 Chain of Blocks。最早的比特币白皮书中文翻译版中，将 Chain of Blocks 翻译成了区块链。这是“区块链”这一中文词最早出现的时间。

2020 年 4 月，根据国家标准化管理委员会的批复，工信部提出了全国区块链和分布式记账技术标准化技术委员会组建方案。依照全国区块链标准技术委员会起草中的《区块链与分布式账本参考架构》国家最新标准，给出了准确的区块链技术的定义：

区块链是使用密码学技术链接，将共识确认过的区块按顺序追加而形成的分布式账本。

定义准确概括了密码学技术、共识确认、区块、顺序追加、分布式账本等区块链所有的技术组成部分。

1.4　区块链的特性

区块链的主要特性包括去中心化、不可篡改、可追溯性、公开透明等。

1. 去中心化

在整个区块链网络中，没有中心化的硬件或者管理机构，任一节点之间的权利和义务都是均等的，且任一节点的失效都不会影响整个系统的运作，因此可以认为区块链系统具有极好的健壮性。我们常见的支付宝、微信等，实际上是极度中心化的，由一家企业来依据自己的需求制定规则，而且可以随时调整。我们常听说的“互联网杀熟”，就是中心化系统的弊端之一。而去中心化系统在整个区块链网络中的所有节点是平等的，都有记账的权利，获得记账权的节点是网络中所有节点达成共识后产生的，因此是真实有效的，相比于中心化系统具有公正、透明的特点。

2. 不可篡改

整个系统将通过分布式数据存储的形式，让每个参与节点都能获得一份完整数据库的拷贝。除非能够同时控制整个系统中大多数的节点，否则少数节点上对数据库的修改是无效的，也无法影响其他节点上的数据内容。参与系统中的节点越多，计算能力越强，则系统中的数据安全性越高。

3. 可追溯性

系统中每个节点间的数据交换是无须互相信任的，整个系统的运作规则是公开透明的，所有的数据内容也是公开的，因此在系统指定的规则和时间范围内，节点之间是不能也无法进行"欺诈"的。被区块链记录的任何信息都具有唯一性，因此都是可以被查询追溯的，特别适合产品溯源(比如防伪鉴别)、税务审查等应用场景。

4. 公开透明

区块链是由系统中所有具有维护功能的节点来共同维护的，而这些具有维护功能的节点是任何人都可以参与的，所以区块链是公开透明的，并且计算结果具有一致性。

随着技术的发展，区块链由以上四个特性引申出另外两个特性：开源和隐私保护。

(1)开源

区块链系统的运作规则是公开透明的，每个节点都需假设其他节点是有潜在作恶可能的。对于程序而言，区块链系统协议上是透明的，程序也必定会是开源的，至少应该在成员或节点内部开源。

(2)隐私保护

隐私保护在公有链和联盟链中的实现手段有所差异。在公有链中，节点间是无须互相信任的，因此节点间无须公开身份，每个参与节点的隐私在公有链系统中都是受保护的。在联盟链中，参与节点是准入制的，具有严格的身份认证，隐私保护一般不是指身份的隐私保护，而是指上链信息的隐私保护。当然，隐私保护的作用是灵活配置的，取决于业务场景的需求。

1.5 本章小结

本章对区块链的起源与本质进行了全面介绍，详细描述了区块链的诞生与发展历程，并对其定义和特性进行了梳理，使学生对区块链有了一个初步的认识，为之后的章节打下基础。对于区块链的诞生与发展历程，了解即可，而对于区块链的定义与基本特性，是需要理解与掌握的。

1.6　课后练习题

一、选择题

1. 区块链最早是由(　　)创造的。

A. 蒂莫西·梅　B. 图灵　C. 中本聪　D. 马斯克

2. 第一个研发出 ASIC 矿机的是(　　)。

A. 张楠骞　B. 阿瓦隆　C. 拉兹洛　D. VitalikButerin

3. 比特币最终采用的哈希算法是(　　)。

A. SHA-256　B. RSA　C. ECC　D. Pow

二、填空题

1. 2009 年 1 月中本聪用他第一版的软件挖掘出了创世区块,开启了________的时代。

2. ________的出现,意味着一个巨大的创新,也意味着一个非常具有标志性的去中心化应用平台出现。

3. ________是区块链技术的启动元年。

三、问答题

1. 区块链就是比特币这种说法是否正确?说说两者的关系。

2. 简述区块链的主要特性。

第2章 区块链的基本概念

本章导读

区块链是制造信任的机器，它将带领我们进入后互联网时代，这股浪潮正在席卷着人们工作和生活的方方方面。了解区块链的起源与本质，只是系统地学习区块链知识的第一步。本章的学习，让您在学习区块链基础技术之前，进一步熟悉区块链的基本概念，以便更好地理解后面所学的内容。通过本章的学习，可以达到以下目标要求：

- 理解区块链相关的账本、区块、节点、创世区块、交易、账户等基本概念。
- 熟悉区块链的分类，包括公有链、私有链、联盟链。
- 熟悉公有链的代表：比特币、以太坊。
- 了解联盟链的代表性平台：Hyperledger Fabric 以及 FISCO BCOS。
- 理解区块链的优缺点以及应用方向。

2.1 区块链的相关概念

在学习区块链的过程中，我们经常能够听到账本、区块、节点、创世区块、交易、账户等概念，这些概念在区块链中所表达的意思与通常的理解有所区别。

1. 账本

账本主要用于管理账户、交易流水等数据，它记录了一个网络上所有的交易信息，支持分类记账、对账、清结算等功能。在多方合作中，多个参与方希望共同维护和共享一份及时、正确、安全的分布式账本，以消除信息不对称，提升运作效率，保证资金和业务安全，当一个交易完成时，就会通知所有参与的节点进行记账，保持账本一致。

2. 区块

区块是按时间次序构建的数据结构，区块链的第一个区块称为“创世区块”(Genesis Block)，后续生成的区块用“高度”标识，每个区块高度逐一递增，新区块都会引入前一个区块的 Hash 信息，再用 Hash 算法和本区块的数据生成唯一的数据指纹，从而形成环环相扣的块链状结构，称为区块链。链上数据按发生时间保存，可追溯、可验证，如果修改任何一个区块里的任意一个数据，就会导致整个块链验证不通过。

一个区块的基本数据结构是区块头和区块体，其中：

- 区块头包含区块高度、Hash、出块者签名、状态树根等一些基本信息；
- 区块体包含一批交易数据列表已经相关的回执信息。

区块的大小并不是固定的，主要根据交易列表的大小来确定，有时候考虑到网络带宽等因素，一般在 1 MB 到几 MB 之间。

3. 节点

计算机安装了区块链系统所需的软、硬件，并加入了区块链网络，可以称为一个节点。节点参与到区块链系统的网络通信、逻辑运算、数据验证，以及验证和保存区块、交易、状态等数据，并对客户端提供交易处理和数据查询的接口。节点的标识采用公私钥机制，生成一串唯一的节点 ID，以保证它在网络上的唯一性。

4. 创世区块

区块链里的第一个区块由中本聪创建于 2009 年，被称为创世区块。它是区块链里面所有区块的共同祖先，因此从任一区块循链向后回溯，最终都将到达创世区块。所有的联盟链也具有这样的一个创世区块。

5. 交易

交易可认为是一段发往区块链系统的请求数据，用于部署合约，调用合约接口，维护合约的生命周期，以及管理资产和进行价值交换等，交易的基本数据结构包括发送者、接收者、交易数据等。用户可以构建一个交易，用自己的私钥给交易签名，发送到链上，由多个节点的共识机制处理，执行相关的智能合约代码，生成交易指定的状态数据，然后将交易打包到区块里，和状态数据一起落盘存储，该交易即被确认，被确认的交易具备事务性和一致性。

6. 账户

在采用账户模型设计的区块链系统里，账户这个术语代表着用户、智能合约的唯一性存在。在采用公私钥体系的区块链系统里，用户创建一个公私钥对，经过 Hash 等算法换算即得到一个唯一性的地址串，该地址串代表这个用户的账户，用户用该私钥管理账户里的资产。用户账户在链上不一定有对应的存储空间，而是由智能合约管理用户在链上的数据，因此这种用户账户也被称为外部账户。

2.2　区块链的分类

在区块链体系中，因为所有交易信息被记录且不可被篡改，所以彼此之间的信任关系变得简单。甲和乙甚至更多方之间进行交易时，通过加密算法、解密算法自己获得信任后，不需要将信任认证权让渡给中心化机构或大量第三方中介机构，甚至也不需要让渡给法律，大幅度降低行政管理和防止欺诈的成本。从这个角度分析，区块链技术并不一定要完全去中心化，但根据参与方和去中心化程度的不同，可以将区块链系统分为三类：公有链、私有链和联盟链。

根据《中国区块链技术和应用发展研究报告(2018)》给出的定义：

- 公有链(Public Block Chain):任意区块链服务客户均可使用,任意节点均可接入,所有接入节点均可参与读写数据的一类区块链部署模型。比如,公众较为熟悉的比特币和以太币,就是应用公有链技术研制出的加密货币。
- 私有链(Private Block Chain):仅限单个客户使用,仅获授权的节点才可接入其中,接入节点可按规则参与读写数据的一类区块链部署模型。
- 联盟链(Consortium Block Chain):仅限一组特定客户使用,仅授权节点可接入其中,接入节点可按规则参与读写数据的一类区块链部署模型。

表 2-1 列出了公有链、私有链、联盟链的主要区别。

表 2-1　　区块链分类对比分析

对比项	公有链	私有链	联盟链
参与方	任何人自由进出	个体或公司内部	联盟成员
共识机制	PoW/PoS/DPoS	分布式一致性算法	分布式一致性算法
记账人	所有参与方	自定义	联盟成员协商确定
激励机制	需要	不需要	可选
中心化程度	完全去中心化	多中心化	部分去中心化
突出特点	信用的自建立	透明和可追溯	效率和成本优化
承载能力	3～1 000 笔/秒	1 000～100 000 笔/秒	1 000～20 000 笔/秒
典型场景	虚拟货币	审计、发行	支付、结算
代表项目	比特币、以太坊	各大企业仅内部使用的区块链	Hyperledger Fabric、FISCO BCOS

公有链是指所有人都可以进入系统读取数据、发送交易、竞争记账的区块链,就好比一个不做任何限制的微信群。公有链能较为完整地展示区块链的去中心化和安全性等特性,这是相对于其他类别最重要的优势。

私有链和联盟链都属于许可链,每个节点只有得到许可才能参与。因此不像公有链一样需要鼓励竞争记账,所以有些私有链并没有代币机制。但随着区块链的发展,诞生了一种结合了公有链和私有链各自优点的混合链。在混合链中,系统内的所有节点都有不同的权限。

相较而言,私有链交易速度快、交易成本低、抗恶意攻击能力强。但不足之处是,私有链未能很好地展示区块链的去中心化特征,其对私有节点的控制高度集权化。从某种程度上来讲,私有链没有体现区块链的核心价值。

联盟链可被理解为介于公有链和私有链之间的一种折中方案。

联盟链的优势在于,它使用相对松散的共识机制,由于其节点数量已经确定,因而交易速度较快,交易成本较低。

相对来说目前在国内更看好联盟链,它未来在国内的发展潜力更大一些。原因在于能真正落地,这主要是因为:

- 联盟链受政策支持:不依赖发币来激励用户参与,无监管问题;不需要耗费大量电力资源挖矿。
- 联盟链是区块链的技术载体:支持已有业务系统中部分数据的上链需求;因联盟

而产生的信任创造新的业务方向。

2.3 公有链

依照技术形态,公有链的发展经历以下三个阶段:

1. 1.0 货币阶段

这一阶段自比特币出现起,随着比特币影响力的不断提高,人们也开始对其背后的区块链技术产生了更浓厚的兴趣,之后出现了一系列的早期数字货币,这一阶段公有链的发展方向以简单的信息传输、保存、查询为主。

2. 2.0 合约阶段

货币阶段的区块链解决了去中心化支付的问题,在此基础上开发的 2.0 则以智能合约的应用为标志,区块链应用的广度和深度都得到了极大的提高,这一阶段出现了以太坊、区块链等一系列主流公有链。

3. 3.0 应用阶段

随着技术的逐渐成熟,一些公有链可以实现大规模的应用,将链上内容与实体时间连接起来,数量更多、质量更高的应用将会出现,而区块链技术也将不仅仅局限于发币上。这一阶段的标志是性能瓶颈得到突破和杀手级应用的出现。

公有链的两个最典型的代表是比特币与以太坊。

2.3.1 比特币

比特币(Bitcoin,BTC)是一种基于去中心化,采用点对点网络、共识协议、开放源代码,以区块链作为底层技术的加密货币。

比特币通过称为挖矿的方式发行,任何人皆可参与比特币挖矿和交易。比特币协议数量上限为 2 100 万个,以避免通货膨胀问题。使用比特币是透过私钥作为数字签名,允许个人直接支付给他人,与现金相同,无须经过如银行、清算中心、证券商、电子支付平台等第三方机构,从而避免了高手续费、烦琐流程以及受监管性的问题,任何用户只要拥有可连线互联网的数字设备皆可使用。比特币图标如图 2-1 所示。

图 2-1　比特币图标

作为记账系统,比特币不依赖中央机构发行新钱、维护交易,而是由区块链完成的,用数字加密算法、全网抵御 51%算力攻击保证资产与交易的安全。交易记录以被全体网络电脑收录维护,每笔交易的有效性都必须经过区块链检验确认。

作为记账单位,比特币的最小单位是 0. 000 000 01 (一亿分之一)比特币,称为

“1 聪”。如有必要,也可以修改协议将其分割为更小的单位,以保证其流通方便。

随着诞生出来的比特币数量增长,挖矿获取比特币的难度提升,比特币挖矿奖励每隔一段时间就要经历一次“产量减半”。比特币第一次产量减半的时间为 2012 年 11 月 28 日,挖矿奖励从 50 枚比特币降低为 25 枚;第二次产量减半时间为 2016 年 7 月 10 日,挖矿奖励从 25 枚比特币降为 12.5 枚;第三次产量减半时间为 2020 年 5 月 12 日,挖矿奖励从 12.5 枚比特币降低为 6.25 枚。预计距离第四次产量减半还有 1 200 余日,彼时挖矿奖励将从 6.25 枚降低为 3.125 枚。

比特币挖矿回报的收敛等比数列的和必然是有限的,到 2140 年时,将不再有新的比特币产生,最终流通中的比特币将总是略低于 2 100 万个,实际可流通的量还会因为私钥丢失等因素更加减少。

近年来,比特币的价格走势如图 2-2 所示。

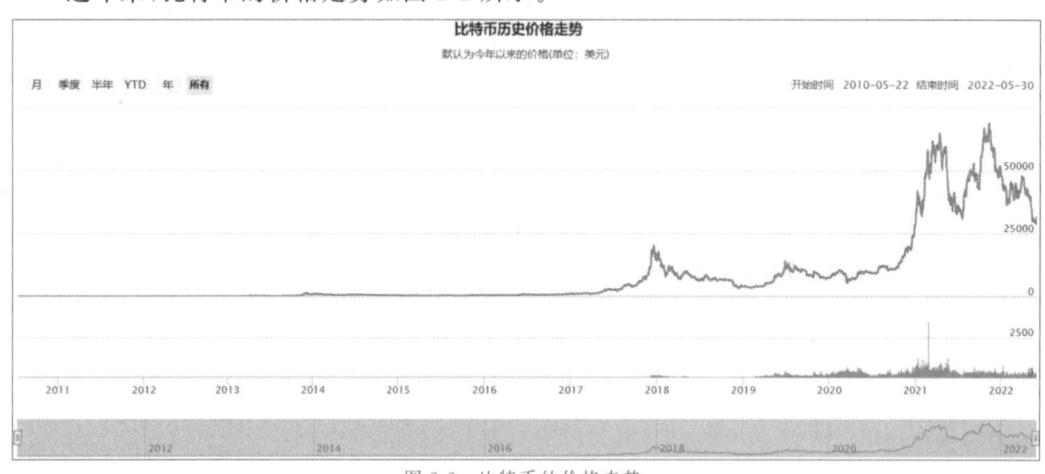

图 2-2 比特币的价格走势

2.3.2 以太坊

以太坊(Ethereum)是一个开源的有智能合约功能的公共区块链平台。通过其专用加密货币以太币(Ether)提供去中心化的虚拟机(以太虚拟机,Ethereum Virtual Machine)来处理点对点合约。以太币图标如图 2-3 所示。

图 2-3 以太币图标

在 2013 至 2014 年间,以太坊的概念首次由维塔利克·布特林(Vitalik Buterin)受比特币启发后提出,大意为“下一代加密货币与去中心化应用平台”,在 2014 年透过 ICO 众筹得以开始发展。2017 到 2018 年间，数字加密货币进入新的发展高度。因多数数字货币基于以太网络发行，所以用资金购买以太币参与数字货币众筹蔚然成风，以太坊也就顺理成章地成为当时较耀眼的新星。

目前，以太币是市值第二高的加密货币，以太坊亦被称为“第二代的区块链平台”，在区块链网络世界里地位仅次于比特币。近年来，以太坊的价格走势如图 2-4 所示。

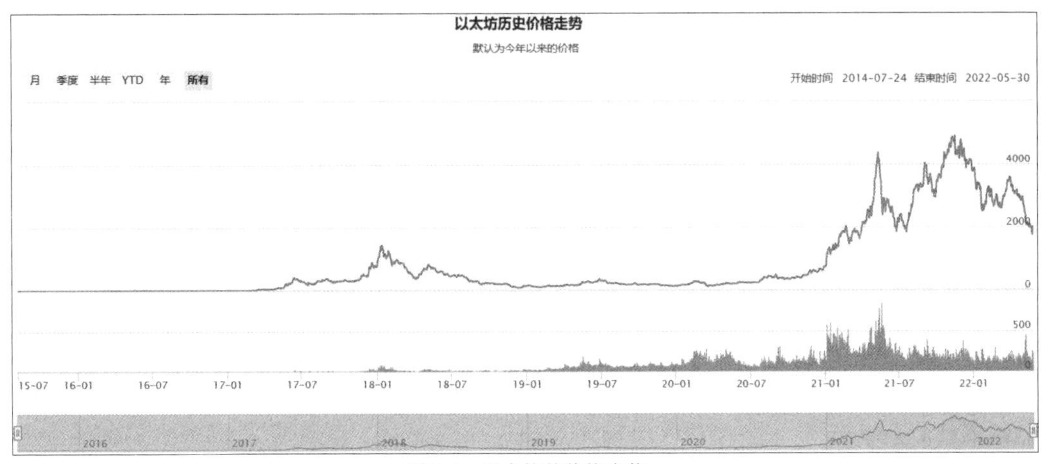

图 2-4　以太坊的价格走势

相较于大多数其他加密货币或区块链技术，以太坊的特点如下：

- 智能合约(Smart Contract)：存储在区块链上的程序，由各节点运行，需要运行程序的人员支付手续费给节点的矿工或权益人。
- 通证(Tokens)：智能合约可以创建通证供分布式应用程序使用。分布式应用程序的通证化让用户、投资者以及管理者的利益一致。通证也可以用来进行首次通证发行。
- 叔块(Uncle Block)：将因为速度较慢而被收入母链的较短区块链并入，以提升交易量。使用的是有向无环图的相关技术。
- 权益证明(Proof-of-Stake)：相较于工作量证明更有效率，可节省大量在挖矿时浪费的计算机资源，避免特殊应用集成电路造成网络中心化。
- (测试中)支链(Plasma)：用较小的分支区块链运算，只将最后结果写入主链，可提升单位时间的工作量。
- (尚未实现)状态通道(State Channels)：原理类似比特币的闪雷网络，可提升交易速度，降低区块链的负担，并提高可扩展性。尚未实现，开发团队包括雷电网络(Raiden Network)和移动性网络(Liquidity Network)。
- 分片(Sharding)：减少每个节点所需纪录的数据量，并透过平行运算提升效率(尚未实现)。
- 分布式应用程序：以太坊上的分布式应用程序不会停机，也不能被关闭。

以太坊开创了区块链技术的第二次创新浪潮，扩展了比特币提供的用例，巩固了自己在数字货币生态系统中的独特地位。以太坊最终的目标是成为领先的智能合约兼容数字货币平台。

2.4 联盟链

联盟链的概念最早兴起于2015年左右，如今著名的R3联盟与Hyperledger都在那一年诞生，成为联盟链行业最早的探索者。此后，联盟链开始在国内生根发芽，腾讯、阿里巴巴等公司的技术人员逐渐注意到这项技术并开始小范围实践，部分创业者也面向联盟链开始创业。

与公有链相比，联盟链并不涉及虚拟货币的炒作与投机，且可控程度更高，因而联盟链比公有链更受到国内社会各界的青睐。目前较为流行的联盟链平台是Hyperledger Fabric平台和FISCO BCOS平台。

2.4.1 Hyperledger Fabric 平台

Hyperledger Fabric是Linux基金会于2015年发起的推进区块链数字技术和交易验证的开源项目，加入成员包括荷兰银行(ABN AMRO)、埃森哲(Accenture)等十几个不同利益体，目标是让成员共同合作，共建开放平台，满足来自多个不同行业的用户案例，并简化业务流程。Hyperledger Fabric的设计初衷就是针对企业级应用的，针对市面上流行的其他分布式账本系统或者区块链平台，Hyperledger Fabric拥有很多不同的特点和应用领域。经过几年的发展，Hyperledger Fabric已经成为联盟链的标杆之一，在多个领域有大量的应用案例。

Hyperledger的成员有很多品牌，诸如IBM、Intel、思科等。基金会里孵化的众多区块链项目中，Fabric作为纯粹的区块链开源技术最为流行。正是因为Fabric较早发布，所以虽然架构从0.6到1.0再到2.0都经历了自我颠覆式的重构，但是仍然未失去最大的联盟链社区宝座，同时也培养了大量优秀的区块链人才。IBM人才奉献特别多，从区块链创业公司里面能看到，他们早期半数CTO来自IBM区块链团队。Hyperledger作为一个商业化的联盟链项目，已经被越来越多的开发者所关注。目前超级账本有近数百个会员企业，其中国内会员近百个，业界和国内对超级账本的认可程度非常高。

国内和国外使用者使用的均为同一条Hyperledger Fabric区块链，开源社区也是同一个开源社区，只是在GitHub上的相关开源文档提供中文版本。Hyperledger Fabric提供了一个泛行业的通用框架，如果一个组织或企业需要搭建区块链应用，就需要按照相关的标准和要求进行应用层开发，Hyperledger Fabric提供将区块链系统融入原有业务系统相关指导思路。

Hyperledger Fabric社区官方不公开披露相关应用的开发情况，而据IBM在2019年底披露的数字，Hyperledger Fabric在全球范围内拥有至少400个落地项目。

2.4.2 FISCO BCOS 平台

FISCO BCOS平台是由微众银行发起的联盟链社区。自2017年成立以来，项目已成功支持政务、金融、农业、公益、文娱、供应链、物联网等多个行业的数百个区块链应用场景落地，收集到的标杆应用超过200个。截至2021年12月，FISCO BCOS平台拥有超3 000家企业、机构和7万余名个人成员，核心参与方300多个，开源子项目10余个，形成了活跃的开源联盟链生态圈。

基于 FISCO BCOS 平台的典型案例有：人民网基于 FISCO BCOS 区块链技术推出的"人民版权"平台；BSN(区块链服务网络)启动全球商用，FISCO BCOS 成为首个完成适配的国产区块链底层。同时，FISCO BCOS 针对中国国情打造了完整国密算法体系，支持国密 SM1、SM2、SM3、SM4 等全部标准；构建了全套监管解决方案，实现穿透式监管，所有数据可监管、可审计、可追溯；支持场景式隐私保护，其一站式隐私保护解决方案，提供全周期敏感数据隐私保障，且支持零知识证明和同态加密算法。

FISCO BCOS 的发起方和主要参与方均是国内企业，因此对国密算法等国内标准支持比较好，也更加符合国内开发者的开发习惯。但相对地，国外使用 FISCO BCOS 区块链的企业比较少。在国内，FISCO BCOS 的生态相对较为开放，方便其他区块链应用进行跨链开发，FISCO BCOS 区块链应用和现有业务系统进行对接时需要的适配和改造工作也较少，有利于区块链系统和现有业务系统的分工协作，适合金融、司法等重点领域的应用。

FISCO BCOS 的另一个特点是自主可控。FISCO BCOS 已实现从国密算法、操作系统、芯片架构到服务器平台的完整国产化支持，包括无缝适配国产麒麟操作系统，全部模块支持 ARM 架构，并在计算、网络、存储等各环节采用国密算法，实现区块链访问全流程国密防护。

表 2-2 给出了 Hyperledger Fabric 和 FISCO BCOS 的主要开源技术特点对比。

表 2-2　Hyperledger Fabric 和 FISCO BCOS 主要开源技术特点对比

对比维度	Hyperledger Fabric	FISCO BCOS
适用框架	适合不同领域的通用框架	通用框架、符合金融级的应用标准
配套技术	有外部第三方开发的技术组件	有区块链中间件平台 WeBASE、分布式身份解决方案 WeIdentity、分布式事件驱动架构 WeEvent、跨链协作方案 WeCross、场景式隐私保护解决方案 WeDPR、ChainIDE、FISCO BCOS 区块链工具箱、Ansible for FISCO BCOS 自动化生成企业级部署文件等配套技术模块
共识机制	通过不同的角色实现共识，排序采用 Raft 共识	Pbft/Raft/Rpbft
权限管控	基于策略的权限控制	基于角色的权限控制，最终体现在账户对表的操作上
性能	支持少数节点；TPS＝3 400(依赖于测试环境，结果仅供参考)	所采用的 rPBFT 共识算法，可以在安全性和效率之间动态调整参数，减少节点规模对共识算法的影响，因此理论上节点不受限制；TPS＝20 000(依赖于测试环境，结果仅供参考)
跨链支持	主流 BaaS 厂商支持跨链；存在同构跨链方案	WeCross 跨链方案(开源)；支持同构、异构跨链，例如支持 FISCO BCOS 和 Hyperledger Fabric 之间的异构跨链
加密算法	存在第三方支持方案；计划支持国密	支持国密
开源协议	Apache 2.0	GPL 3.0

2.5 区块链的应用

2.5.1 区块链的优点

通过对区块链技术的原理与其实际工程表现分析，不难发现区块链应用的优点和缺点都相当鲜明。综合来讲，区块链应用的优点如下：

1. 信息不可篡改

一旦信息经过验证并添加至区块链，就会永久地存储起来，除非能够同时控制住系统中超过一定比例(取决于共识机制，例如比特币是 51%)的节点，否则单个节点上对数据库的修改是无效的，因此区块链的数据稳定性和可靠性极高。

区块链最容易被理解的特性是不可篡改的特性。不可篡改是基于“区块＋链”(Block＋Chain)的独特账本而形成的，存有交易的区块按照时间顺序持续加到链的尾部，要修改一个区块中的数据，就需要重新生成它之后的所有区块。

共识机制的重要作用之一是使得修改大量区块的成本极高。以采用工作量证明的区块链网络(比如比特币、以太坊)为例，只有拥有 51% 的算力才可能重新生成所有区块以篡改数据。但是，破坏数据并不损害拥有大算力玩家的自身利益，这种实用设计增强了区块链上的数据可靠性。

区块链的数据存储被称为账本，这是非常符合其实质的名称。区块链账本的逻辑和传统的账本相似。比如，我可能因错漏转了一笔钱给你，这笔交易被区块链账本接受，记录在其中。修正错漏的方式不是直接修改账本，将它恢复到这个错误交易前的状态，而是进行一笔新的修正交易，你把这笔钱转回给我。当新交易被区块链账本接受时，错漏就被修正，所有的修正过程都记录在账本之中，有迹可循。

将区块链投入使用的第一类设想正是利用它的不可篡改特性。农产品或商品溯源的应用是将它们的流通过程记录在区块链上，以确保数据记录不被篡改，从而提供追溯的证据。在供应链领域应用区块链的一种设想是，确保接触账本的人不能修改过往记录，从而保障记录的可靠性。

2. 天然非中心化

区块链天然使用了分布式计算和存储技术，不存在中心化的硬件或管理机构，除非特别设计，对于一般的区块链网络，节点的权利和义务是均等的，系统中的数据块由整个系统中具有记账能力的节点来共同维护。非中心化同时天然支撑了热备和容灾的能力，除非一定量的节点同时宕机，否则整个区块链网络的系统安全、数据安全和网络安全程度都非常高。

3. 用户身份匿名

由于节点之间的交换遵循固定的算法，其数据交互是无须信任的(区块链中的程序规则会自行判断活动是否有效)，因此交易对手无须通过公开身份的方式让对方对自己产生信任，对信用的累积非常有帮助。

4. 整体的开放性

无论公有链系统，还是联盟链系统，区块链系统都是开放的，其协议是公开透明的，甚至绝大多数区块链源代码都是开源的。除了交易各方的私有信息被加密外，区块链的数据对所有记账节点公开，任何节点都可以通过公开的接口查询区块链数据和开发相关应用，因此整个系统信息高度透明。

5. 社区自治理

区块链采用基于协商一致的规范和协议（比如一套公开透明的算法）使得整个系统中的所有节点能够在信任的环境自由、安全地交换数据，使得对“人”的信任改成了对机器的信任，任何人为的干预不起作用。

2.5.2　区块链的缺点

区块链的特征在某些场景下非常具有吸引力，可谓之优点，但往往这些特征也是区块链的缺点。这些缺点的存在，让区块链不具备对接现有金融体系的成本优势，使其无法满足经济金融中大量的交易活动的需求，如产权交易活动、房产交易活动、证券登记托管等。简要分析区块链缺点如下：

1. 交易效率不高，性能低下

由于分布式节点和共识机制的存在，区块链的交易效率目前并不高，需要的交易验证时间成本高，难以满足当前巨量交易的要求。这一点非常容易理解，对于一般化的中心应用来讲，一个节点即可确定信息，而对于区块链网络，需要多个节点协商，基于共识达成信息的一致性，这样必然导致信息的确认速度大幅度下降。这一点，从主要区块链网络的出块速度可见一斑，比特币十多分钟出一个区块，以太坊十多秒出一个区块，即便是高效的联盟链系统，往往一秒也就出一个区块。区块链的交易存在延迟性，以比特币为例，当前产生交易的有效性受网络传输影响，因为要被网络上大多数节点得知这笔交易，还要等到下一个记账周期（比特币控制在 10 分钟左右），也就是要被大多数节点认可这笔交易。还受一个小概率事件影响，就是当网络上同时有 2 个或 2 个以上节点竞争到记账权利时，在网络中就会产生 2 个或 2 个以上的区块链分支，这时候到底哪个分支记录的数据是有效的，则要再等下一个记账周期，最终由最长的区块链分支来决定。几十分钟确认一笔收入，对于一个现金支付系统而言是无法忍受的。

2. 数据高度冗余，存储需求较大

所有节点要存储全部账本信息，导致区块链存储需要的容量极大，给网络带宽带来挑战，难以满足外汇、股票等大规模的交易需求等。就像前面说的，每个节点都有一份完整账本，并且有时需要追溯每一笔记录，因此随着时间推进，交易数据量大的时候就会有性能问题，如第一次使用需要下载历史上所有交易记录才能正常工作，每次交易为了验证用户确实拥有足够的钱而需要追溯历史每一笔交易来计算余额。虽然可以通过一些技术手段来缓解性能问题，但问题还是明显存在的。

3. 无法篡改，导致无法修复错误记录

这个既是优点也是缺点，在区块链里没有后悔药，用户对区块链的数据变动几乎无能为力。如果转账地址填错，就会直接造成永久损失且无法撤销；如果丢失密钥，就会造成永久损失无法挽回。而现实中如果你银行卡丢了或者密码忘记了，还能到银行营业点处理，你的钱还在，中心化系统验证身份后会解决这些问题，而区块链系统里面，错了也无法修改，只能事后追加新的条目处理。

4. 账本公开与隐私保护的矛盾

区块链是分布式，在公有链上等于每个节点上都有一份完整账本，并且由于区块链计算余额、验证交易有效性等都需要追溯每一笔账，因此交易数据都是公开透明的。即便区块链网络声称用户信息是匿名的，但一旦知道某个人的某个账户，就会顺藤摸瓜，知道他的所有财富和每一笔交易，没有隐私可言。

5. 公有链挖矿设定大量耗费能源

挖矿是公有链特有的行为，例如比特币的记账场景下，所有交易均被记录在区块链系统中，记账成功就能获得系统奖励的比特币。基于此，记账竞争者要不断遍历幸运数字(Nonce)结合交易数据完成一个最小的SHA-256值，这种比特币系统唯一生成数字货币的行为被称为挖矿。SHA(Secure Hash Algorithm，安全散列算法)算法具有单向性，且幸运数字只能随机地一个个寻找，不能反向寻找，需要计算多次才能找到符合规则的结果，成功写入一个区块，最终比赛获得记账权，整个过程中计算速度、硬件设施、时间成本都是影响结果的重要因素。计算过程中，不需要中心化的机构记录交易信息，且任何节点之间是平等的，这些彼此平等的节点通过竞争获得建立区块的权利。可想而知，参与挖矿的节点越多，竞争难度会急剧上升，挖矿的竞争最后将演变为能源的竞争。

2.5.3 区块链的应用方向

区块链通过密码学、共识机制、价值交换解决了人与人之间价值交互的信任及公平性问题，是对现有互联网技术的升级补充。基于区块链的优、缺点分析，区块链应用有五个重要的目标：促进数据共享；优化业务流程；降低运营成本；提升协同效率；建设可信体系。

但并不是所有行业都适合应用区块链技术。我们可以参照以下的逻辑分析区块链应用场景：

- 一个好的区块链技术应用场景一定会涉及多个信任主体，需要有去信任中介的方式来合作。
- 一定是主体之间有比较强的合作关系，这是商业的需要。
- 与中心化系统相比，区块链技术效率低下，一般来讲只能用于中低频交易场景，应确认是否可以满足交易需求。
- 激励体制与商业模式一定要完备、可持续发展。

从上述逻辑来看，金融、版权、供应链管理、交通运输、能源管理、电子政务等都是适合区块链融合应用的领域，但对于交易并发要求较高的场景，例如在线支付、交易所和电子商务并不适合，包括比特币等数字货币的交易所是由中心化系统承担。

区块链领域的应用大体上可以分两大类：一类是“＋区块链”，就是用区块链的技术解决现今用其他技术已经解决的一些问题，但区块链技术能更好地降低成本或者提升效率；另一类是“区块链＋”，也就是用区块链解决之前已有技术不能解决的问题。目前的区块链应用还是以第一类为主。

从多年区块链的业务实践中可以看到，有的业务场景加入区块链系统是刚需，因为在区块链之前，找不到更好的解决方案，但也有大量业务可用也可不用区块链技术。区块链技术只是作为一个增信的要素，同时也能看到有些本来就适合中心化系统的业务场景生搬硬套区块链技术最终走向失败。

基于区块链的特征，结合区块链从业者积极的实践，从区块链创造信任与合作机制的视角，分析适合区块链应用方向如下：

1. 存证

区块链的“不可篡改”为经济社会发展中的“存证”难题提供了解决方案。只要能够确保上链信息和数据的真实性，那么区块链就可以解决信息的“存”和“证”难题。比如在版权领域，区块链可以用于电子证据存证，可以保证不被篡改，并通过分布式账本链接原创平台、版权局、司法机关等各方主体，可以大大提高处理侵权行为的效率。在金融、司法、医疗、版权等对数据真实性要求高的领域，区块链都可以创造安全、高效的应用场景。同时，区块链由于记录了所有的交易信息，因此区块链本身就可以形成征信，为实现社会征信提供全新思路。

2. 共享

区块链“分布式”的特点，可以打通部门间的“数据壁垒”，实现信息和数据共享。与中心化的数据存储不同，区块链上的信息都会通过点对点广播的形式分布于每一个节点，通过“全网见证”实现所有信息的“如实记录”。在公共服务领域，区块链能够实现政务数据跨部门、跨区域共同维护和利用，为人民群众带来更好的政务服务体验。目前已经有一些地方探索把房地产数据上链，在买房的时候，老百姓只需要到银行跑一次就可以实现产权过户。可以预见，随着“区块链＋政务”的落地，跨部门的业务协同办理将成为常态，以后再也不需要证明“我是我”了。

3. 信任

区块链形成“共识机制”，能够解决信息不对称问题，真正实现从“信息互联网”到“信任互联网”的转变。信任是市场经济运行的基石，经济发展中的很多问题难以解决，很大程度是因为缺少信任、交易成本高、违约风险大。比如说，中小企业融资难、融资贵，这里面一个重要原因就是“信任”问题。区块链恰能在供应链金融中弥合信任鸿沟。区块链可以增强供应链上下游的信息可信度，通过链上可拆分的电子凭证实现资金的流转融通，打通信息流、资金流和物流，解决多级供应商的融资难问题。

4. 协作

区块链通过“智能合约”，能够实现多个主体之间的协作信任，从而大大拓展人类相互合作的范围和深度。市场经济是复杂系统，很多行动涉及复杂的行为主体，如何实现多方主体的高效协同，是经济发展的共同难题。尤其是在全球语境下，跨境支付、跨境贸易、跨境物流更是涉及各个国家出口、进口、运输、监管等各个方面。把区块链运用于全球贸易，各方都可以同时协作管理，保证所有信息电子化实时共享，从而提高协同效率、降低沟通成本，使得各个离散程度高的主体仍能有效合作。

总体而言，区块链通过创造信任来创造价值。区块链创造了信任，因为存储于其中的信息和数据不可篡改并全网见证，从而使得信任不需要第三方机构背书，能够通过点对点自动完成。区块链推动了合作，因为分布式数据可以实现所有节点信息共享，而智能合约能够协同交易双方的行为。区块链拓展了人类的信任基础，除了第三方担保和强制执行外,区块链第一次使得人类的信任可以基于人类自己发明的逻辑和数学。这是人类理性的胜利,也大大提高了人类合作的能力。

而随着区块链与金融资本、实体经济的深度融合,传统产业的价值将在数字世界流转,将构建区块链产业生态,推动产业变革升级。正如习近平总书记强调的,要抓住区块链技术融合、功能拓展、产业细分的契机,发挥区块链在促进数据共享、优化业务流程、降低运营成本、提升协同效率、建设可信体系等方面的作用。随着"区块链+"在各个应用场景落地,区块链生态将逐步建立,为中国经济转型升级、实现高质量发展注入新动能。

2.6 本章小结

本章首先介绍了区块链相关的账本、区块、节点、创世区块、交易、账户等基本概念,然后对区块链的公有链、私有链、联盟链进行了进一步讲解,同时将各分类进行了优、缺点的对比分析。理解了区块链分类后,再对当前使用广泛的公有链、私有链分别进行了详细介绍,其中对公有链选取了最具代表性的比特币和以太坊;对联盟链选取了在中国使用较为广泛的 Hyperledger Fabric 以及 FISCO BCOS 平台。最后就区块链的优、缺点分别进行介绍,并对区块链的应用场景进行了初步探讨,本章是后续章节的基础,让我们一起继续深入探索区块链技术以及相关应用。

2.7 课后练习题

一、选择题

1. 下列不是区块链的分类的是(　　)。

A. 公有链　　B. 私有链　　C. 联盟链　　D. 平行链

2. 区块链主要技术组成部分不包括(　　)。

A. 密码技术　　B. 分布式账本　　C. 区块　　D. 数据库

二、填空题

1. 区块链是使用________链接,将________确认过的________按________追加而形成的________。

2. 可以将区块链系统分为三类:________、________和________。

3. ________对所有人开放,节点可以随意地加入,如________、________;________只对单独的实体进行开放,如公司内部;________对一个特定的组织开放。

三、问答题

1. 区块链名词解释:账本、节点、交易、账户。

2. 简述区块链的优、缺点。

3. 简述区块链的应用方向。

4. 说说你对公有链、私有链、联盟链的看法以及未来的发展。

第3章 区块链的基础技术

本章导读

区块链技术将在未来技术革新和产业变革中发挥重要作用，那么区块链技术是不是学习起来特别难？事实上，区块链技术并不难，它只是一系列成熟技术的组合而已。因为区块链最终应用领域的不同，涉及大量的相关行业的理论知识，所以有人会感觉区块链比较难。因此在学习之初我们应该立足于理解区块链的核心基础技术，然后在实际应用的时候再拓展相关行业的知识才是比较合理的。本章是区块链技术的基础，通过本章的学习，可以达到以下目标要求：

- 理解区块链的组成技术。
- 理解区块链的总体架构。
- 熟悉区块链的数据结构，包括区块结构、时间戳、默克尔树、简单支付验证等。
- 了解区块链技术的发展，包括区块链底层平台、区块链安全、隐私保护、跨链技术、分片技术以及其他可关注的技术。
- 了解区块链技术与隐私技术、大数据、云计算、物联网、人工智能等新一代信息技术的融合。
- 了解国内外区块链技术开源情况，包括什么是开源、开源许可协议、区块链底层平台为什么要开源、全球区块链开源社区发展现状、开源社区的治理等。

3.1 区块链的组成技术

由区块链定义可见，分布式账本、共识算法、时间序列、智能合约是区块链最核心的技术。作为区块链的重要组成部分，这些核心技术的相关定义如下：

- 区块(Block)：一种包含区块头和区块数据的数据结构，其中区块头包含前一个区块的摘要信息。
- 区块链(Blockchain)：使用密码技术链接将共识确认过的区块按顺序追加而形成的分布式账本。
- 账本(Ledger)：按照时序方法组织的事务数据集合。

- 分布式账本(Distributed Ledger):在分布式节点间共享并使用共识机制实现具备最终一致性的账本。
- 共识(Consensus):在分布式节点间达成区块数据一致性的认可。
- 共识算法(Consensus Algorithm):在分布式节点间为达成共识采用的计算方法。
- 加密算法(Encryption Algorithm):对数据进行密码变换以产生密文的算法。一般包含一个变换集合,该变换使用一套算法和一套输入参量,输入参量通常被称为密钥。
- 智能合约(Smart Contract):存储在分布式账本中的计算机程序,其共识执行结果都记录在分布式账本中。

区块链的核心技术与特征如图 3-1 所示。

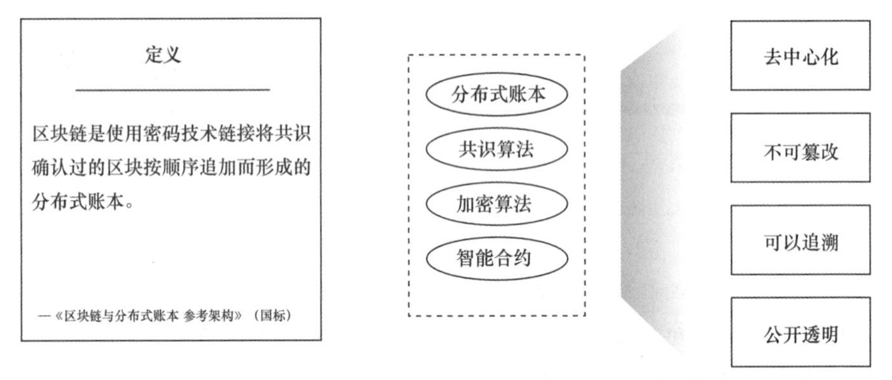

图 3-1 区块链的核心技术与特征

以太坊创始人维塔利克·布特林(Vitalik Buterin)说过:"区块链就像一台魔法计算机,任何人都能够上传程序并自我执行,程序执行前和执行后的所有状态都公开可见,密码经济学为程序严格按照协议执行提供了机制保障。"

狭义来讲,区块链是一种按照时间顺序将数据区块相连的方式组合成的一种链式数据结构,并以密码学方式保证的不可篡改和不可伪造的分布式账本(分布式数据库)。广义来讲,区块链技术是利用块链式数据结构来验证与存储数据;利用分布式节点共识算法来生成和更新数据;利用密码学的方式保证数据传输和访问的安全;利用由自动化脚本代码组成的智能合约来编程和操作数据的一种全新的分布式基础架构与计算范式。

区块链是由节点参与的分布式数据库系统,它的特点是不可更改、不可伪造,也可以将其理解为账本。它是比特币的一个重要概念,完整比特币区块链的副本,记录了其代币(Token)的每一笔交易。通过这些信息,我们可以找到每一个地址,在历史上任何一点所拥有的价值。

区块链是由一串使用密码学方法产生的数据块组成的,每一个区块都包含了上一个区块的 Hash 值,从创始区块开始连接到当前区块,形成块链。每一个区块都确保按照时间顺序在上一个区块之后产生,否则前一个区块的 Hash 值是未知的。

比特币钱包的功能依赖于区块链确认,一次有效检验称为一次确认。通常一次交易要获得数个确认才能进行。轻量级(SPV)比特币钱包,其客户端在本地只需保存与用户可支配交易相关的数据,而不会存储完整的区块链。

区块链技术是众多加密数字货币的核心,包括比特币、以太坊、莱特币、狗狗币等。

3.2　区块链的总体架构

一般说来，区块链系统自下而上由数据层、网络层、共识层、激励层、合约层和应用层组成，如图 3-2 所示。

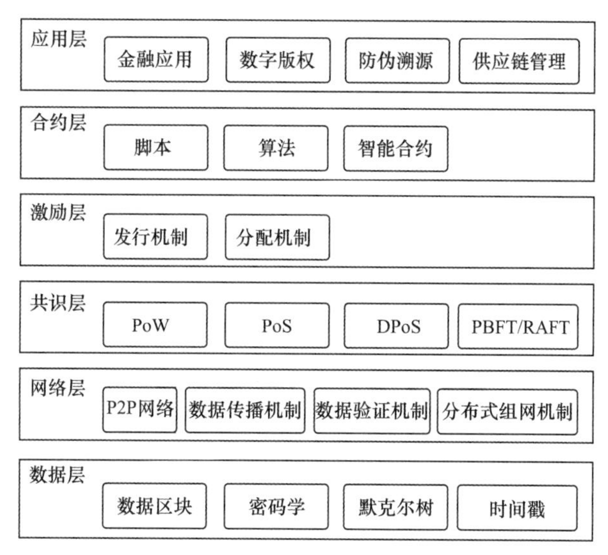

图 3-2　区块链系统架构

1. 数据层

数据层是区块链模型的最底层，封装了底层数据区块以及相关的数据加密和时间戳等技术。区块链是一个不可更改的分布式数据库账本系统。如果是公有链，那这个账本可以被任何人在任何地方进行查询，完全公开透明，而联盟链也能做到在节点内部公开透明。在区块链网络中，节点通过共识机制来保证网络中账本数据库的一致性，同时采用密码学的签名和哈希算法来保证数据库不可篡改、不能伪造，并可追溯。

2. 网络层

网络层包括分布式组网机制、数据传播机制和数据验证机制等。因为 P2P 网络的特性，区块链具有自动组网的机制，常常被称作分布式自治系统。区块链是建立在 IP 通信协议和对等网络的基础上的一个分布式系统，和传统带中心的分布式系统不一样，它不依靠中心化的服务器节点来转发消息，而是每一个节点都参与消息的转发。因此 P2P 网络比传统网络具有更高的安全性，任何一个节点被攻击都不会影响整个网络，所有的节点都保存着整个系统的状态信息。

3. 共识层

共识层主要封装网络节点的各类共识算法。共识层负责共识算法和共识机制，公有链目前最常见也是较为成熟的共识机制有三种：工作量证明机制（Proof of Work，PoW）、权益证明机制（Proof of Stake，PoS）、股份授权证明机制（Delegate Proof of Stake，DPoS）。联盟链多以拜占庭算法为基础的 PBFT 共识机制为主。

4. 激励层

激励层将经济因素集成到区块链技术体系中来，主要包括经济激励的发行机制和分配机制等，可以简单地理解为就是按劳分配机制、分红机制或奖励系统，社区贡献或记账交易手续费如何分配就是激励层的功能。激励层在公有链设计上至关重要。对于联盟链来讲，激励层更多表现为商业利益的分配，对于终端用户，基于区块链的积分发行也可以视为激励机制的一种。

5. 合约层

合约层主要封装各类脚本、算法和智能合约，是区块链可编程特性的基础。合约层包含脚本、算法以及智能合约，可以简单地理解为一份自动执行的电子合同（这个执行是指权益或价值的自动转移）。之所以称为智能合约，是因为这份合约可以在达到约束条件时自动触发执行，无须人工干预，也可以在不满足条件时自动解约，理论上可以触发执行事先约定好的一切条款，这也是区块链能够解放信用体系最核心的技术之一。区块链平台通过智能合约，可以把业务规则转化成在区块链平台自动执行的合约，该合约的执行不依赖可信任的第三方，也不受人为的干预。理论上只要一旦部署，符合合约执行的条件就会自动执行。执行结果也可以在区块链上公示，提供了合约的公正性和透明性。因此，智能合约可以降低契约建立、执行和仲裁中所涉及的中间机构成本。区块链的智能合约奠定了未来建立可编程货币、可编程金融，甚至是可编程社会的基础。

6. 应用层

应用层主要封装了区块链的各种应用场景和案例。该模型中，基于时间戳的链式区块结构、分布式节点的共识机制、基于共识算力的经济激励和灵活可编程的智能合约是区块链技术最具代表性的创新点。应用层封装的各种应用场景和案例，类似于日常用的各种网站、App，比如金融应用、数字版权、防伪溯源、供应链管理、智慧城市等。在应用层，我们可用区块链代替传统的登记、清算系统，基于区块链技术的应用，其安全性、交易时间、成本都会对传统业务进行颠覆式改进。

3.3 区块链的数据结构

3.3.1 区块结构

这里以比特币的数据区块作为例子讲解区块链中数据区块的内容，由此可以大概了解区块的内部构成。比特币的交易记录会记录在数据区块里面，大概每10分钟产生一个区块，包含了区块头和区块体两个部分。区块结构如图3-3所示。

区块头中主要包含：

- 版本号（Version）。
- 时间戳（Timestamp）。
- 前一区块地址（Pre-block）。
- 随机数（Nonce）。
- 目标Hash值（Bits）。
- Merkle树根值（Merkle-Root）。

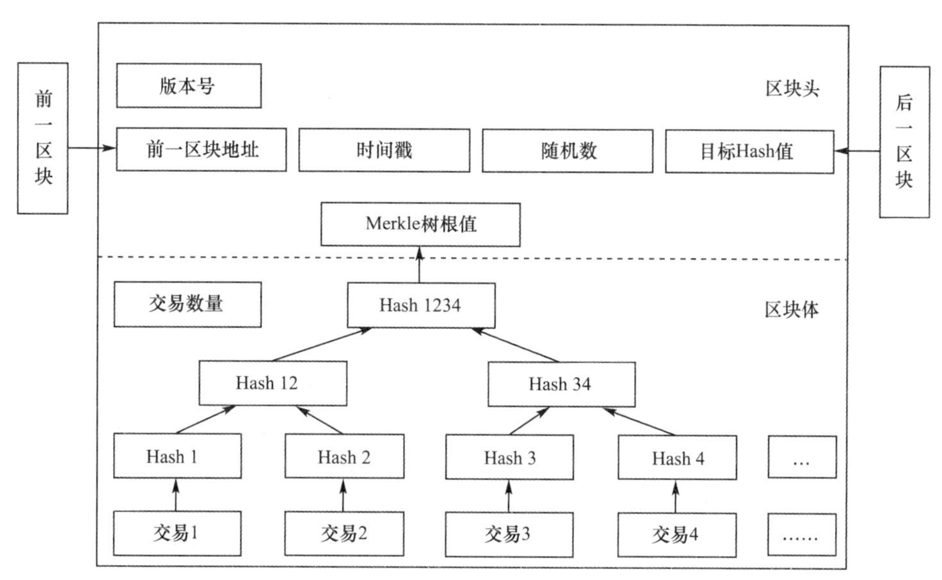

图 3-3　区块结构

区块体中，可以看到是交易数量和交易详情。交易数量比较好理解，就是这个区块中有多少笔交易；交易详情就是所说的账本，每一笔交易都会记录在数据区块中，并且都是公开透明的，区块体的 Merkle 树会对每一笔交易进行数字签名，即可保证每一笔交易不可伪造并且没有重复交易。所有的交易通过以上 Merkle 树的二叉树过程 Hash 后产生唯一的 Merkle 树根值并记录在区块头中。这样如果想更改区块体中的任意一笔交易，则区块头中的 Merkle 树根值也会产生变化，并且导致整个当前区块的 Hash 值也会变化，继而连锁反应至整个区块链。从数据区块的设计中很容易理解为什么区块链系统的数据号称不可篡改。

其他区块链网络中，设计模式或许有所不同，区块存储的信息一般都要远远高于比特币的能力。但以 Hash 计算的方式把共识确认后的区块按顺序追加方式来形成不可篡改的区块链是共同的特征。

为了更好地理解，下面我们结合示意图分别做详细的描述。

（1）区块链

区块链本身是一种数据结构，是一种按照时间顺序，将数据区块以顺序相连的方式组合成的一种链式数据结构，并以密码学方式保证的难以篡改和伪造的分布式账本。区块链是一个分布式的数据库，但是这个数据库与其他数据库相比，数据一旦被写入区块链，就难以篡改。区块链可以理解为如图 3-4 所示，就是用链将区块一个个连接起来，最后形成了区块链。

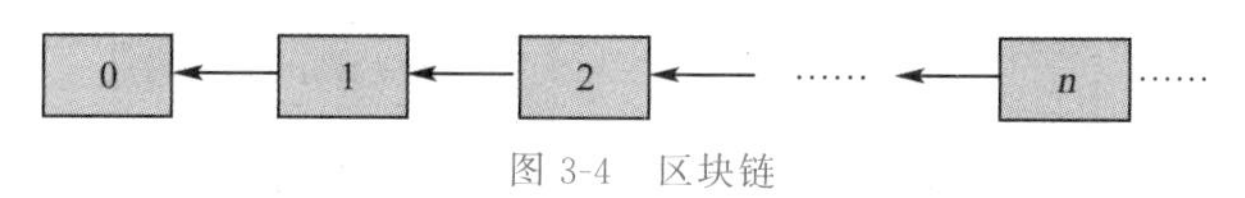

图 3-4　区块链

（2）哈希指针

哈希指针就是一个指向数据存储位置，以及该存储位置里面的数据的 Hash 值的指针。我们熟知的区块链，其实就是一个个的哈希指针构建而成的链表结构，如图 3-5 所示。

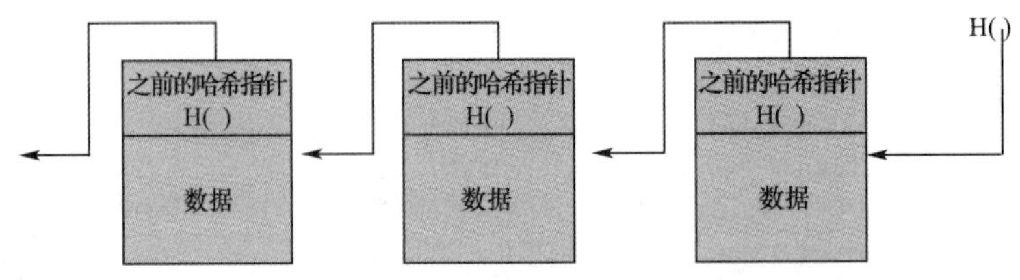

图 3-5 哈希指针

(3)区块

区块大致由区块头和区块体两部分组成。每个区块头里都存有前一个区块的 Hash 值(PrevHash),从而形成了一种链式结构,如图 3-6 所示。

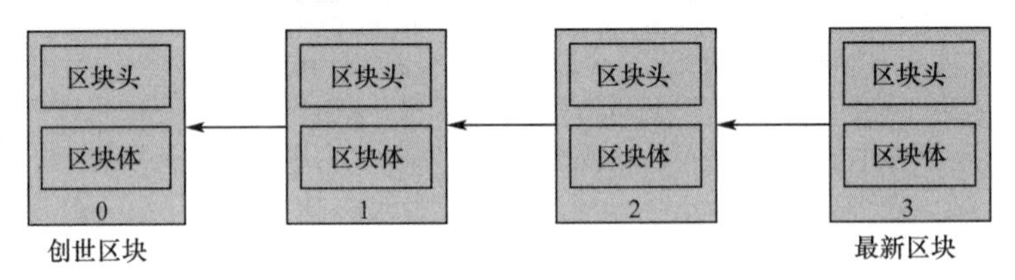

图 3-6 区块

(4)区块高度

一个区块的高度(Block Height)是指在区块链中它和创世区块之间的块数。创世区块默认高度为 0,其后一个区块高度为 1,以此类推。区块高度可以用来识别区块在区块链中的位置,并据此找到和这个区块相关的所有基础属性和交易记录。例如:某个最新的一个区块的高度为 n,意味着从创世区块到当前的这个区块,这个链条上的区块数为 $n+1$ 个。

(5)创世区块

顾名思义,创世区块就是一条区块链上的第一个区块,创世区块一般用于初始化,不带有任何的交易信息。创世区块,会通过参数设置来产生。

(6)区块结构

区块结构主要包括为区块头和区块体两个部分。

- 区块头:包含版本号、前一区块地址、Merkle-Root、难度目标 Hash 值、时间戳、Nonce 信息。
- 区块体:主要包括交易数量、交易哈希列表。

区块结构说明如图 3-7 所示。

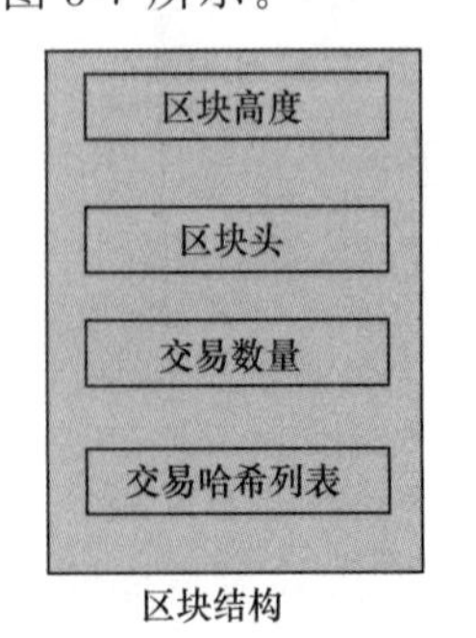

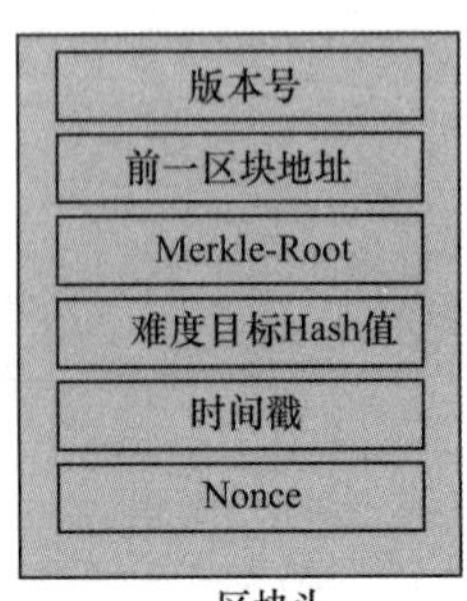

图 3-7 区块结构说明

3.3.2　时间戳

时间戳(Timestamp),最早指的就是一个物理的橡胶戳,扣到一个文件上表示这个文件的发布要早于时间戳上的当前时间。这里我们指的其实是数字时间戳,后面我们就都简称为时间戳了。时间戳就是计算机生成的一个时间,例如某年某月某日几点几分,格式有很多种,通常是一个字符序列,唯一地标识某一刻的时间,可以理解为一个很简短的用来表示时间的字符串。具体而言,它是一个能表示一份数据在某个特定时间之前已经存在的、完整的和可验证的"标记"。

区块链的时间戳是指使用数字签名技术对包含原始文件信息、签名参数、签名时间等信息构成的对象进行数字签名而产生的数据,用以证明原始文件在签名时间之前就已经存在。

区块的时间戳其实也只是记录区块创建的大概时间,并不能作为判断交易先后顺序的依据。比特币上所谓的时间戳服务器,其实就是它的整个PoW系统,因为这个系统可以保证系统上每十分钟就创建一个区块,同时系统会为每一个区块计算出Hash值,每一个区块中都保存着之前区块的Hash值,有了这些Hash值作为定位符,区块链就是一条单向的先后顺序明确的链条了。每个区块自然也就有了明确的先后顺序,同时也就意味着里面包含的交易也都有了明确的交易顺序,这就是比特币时间戳服务器的基本原理。

由时间戳又可以延伸出另外一个常见名词:可信时间戳。可信时间戳服务的本质是将用户的电子数据的Hash值和权威时间源绑定,在此基础上通过时间戳服务中心数字签名,产生不可伪造的时间戳文件。可信时间戳是解决《中华人民共和国电子签名法》中对数据电文原件形式要求的必要技术保障。一个可信时间戳包括四个部分:

- 需加时间戳的文件的摘要。
- 时间戳服务中心收到文件的日期和时间。
- 获取中国科学院国家授时中心(NTSC)可信时间源。
- 数字签名。

时间戳一方面为各类电子数据添加了国家标准时间信息,另一方面也具有防损坏、防篡改的作用。

3.3.3　默克尔(Merkle)树

Merkle树是数据结构中的一种树,可以是二叉树,也可以是多叉树,它具有树结构的所有特点。比特币区块链系统中采用的是Merkle二叉树,效率非常高。它的作用主要是快速归纳和校验区块数据的完整性,它会将区块链中的数据分组进行Hash运算,向上不断递归运算产生新的Hash节点,最终只剩下一个Merkle根存入区块头,每个Hash节点总是包含两个相邻的数据块或其Hash值。

在以往的BT网络中,文件往往被切割成无数个小块儿同时下载,一旦任何一个块出现问题都会导致整个文件合成失败。在这种情况下,Merkle树的简洁与高效能力凸显。同样的,在区块链网络中,Merkle树被用来归纳一个区块中的所有交易信息,最终生成这个区块所有交易信息的一个统一的Hash值,区块中任何一笔交易信息的改变都会使得

Merkle 树改变。

在比特币系统中使用 Merkle 树有诸多优点：首先是极大地提高了区块链的运行效率和可扩展性，使得区块头只需包含根 Hash 值而不必封装所有底层数据，这使得 Hash 运算可以高效地运行在智能手机甚至物联网设备上；其次是 Merkle 树可支持"简化支付验证协议"(SPV)，即在不运行完整区块链网络节点的情况下，也能够对交易数据进行检验。所以，在区块链中使用 Merkle 树这种数据结构是非常聪明的选择。

要理解 Merkle Root，就要先了解 Merkle Tree。Merkle Tree 是一种哈希二叉树。在一个区块里面包含很多交易信息，这些交易信息就是通过 Merkle Tree 进行表示的。那么要怎样得到一棵这样的树形结构呢？Merkle Tree 是自下向上构建的。

我们来看图 3-8。假设区块中有 A、B、C、D 共 4 笔交易信息，我们将这 4 笔交易信息分别求 Hash 值：

- A 节点的 Hash 值与 B 节点的 Hash 值，又组成了它们父节点的 Hash 值 Hash(AB)。
- C 节点的 Hash 值与 D 节点的 Hash 值，又组成了它们父节点的 Hash 值 Hash(CD)。
- 最后 Hash(AB)节点与 Hash(CD)节点又组成了根节点的 Hash 值 Hash(ABCD)。
- Hash(ABCD)就是 Merkle Root，它归纳总结了所有的交易信息，并保存在区块头里面。通过上面的计算就可以得到一棵 Merkle Tree 了。

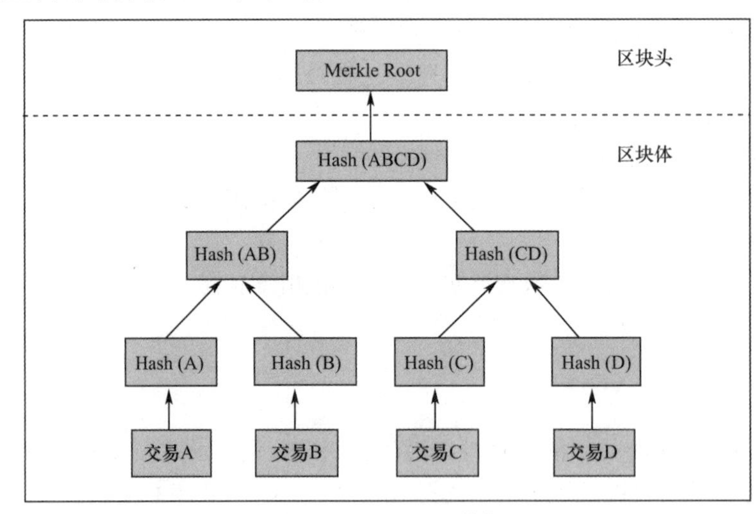

图 3-8　Merkle Tree 结构

Merkle Tree 的主要作用如下：

- 归纳交易信息，节省空间。
- 快速验证交易。
- 保证数据安全。

3.3.4　简单支付验证

1. 简单支付验证的概念

简单支付验证(Simple Payment Verification,SPV),是中本聪在比特币白皮书里面专门介绍的概念,本身其实很简单,但是要事先对区块结构、Merkle Tree 的概念有所理解。

前面我们理解了区块结构,这里就可以理解全节点(Full Node)和轻客户端(Thin Client)的区别了。在比特币发展的早期,所有节点都是全节点,当前的比特币核心客户端也是完整区块链节点。但随着区块链网络数据的增多,出现了新型的节点。许多比特币客户端被设计成运行在空间和功率受限的设备上,如智能电话、平板电脑、嵌入式系统等。对于这样的设备,通过 SPV 的方式,可以使它们在不必存储完整区块链的情况下进行工作。这种类型的客端被称为轻节点和 SPV 节点。

通俗地说,全节点是一个程序,例如中本聪自己写的比特币,这个程序运行起来之后,会把整条区块链都下载到本地。比特币的区块数据目前有数百 GB,不算太大,但是在不少机器上跑全节点基本是不可能的。所以有轻客户端的概念,例如 Electrum 就是个轻量级比特币客户端。轻客户端可以安装在电脑上,也可以安装在手机上,这是因为轻客户端只会去下载区块头,每个区块头只有 80 KB,所以一条区块头组成的链,只有几十 MB。

这里给出 SPV 的定义:一个在轻客户端环境下,验证交易有效性的过程。

注意:轻节点指的是节点本地只保存与其自身相关的交易数据(尤其是可支配交易数据),但并不保存完整区块链信息的技术。SPV 的目标是验证某个支付是否真实存在,并得到了多少个确认。比如,小华收到来自小刚的一个通知,小刚声称已经从其账户中汇一定数额的钱给了小华。如何快速验证该支付的真实性,是 SPV 的工作目标。

轻节点的目标不仅是支付验证,而且是用于管理节点自身的资产收入、支付等信息。比如,小华使用轻节点管理自身在区块链的收入信息、支出信息,在本地只保存与小华自身相关的交易数据,尤其是可支配交易数据。

轻节点与 SPV 不能混淆为一个概念,轻节点仍需下载每个新区块的全部数据并进行解析,获取并在本地存储与自身相关的交易数据,只是无须在本地保存全部数据而已。而 SPV 节点不需要下载新区块的全部数据,只需要保存区块头信息即可。

2. SPV 的验证过程

安装全节点,很多时候是因为我们要“挖矿”,而安装轻客户端,通常就是把它当成一个钱包软件。SPV 要解决的就是在轻客户端条件下的支付确认问题。

钱包当然就是用来负责当前账户的转入和转出操作的。先说转出,轻客户端能构建交易,并且签名交易,再广播到全网,这就是转出操作了。再说转入,网上交易很多,但是轻客户端只会去下载跟自己的账户相关的交易。不管是转入还是转出交易,下载到轻客户端本地都是相对独立的交易,因为本地没有保存区块体。那么如何去验证交易生效了呢? 这就是 SPV 要解决的问题。我们知道,一个交易在区块链上生效,意味着要满足两个条件:一个是交易已经被打包到了某个区块中,另一个是在这个区块之上又继续打包了 5 个区块,也就是所谓的要六次确认。

但是，毕竟轻客户端这里是没有保存任何交易的，所以一个独立的交易拿出来，要确定它属于哪个区块也是不可能的。这时候轻客户端需要发起 SPV 过程。首先，轻客户端要发起一个专门的确认请求，把这个确认请求交易广播给网络上邻近的全节点。全节点收到交易后，会去搜索这个交易属于哪个区块，然后会运算这个区块的 Merkle 树。这时，Merkle 树最大的优势就发挥出来了，因为要确认一个交易是不是从属于一个 Merkle 树根值，是不需要把整个 Merkle 树都发送给轻节点的，而只需要发送跟当前交易相关的部分 Merkle 树即可。这样，轻节点接收到这个部分 Merkle 树之后，在自己本地再运算一下这个交易的 Hash 值，然后根据部分 Merkle 树上的各个 Hash 值，一路运算获得 Merkle 根值，如果这个值跟自己区块头中的值正好吻合，交易验证就成功了。

所以整个 SPV 过程是靠全节点帮忙去验证交易的，轻节点自身不能验证交易，但是通过确认其他全节点都接受了这次交易，也就间接完成了交易确认。

注意：SPV 节点进行的是区块链支付验证，而不是区块链交易验证。这两种验证方式存在很大的区别。主要表现在：

- 区块链交易验证的过程比较复杂，包括账户余额验证、双重支付判断等，通常由保存区块链完整信息的区块链验证节点来完成。
- 而支付验证的过程比较简单，只是判断该笔支付交易是否已经得到了区块链节点共识验证，并得到了多少的确认数即可。

简单地说就是，交易验证要检验这个交易是否合法，支付验证就是验证这笔交易是否已经存在。

3. SPV 的主要用途

虽然 SPV 在白皮书上所占的篇幅不大，但是实际中发挥的作用是非常大的。首先就是用来实现钱包软件。如果一个钱包软件要安装在移动设备上，想要避免去下载几百 GB 的区块数据。那么就只有两个思路，一个是借助中心化服务器，让钱包把信息先发送到服务器，然后由服务器去验证交易，但这样的思路显然就偏中心化了。另外一个思路就是 SPV，类似 Electrum 这样的钱包，就可以通过只下载区块头来验证交易，整个的数据量和计算量都是不大的，可以直接运行在低端设备上。所以很多轻客户端，也叫轻钱包，或者叫 SPV 钱包。

SPV 解决的就是在轻客户端中去确认单独一个交易的过程，总体思路是去相邻的全节点中去请求部分 Merkle 树信息，到本地验证通过，就证明其他的全节点都接受了这个交易。

SPV 是开发钱包软件的关键技术，意义非常重大。除此之外，SPV 还有一些其他的用途，这里不再详细描述了。

4. 总结

SPV 虽然有上面所述的优点，但也并非没有弊端。由于 SPV 没有保存全部区块的节点信息，需要和其他节点配合才能进行验证，因此 SPV 节点可能会被诱导连入一个虚假的网络中，存在被恶意攻击的可能。

在绝大多数的实际情况中，具有良好连接的 SPV 节点是足够安全的，它在资源需求、实用性和安全性之间维持恰当的平衡。当然，如果要保证万无一失的安全性，最可靠的方法还是运行完整区块链的节点。

3.3.5　分布式存储

简单来说，分布式存储就是一种将数据分散存储到多个地方的数据储存技术，而且存储的数据可在多个参与方之间共享，人人可以参与，并具有相同的权利，一起记录数据，主要起到了数据储存的功能。区块链分布式存储利用虚拟化技术、云计算技术、数据加密技术和结合点对点的区块链技术实现底层存储资源的“池化”，提供按需使用的去中心化云存储服务模式，创建集可靠性、可用性和存取效率，还易于扩展的去中心化分布式云存储系统。区块链分布式存储不仅能够满足个人和商业应对大量价值数据存储及分享的实际需求，更能为企业级用户提供安全、高性能和大规模存储应用服务，也能够支持大规模的企业存储需求。相比于现阶段由单个企业运营的分布式存储或云存储，基于区块链的分布式存储有几个方面的优势：

一是节点分布广，在物理空间上数据足够分散，安全系数更高。区块链技术在分布式存储领域应用之后，数据可以存储在全球成千上万个节点中，实现了更大程度的安全性。这些数量众多的节点可以实现物理地区的极大分散，实现现阶段中心化数据公司难以实现的区域分散度。

传统分布式存储与基于区块链的分布式存储示例如图 3-9 所示。

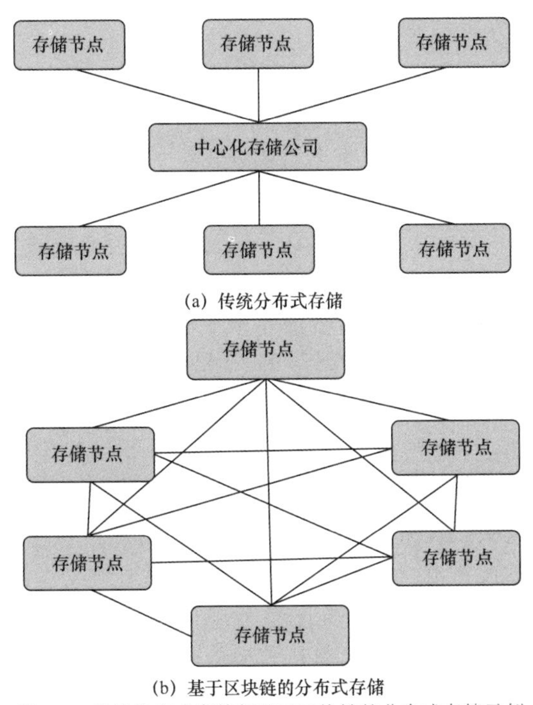

图 3-9　传统分布式存储与基于区块链的分布式存储示例

二是基于区块链的分布式存储摒弃了传统分布式存储的多副本机制而采用了冗余编码，可以有效避免单点故障问题。基于区块链的分布式存储，即便存在节点故障问题，只要有一定数量的节点在运行，文件的存储和读取就没有问题。

三是文件存储和传输的速度更快。相较于传统文件通过域名地址访问的方式，基于区块链的分布式存储基于文件生成时的编码访问，只需要验证内容的 Hash 值，在使用时更加快捷。

四是数据的隐私性更高。由公司提供的分布式存储服务，其加密由公司完成，仍然存在中心化导致的潜在安全问题。基于区块链的分布式存储，在加密后只要用户自己保管好密钥，第三方就无法窃取数据。

3.4 区块链技术的发展

3.4.1 区块链底层平台

2016 年以来，业界、学术界持续加大对区块链相关技术的研究力度，区块链底层平台和区块链核心关键技术不断取得新的进展。目前来看，共识机制、数据存储、网络协议、智能合约以及安全与隐私保护技术依然是区块链的核心关键技术，同时跨链、分片、分层等技术进展较快，已成为新的核心关键技术方向。核心技术飞速发展的同时，区块链底层平台如雨后春笋纷纷崛起，为区块链在产业中的应用提供了利器，越来越多的区块链系统架构师把工作重心往应用方向转移。

目前国外市场上受关注和应用较多的区块链底层平台有以太坊、EOS、Hyperledger（超级账本）Fabric、FISCO BCOS（金链盟）、AnnChain（众安链）、AntChain（蚂蚁链）、XuperChain（百度超级链）、JDChain（京东智臻链）等。其中，以太坊最早支持图灵完备特性智能合约，已有多种 DAPP 在以太坊网络上运行。

国内具有代表性的开源社区是由中国区块链技术和产业发展论坛于 2017 年 12 月发起的分布式应用账本（DAppLedger）开源社区。该社区以中国区块链技术和产业发展论坛成员自主开发的底层平台为基础，逐步建立多平台运营模式，在应用集成过程中探索最优架构，为国内区块链应用发展提供支持。其中重点孵化的开源项目有 BCOS、AnnChain、XuperChain、JDChain 等。其中，BCOS 已经完全开源，由金融区块链合作联盟开源工作组在此基础上，聚焦金融行业需求，进一步深度定制发展并互通有无的。AnnChain 是众安科技自主研发的企业级区块链平台，该平台具有较强扩展性，同时采用交易即共识的方法，能有效提高效率并使交易可并发，可提供快速链部署、中间件、审计浏览、系统监控等支撑工具或产品。

区块链底层平台的发展从现状来看还是如雨后春笋野蛮生长的阶段，但我们从 IT 技术的发展规律上可以看出，区块链底层技术的发展必然如操作系统或数据库系统一样，最后形成 2～3 个垄断产品和一些特色产品共存的状态。但这些区块链底层平台的发展与互相借鉴将有利于产业的整体进步与发展，与操作系统和数据系统不同的是，区块链底层平台必然是开源的，所以互相借鉴与学习的效率与速度也是其他 IT 技术无法比拟的。正是由于区块链底层平台的成熟度不断提高，更多的区块链从业人员逐步转向应用开发，从而促进区块链技术迅速发展、不断提高，最终渗透到各行各业。

3.4.2　区块链安全

1. 系统安全

区块链系统的安全性包括系统组件、加密、合约和应用等多个环节，其中加密安全与合约的安全最受关注。

2. 系统组件安全

区块链系统总体来讲原理一致，但实现方式各自不同，所以对于组件的安全定义完全不同。另外，由于区块链系统往往是开源的，这一点也成为双刃剑。

开源(之前)一直被视为爱好者和修补者的领域，但它现在已经是现代经济的组成部分，是智能手机、汽车、物联网和许多关键基础设施等日常技术的基本组成部分。Linux 基金会和哈佛大学也发布了一份开源软件安全性审查结果，其联合主任弗兰克·纳格尔(Frank Nagel)表示开源应用已非常广泛。

同时，开源社区的力量也正在壮大。曾经极力反对开源的微软，在 2019 年已成为 GitHub 上开源贡献较多的企业，紧随其后的还有 Google、Red Hat、IBM、Intel 等科技巨头。随应用一起扩大的还有风险，Synopsys 的报告显示，49%的已审计代码库中包含高风险漏洞。

有观点认为，不开源即便有漏洞，被黑客发现的概率较低，等黑客发现了，或许系统已经完成升级，甚至生命周期已经结束。但更主流的观点认为，开源会有助于提前发现系统的漏洞，从而提升系统的安全性，依旧被认为是保障安全的有效方式。开源"圣经"《大教堂与集市》中也提到开源可以保障安全的原因：开源社区的强项是非中心化的同行评审，所有致力于细节不被疏漏的传统方法，都无法和它相比。开源软件在安全方面的一大优势就是提高了代码可见性，这意味着可以检查、分析和审核代码，这项工作可以手动进行，也可借助自动化工作进行。开源的可移植性有助于硬件生态系统和软件生态系统相脱离。

2014 年开源密码库 OpenSSL 中的 Heartbleed 安全漏洞被发现。这个漏洞影响了近 20%，即 50 万的 Web 服务器，中国也有超过 3 万台主机受到影响。据搜索引擎商 Shodan 报告，该漏洞截至 2019 年底，引起了 91 000 多起脆弱性事件。这个事件引起了广泛的关注与激烈的争吵，证明了开源软件不见得完全安全。

如何做到区块链技术组件的安全？对于区块链系统来讲，有效的预防措施包括内置函数安全、标准库安全审计、第三方库安全审计、注入审计、序列化算法审计、内存泄露审计、算术运算审计、资源消耗审计、异常处理审计、日志安全审计等。这些静态或动态的检查或审计将提升区块链系统的安全等级，大大降低了普通情况下被攻击突破的可能性。

3. 加密算法安全

加密算法安全技术在区块链中起着基础性作用，能保证区块链的数据一致性，并确保参与方身份的安全性。区块链核心涉及的安全技术主要包括数字摘要算法、数字签名和加密算法。这些知识我们在区块链的基本概念中已经有所阐述，加密算法、数字摘要技术、默克尔树结构以及链式结构层层嵌套等组成了区块链技术中不可篡改的重要特性。

加密算法的安全在几十年的计算机发展过程中经历攻击、修复、升级的战火洗礼，已经"百炼成钢"。就一般情况而言,区块链系统采用的成熟的加密算法很少碰到安全问题,否则整个中心化的银行体系就已经率先崩塌,毕竟与整个金融体系相比,区块链还像是个刚刚迈出实验室的产品。

对于加密算法的安全,大家往往会特别注意量子计算的发展。就好像任何门锁在电动工具面前都像是不堪一击,大家担心量子计算一旦可用,会不会第一时间攻克所有的加密算法。量子计算的技术演进对现有的密码学安全机制的影响自然不可小觑。根据 Shor(舒尔)算法,经典非对称算法(基于大数分解、离散对数等算法,如 RSA、ECDSA 和 SM2 等)可以被稳定、可用的量子计算机攻破。虽然量子计算设备与实际可用的通用计算机还有一定距离,但密码学术界和产业界对此广泛关注。例如,密码学家正积极探索能够抵抗量子计算机攻击的密码机制,如基于格的密码机制、基于纠错码的密码机制、多变量密码机制等。ISO、NIST 等国际标准化组织也在进行抗量子密码的研讨和标准化工作。

从友好的角度来看,量子计算本质上是算力的提升,对于算法未尝不是好事儿。算法同样可以利用算力来提升防御的能力,就像现在流行的算法都是 256 位或 512 位,届时提升几个数量级是必然的。但更多人担心的是,算力的突然爆发,可能会带来秩序的混乱,会发生什么完全不可控。

对于区块链应用算法上的安全,往往需要通过随机数生成算法、密钥存储、密码学组件调用、哈希强度、长度扩展攻击、加解密模糊测试等测试环节去寻找漏洞。

4. 合约安全

智能合约极大地扩展了区块链的应用场景与现实意义,但引发的安全事故数不胜数。对于合约的安全,一般从形式化验证、模糊测试和符号执行等漏洞检测手段进行,采用不同的检测方法组合,着力提高漏洞挖掘的准确性、效率和自动化程度,满足智能合约规模和复杂度与日俱增的漏洞挖掘需求。

智能合约的可信度源自其不可篡改,相对应的是,任何合约一旦被部署上线便无法修改而自动执行。如果合约没有设计防御措施,在受到攻击的时候,只能眼睁睁看着安全问题的恶化,从而严重损害合约本身的经济价值以及公众对项目的信任。智能合约源码一般来讲是开源的。源码的公开透明能提升用户对合约的信任度,却也大幅度降低了黑客攻击的成本,每一个暴露在开放网络上的智能合约都会成为黑客的攻击目标。另外,与区块链技术的不成熟相关,智能合约发展时间短,本身就有很多不足,加上互相抄袭借鉴使得问题更加严重。

智能合约一旦被部署便不可更改,即便有恶意交易也只能正常交易,而无法将其拒绝执行或从区块链中删除。如果删除,就是回滚交易。回滚交易的唯一方法是执行硬分叉,即通过修改区块链中的共识协议把区块链中的数据恢复到过去某一状态,这一点与去中心化的思想南辕北辙,但在某些极端情况下还真的会成为无奈的选择。

根据统计,智能合约中出现频率最高的 10 类安全问题为:代码重入、访问控制、整数溢出、未严格判断不安全函数调用返回值、拒绝服务(Denial of Service,DoS)、可预测的随机处理、竞争条件/非法预先交易、时间戳依赖、短地址攻击以及其他未知漏洞类型。

智能合约上线之前,对其进行全面深入的代码安全审计与测试,充分分析潜在的安全威胁,尽可能规避漏洞是至关重要的。

（1）覆盖验证

覆盖验证通过对智能合约文档和代码进行形式化建模，编写完整的覆盖性的测试用例，用以检查智能合约的功能正确性和安全属性。这种手段可以有效弥补用传统测试方法无法穷举所有可能输入的缺陷，能完全覆盖代码的运行期行为尤其是范围边界难以触及的情况，可以确保在一定范围内的绝对正确，弥补了合约测试和合约审计工作的局限性。

（2）异常测试

异常测试是通过构造非预期的输入数据或是重复性的输入数据，并监视目标软件在运行过程中的异常结果来发现软件故障的方法。当对智能合约进行异常测试时，利用随机引擎生成大量的随机数据，构成可执行交易，参考测试结果的反馈，随机引擎动态调整生成的数据，从而触达尽可能多的智能合约状态。

（3）安全审计

智能合约上线前后都要进行相关的安全审计，并作为持续性的工作，以防患于未然。这些审计内容包括程序异常、权限控制、函数调用、拒绝服务、重放攻击、恶意事件等。

5. 应用安全

抛开区块链底层网络，区块链应用层的安全跟其他中心化应用相似。也就是说，中心化应用有可能存在的安全问题，在区块链应用节点上是同样存在的。因为每个区块链节点都可以视为一个单独的中心化应用。

区块链技术的应用安全问题包括网络安全、服务器安全、终端安全等。其中网络安全包括 DNS 安全、负载均衡、防火墙配置、DDoS 防御、网络权限控制等；服务器安全包括基础配置、升级与补丁、API 服务、数据库服务、缓存服务、节点服务等；对于终端来讲，其安全问题还包括 App 环境、本地存储、通信安全、前端防注入等。这些安全问题在中心化应用中就已经是老生常谈，此处不再赘述。

6. 账户安全

在联盟链中账户安全的关键在于 CA 私钥的保管与权限管理，相对来讲体系完整，策略成熟，其安全措施跟中心化系统相同。而对于公有链来讲，账户就是私钥，而管理私钥的工具就是钱包（Wallet）。这些钱包往往是个人自行管理，安全隐患极大，黑客攻击方式防不胜防。

钱包是个人账号管理工具，也是管理私钥的工具，数字货币钱包形式多样，但它通常包含一个软件客户端，允许使用者通过钱包检查、存储、交易其持有的数字货币。据相关部门统计，钱包被黑的损失总金额达万亿美元，原因何在？除了部分钱包本身对攻击防御的不全面外，最主要的是钱包持有者们的安全防范意识不强。

总体来讲，与账户相关的安全问题主要跟钱包的使用方式有关。虽然无法做到百分百安全的账号管理，但可以推荐较为常用且安全的方式是：私钥（含助记词）备份与密钥库（Keystore）密码结合，冷钱包与热钱包结合。

通过对区块链原理的学习，我们已经知道，私钥就是账户的钥匙，公钥是对外公开的账号。私钥（Private Key）是一串由随机算法生成的数据，它可以通过非对称加密算法算出公钥，公钥可以再算出币的地址。私钥是非常重要的，作为密码，除了地址的所有者外，都被隐藏。在区块链上,区块链资产所有者实际只拥有私钥,并通过私钥对区块链的资产拥有绝对控制权,因此,区块链资产安全的核心问题在于私钥的存储,拥有者须做好安全保管。

大额账户的私钥的存储与管理至关重要,尽量做到:只要可能上网的情形一律不涉及私钥明文,例如可以抄到纸上,但不要写到云笔记上,也不要写到邮件里,也不要手机拍照,毕竟这些都存在黑客截获的可能。但也要注意,如果是仅记录到一张纸上,万一丢失,就比黑客截获下场还要惨。实际生活中,有人买了一个激光雕刻机,把自己的比特币私钥刻在金属上;还有的人把私钥切割分成多份,存到网络的多个账户上,例如云笔记一份、邮件一份、网盘一份,当然更聪明的程序员可以设计一个类似 RAID5 的算法,使用带有冗余的存储方法,即便少一段儿还可以自行找回来。也可以自己写一个加密算法,把私钥加密后密文传到网络上多处备份,解密方式只有自己知道,对于绝大部分黑客来讲是不可能在这一个账号耽误时间的。

私钥是一长串毫无意义的字符,这就出现助记词(Mnemonic)与 Keystore 来辅助加密存储并找回私钥。助记词是利用固定算法,将私钥转换成十多个常见的英文单词。助记词和私钥是互通的,在透明的算法下可以相互转换,它只是作为区块链数字钱包私钥的友好格式。所以切记,助记词即私钥。助记词是更容易记忆的明文,与私钥一样,尽量不以整体明文形式存储在网络里,而是想办法存在物理介质上,并且结合 Keystore 作为双重备份互为补充。Keystore 是把私钥通过钱包密码再加密得来的,与助记词不同,一般可保存为文本或 JSON 格式。换句话说,Keystore 需要用钱包密码解密后才等同于私钥。因此,Keystore 需要配合钱包密码来使用,才能导入钱包。这样实际上私钥的安全性转为了密码的安全性,所以这个密码一定要设置得足够长,最好在 16 位以上且包含特殊字符或使用黑客不能想到的规律。使用助记词和 Keystore 时一定要注意,要用绝对干净的系统和干净的开源钱包系统来操作,如果存在后门后果可想而知。

但并非所有的账号都需要这么安全,所以还有聪明的辅助措施就是,大额的数字资产存在离线的冷钱包(Cold Wallet)账户里,而少量的零花钱放在手机 App 热钱包(Hot Wallet)账户里。

冷钱包是脱离网络连接的离线钱包,将数字货币进行离线储存的钱包。使用者在一台离线的钱包上面生成数字货币地址和私钥,再将其保存起来。冷钱包是在不需要任何网络的情况下进行数字货币的存储,杜绝黑客入侵的可能,而且可以支持离线签名转出数字资产,私钥完全不接触网络。但硬件损坏、丢失也有可能造成数字货币的损失,因此需要做好密钥的备份。

热钱包是需要网络连接的在线钱包,在使用上更加方便。但由于热钱包一般需要在线使用,个人的电子设备有可能因误点钓鱼网站被黑客盗取钱包文件、捕获钱包密码或是破解加密私钥,而部分中心化管理钱包也并非绝对安全。因此在使用中心化交易所或钱包时,最好在不同平台设置不同密码,且开启二次认证,以确保自己的资产安全。

现实的数字货币世界中,部分的用户不懂这些原理,更远远做不到上述安全措施,他们连私钥是什么都不知道,更不要说自己管理私钥的能力。他们的数字资产往往是直接放在交易所的账户上。

3.4.3 隐私保护

区块链的数据组织采用了更为公开的分布式存储方式，在具体应用场景中保护隐私显得尤为重要。区块链系统中隐私保护的目标包含身份的隐私性和数据的机密性两个方面，前者主要是对区块链参与方身份的保护，后者主要是对记录内容、合约逻辑等数据的保护。隐私保护涉及的技术有环签名、同态加密、零知识证明和安全多方计算等。

环签名允许一个成员代表一个群组进行签名而不泄露签名者信息，可以实现签名者完全匿名。环签名在匿名电子选举、电子政务、电子现金系统、密钥管理中的密钥分配、匿名身份认证以及多方安全计算等领域都有广泛的应用。利用环签名技术，可以在一定范围内隐藏区块链交易发起者的签名公钥，来实现身份的隐私性保护。

同态加密除了具有一般的加密操作之外，还能够实现直接对密文的计算操作，操作后获得的密文结果，解密后与对明文的计算操作获得的明文结果一致。同态加密在云计算和外包计算等场景中具有重要意义。在区块链智能合约中，可以借助同态加密，对密文直接进行处理，不会泄露真实明文，从而保证数据的机密性。同态加密算法通常分为加法同态、乘法同态、全同态等类型，其中加法同态已在一些区块链项目中落地实践，乘法同态、全同态在区块链中的应用还在研究中。

零知识证明是指一方（证明者）向另一方（验证者）证明某个事实的论断，同时不透露该事实的其他信息的方法。在区块链中，零知识证明用来保证交易发起者计算的密文等信息具有正确的数据结构，从而在提供密文中私密信息机密性保障的前提下，使验证者确定发起者确实拥有该私密信息。

安全多方计算能够在保证输入数据隐私的前提下，为缺乏信任的参与方提供协同计算功能。在计算过程当中，操作逻辑是公开的，参与方无须泄露输入的数据，通过正确执行操作逻辑即可得到最终结果。在计算正确性和去中心化方面，安全多方计算与区块链天然契合，其具备的输入隐私性能够为区块链中交易各方带来数据的机密性保护。

3.4.4 跨链技术

跨链是指两个或多个不同区块链上资产和状态通过特定的可信机制互相转移、传递和交换的技术。随着区块链底层平台的多样化发展，区块链项目数量的快速增长，多链并行、多链互通逐渐成为未来发展趋势。跨链通信和数据交互日益重要，尤其是区块链网络间的数据传递以及智能合约的可移植性等方面的技术亟待发展。如何提升可扩展性和执行效率，保证跨区块链网络间的数据一致性以及数据不一致时的共识成为跨链技术的发展重点。

跨链又分为同构链的跨链和异构链的跨链。相比较而言，同构链的跨链交互在实现上相对容易，而异构链的跨链技术实现难度较大，目前还较不成熟。目前主流的跨链技术有公证人机制、侧链/中继、哈希锁定、分布式私钥控制等。

总的来说，当前跨链技术成熟度还较低，现有的跨链技术主要致力于解决可用性问题，对于跨链易用性、可扩展性以及安全性的研究还有待发展。基于技术发展现状分析，未来跨链重点发展方向包括加快交易速度、减轻主链负担，发展多链并行处理计算、支持海量交易，提升安全性和加强隐私保护等。

近年来，区块链技术从概念验证逐步走向商业应用，在政府、高校、产业的共同推动下，形成了覆盖政务、金融、教育、文创等多行业探索试点。一个个行业联盟链、区域联盟链运行起来，它们聚焦在单一领域，解决"局域网"内部的数据共享和协作问题。随着商业应用大规模落地，联盟链参与方增加、业务场景逐渐复杂，现有的局部数字资产流转已经不能满足未来数字经济的发展需求，如何实现不同区块链系统之间的互联互通，形成跨行业跨领域的深度价值链接，成为突破区块链发展的核心问题。

从当下业务落地和应用趋势来看，行业对跨链技术有着多维度的应用需求和技术要求。在技术需求层面，需要基于跨链技术搭建的多链系统解决容量问题、扩展性问题、分层治理问题；在业务需求层面，需要基于跨链技术打通垂直行业的上下游区块链的协作，或者打通跨领域区块链的价值协作，或者为大型复杂政务场景搭建超大规模的可分层治理区块链。

多样化的技术及业务互操作诉求，均对跨链技术提出更复杂、更多维度的能力要求。功能性方面，不仅仅要完成原生资产的跨链交换，还需要能完成信息互通、智能合约互调等更通用的功能；安全性方面，不仅仅要保障跨链数据流转的可信，还需要兼顾数据安全及隐私保护；扩展性方面，区块链不仅仅在当前"跨链局域网"内与其他区块链互通，未来还需要能向全局异构互通的"跨链互联网"演进。

一般来说，跨链技术是将区块链 A 上的信息变化，安全可信地传递到区块链 B 上，并在 B 链上产生预期效果的一种技术。跨链方案的提出是为了支持公有链上不同数字资产的交换，在联盟链中情况更加复杂。区块链系统中共识算法、信息模型、业务逻辑等各方面差异较大，为安全可信的跨链交互带来挑战。为了实现通用的、不同区块链系统之间的、安全可信的跨链互操作，我们需要考虑如下几方面的具体要求：

1. 跨链协议

协议栈的设计致力于解决异构链的差异性和跨链模式多样化的两大问题，这两大问题对应到技术实现，最终实现系统可适配和功能可扩展。协议栈的设计是从多类典型跨链模式出发，把完整的跨链流程，逐步拆解为不同的子流程，每个子流程解决不同的原子问题，这些子流程、子模块抽象成单元便于适配，组成一套多层次、多模块的协议栈，该设计思想与 TCP/IP 协议栈一样，底层基础协议可复用、支持异构实现，上层协议复用底层基础协议，根据多样化场景扩展实现业务场景适用的互操作协议。通过该协议栈，跨链将允许链上智能合约互相通信调用、信息自由交换，以及定制化跨链事务设计。

2. 身份体系

身份体系是通信的基础，全局统一、兼容多种跨链方案的区块链身份体系是跨链的关键技术之一。类比目前的互联网服务，域名服务系统 DNS 作为信息访问的路标，尽管编程语言、操作系统、通信协议、应用技术架构经过多轮更新换代，但 DNS 始终为数据送达指定目标保驾护航。从跨链治理的角度看，身份体系需要与具体跨链实现松耦合，支持独立运转，扮演好多区块链系统中底层服务的角色，满足分布式基础设施适应于不同的跨链方案，也保障跨链技术体系在演进过程中有稳定的治理支撑。

3. 安全设计

数据安全及隐私保护一直是阻碍区块链应用落地的一个大问题，现阶段区块链平台面向商用场景已可以提供全面的数据安全和隐私保护方案，跨链也需要有较全面的数据安全支持。从区块链应用实践来看，数据隐私方案是多样化的，既要有基础通用的安全设计，又要根据场景灵活自定义。

一个联盟链的所有参与方形成一个数据信任域，跨链数据通常包含业务数据，需要保障数据流入安全、受信任的区域。为了保障数据流动安全，应尽可能避免中继链实现，使用点对点组网形态，保证数据最小授权、按需出域、端到端安全跨链。此外为满足灵活性的要求，也将引入链下隐私计算，支持对多样化的隐私需求做适配。

4. 通用灵活

区块链产业化过程中，为了推进多行业的不同业务逻辑的场景落地，将面临业务流程和技术架构多样化需求，跨链模式也必须具备高通用性，应采用多层次多模式的灵活方案，应支持自定义跨链编程。业务应用可以通过智能合约对接跨链操作接口，实现定制化的跨链操作；对于高频场景，也应支持跨链事务模板、场景专用协议来降低业务应用的使用门槛。

3.4.5　分片技术

分片技术思路来源于传统数据库技术，此前主要用于将大型数据库分成更小、更快、更容易管理的数据碎片，以支撑大规模的应用。在区块链中，可将区块链网络分成很多更小的部分，即进行“分片”处理，每一个小网络只需要运行一个更小范围的共识协议，对交易或事务进行单独处理和验证，这样冗余计算量可大大减少，效率得到提升。

目前正在探索中的分片技术主要有网络分片、交易分片和状态分片三类。网络分片是利用随机函数随机抽取节点形成分片，从而支持更海量的共识节点。交易分片分为同账本分片和跨账本分片，主要思想是确保双花交易在相同的分片中或在跨分片通信后得到验证。状态分片的技术关键是将整个存储区分开，让不同的碎片存储不同的部分，每个节点只负责托管自己的分片数据，而不是存储完整的区块链状态。

3.4.6　其他可关注的技术

随着区块链技术的快速发展，链外数据存储与有向无环图（Directed Acyclic Graph，DAG）技术也值得关注。

链外数据的存储，除了传统集中的数据中心存储、云存储以外，还产生了新的互联网点对点文件系统。其中有代表性的有融合 Git、自证明文件系统（SFS）、比特流（BitTorrent）和 DHT 等技术的星际文件系统（IPFS），其提供全球统一的可寻址空间，可以用作区块链的底层协议，支持与区块链系统进行数据交互。

区块链性能方面的需求不断演进，2018 年出现了以 DAG 为数据存储结构的技术方案。所谓 DAG，就是不同于主流区块链的一种分布式账本技术，被认为可以有效解决传统区块链的交易串行问题，是区块链从容量到速度的一次革新。相较传统区块链结构而言，DAG 更能体现去中心化特征，而且可扩展性和处理能力会大幅度提升。在 DAG 模式下，发布每一个新增的数据单元，都需要引用多个已存在的、较新的父辈数据单元，随着时间的推移，所有包含交易的数据单元相互连接，从而形成有向无环图的图状结构。DAG 区块链在并行性、可扩展性上有较大改善，但此种结构对维持数据全局一致性提出一定的挑战。DAG 从技术原理上已经超出了区块链的概念，国内众安科技开发的 AnnChain 有相关的开源实现，读者可以自行研究。

3.5 区块链与新一代信息技术融合

随着我国产业规模的不断扩大，区块链与互联网、大数据、人工智能等新一代信息技术深度融合，普遍应用在各个领域，形成若干具有国际领先水平的企业和产业集群，产业生态体系趋于完善。区块链成为建设制造强国和网络强国，发展数字经济，实现国家治理体系和治理能力现代化的重要支撑。

3.5.1 区块链与隐私技术

1. 隐私技术介绍

区块链的核心价值在于通过多方参与、共同维护实现的共识，是一种“以公开换信任”的技术。因为在很多应用场景中数据的隐私性是至关重要的，所以在数据上链的同时必须搭配合适的隐私保护技术，以“可用不可见”的方式同时实现数据的可用性和隐私性。这种无须泄露原始数据即可对其进行分析计算的一系列信息技术又被称为隐私计算技术。隐私计算(Privacy Compute 或 Privacy Computing)是指在保护数据本身不泄露的前提下实现数据利用的技术集合，它是以密码学为核心，并且具有可以通过数学进行验证安全的能力。

隐私计算技术符合当前建设数字经济、挖掘数据要素市场的社会需求，可以充分保护数据并确保隐私安全，消除“数据孤岛”，在多主体间充分进行数据共享与利用，实现数据价值的转化和释放。

数据共享离不开对数据全生命周期的隐私保护管理，以及多主体之间的可信互联与有序互通。隐私计算技术可向数据的全生命周期过程提供基于密文的全过程隐私保护架构和技术支持，例如数据的感知、发布、传播、存储、处理、使用等过程，使数据价值可流通、可交易。

主流的隐私计算技术主要分为三大方向：

- 以安全多方计算为代表的基于密码学的隐私计算技术；
- 以联邦学习为代表的人工智能与隐私保护技术融合衍生的技术；
- 以可信执行环境为代表的基于可信硬件的隐私计算技术。

其中基于密码学的隐私计算技术主要包括安全多方计算、零知识证明和全同态加密。

2. 区块链与隐私计算技术的融合

(1)区块链在隐私计算技术中的应用

隐私计算技术可以借助区块链技术实现操作记录存证，通过区块链的可追溯性获得记录可验证的特性。以信贷风控为例,隐私计算技术可以实现多企业、多机构之间高效安全的数据共享。当各方建设数据平台时,无须再将来自其他机构的数据全部迁移至自身平台,而只需将运算模型或规则部署在各机构的数据域内,根据业务请求实时进行加密计算,实时调用。在整个计算过程中涉及的数据摘要、判断结果均可加密存证于区块链,以便后续的审计、监督。

区块链可应用到隐私计算过程中数据生命周期的各个环节,可实现全程闭环的安全和隐私服务,操作和处理记录可上链保存、不可被篡改。区块链可以解决数据共享参与方身份及数据可信问题,在一定程度上避免了主观作恶、合谋推导、数据造假等做法。区块链可以提升数据共享流通协作效率,降低隐私计算应用成本。比如数据持有者可将共享数据目录、数据使用申请、数据使用审批、数据使用审计等功能上链。

(2)隐私计算技术在区块链中的应用

区块链采用隐私计算技术来提升自身的数据保密能力,以适应更多的应用场景,并通过同态加密等技术,在保证数据隐私性的同时,完成区块链共识算法同步或智能合约执行。比如对区块链上的账户金额进行加法同态加密,验证节点在不需要知道交易金额的具体数值或者其他任何隐藏信息的情况下,可以对密文进行正确的加法操作,这样区块链上所有的账户余额和交易金额都以同态密文的形式存在。除了拥有私钥的可信第三方机构外,所有节点都只能验证交易而无法得知具体数值,这将有效保护用户的账户隐私。可以将区块链上链过程中的私钥签名环节放入可信执行环境(Trusted Execution Environment, TEE)执行,通过 TEE 提供的可信环境,保证用户私钥没有泄露,签名过程没有被篡改,从而为整个区块链网络提供了安全性保障。

(3)区块链与隐私计算技术融合带来的优势

①提升身份及密钥管理的安全性和灵活性

基于区块链隐私计算技术实现的密钥分发功能,可降低密钥中心化存储的安全风险,体现出密钥分片存储的价值。

基于区块链隐私计算技术实现的密钥协商功能,通过区块链公开传输密钥材料并进行身份核验,可防止中间人攻击和丢包攻击。

基于区块链隐私计算技术实现的多重签名及组装验签功能,可以增强数据协作的安全性和效率,体现出分布式签名的价值。

基于区块链隐私计算技术实现的分布式身份和可验证声明功能,可使数据资产标准化并授权可控,结合数字签名和零知识证明等技术,可以使得声明更加安全可信,为进一步的精细化权限管控提供基础工具。

②解决数据共享参与方身份及数据可信问题

应用隐私计算技术和区块链技术,一是可以提升隐私计算的活动监测和监管审计能力。可以通过技术手段和共识机制对参与共享计算的关键数据进行链上共享和真实性交叉验证,同时亦可以对参与方的数据操作进行溯源,使得数据共享过程具有可追溯性。二是提升恶意参与方的作恶成本。通过分布式数字身份,可以实现对参与方的数字身份管理,通过签名算法确保参与方的真实可信,避免参与方的仿冒。参与方的行为记录如数据写入、计算结果传递等都可记录在链上,永久存储并不可篡改。三是提升参与共享计算的数据质量。通过区块链记录数据共享过程中各参与方的行为,引入数据质量评价体系,从而反向推动实现安全、可信的数据共享计算。

③增强区块链的隐私保护能力

区块链的隐私保护方案可以分为三大类：混淆方(Obfuscation)、隔离方案(Isolation)和密码学方案(Cryptographic)。其中链上交易机密性、不可链接性和不可追踪性是密码学方案的主要目标。

通过在区块链系统中引入用于隐私保护的密码学算法(比如同态加密、环签名、零知识证明等隐私增强技术)，可直接解决链上数据隐私保护问题。比较常见的方案是在原有区块链账户模型的基础上进行拓展，即附加一层隐私交易方案，以此来保护账户和交易信息的隐私。

④建立全程闭环的数据生命周期安全管理

隐私计算技术结合区块链技术可以应用到数据流通的各个环节当中，实现全程闭环的数据安全和隐私服务，并且操作和处理记录可上链保存、不可被篡改。

数据共享计算参与方可以在链上使用智能合约来实现计算过程中的协作管理功能，由参与方之间共同治理隐私计算过程，协作过程公平公正、公开透明、权责对等，避免了中心化协调方参与带来的隐私泄露的风险。

另外数据持有者可将共享数据目录、数据使用申请、数据使用审批、数据使用审计等功能上链，链上参与方可以对其他参与方的数据资源一目了然，计算过程的数据使用情况可以存证留痕，确保参与方按照约定的方式进行计算，从而提升数据共享协作效率。

⑤培育共享共生的数据要素市场生态

首先，结合区块链技术，可使用数据标签、数据指纹、分布式身份等方式先为数据资产生成唯一标识符，然后在链上与数据持有者的数字身份进行关联，实现数据持有者对数据资产权益的公开确权。

其次，基于区块链构建的可信协作关系，各参与方可进一步共创数据价值流转和分配机制，让数据资产交易的公平透明度提升，激励参与方积极贡献数据、模型或算力。

再次，隐私计算技术可以把数据使用价值精确到具体算法和使用次数，实现用途可控可计量。

最后，通过数据的所有权和使用权的分离，可以让数据资产价值以市场化的方式计量，从而进一步促成数据交易市场的定价机制。

区块链技术与隐私计算技术的融合如图 3-10 所示。

3. 典型应用解决方案

目前，区块链隐私计算技术仍在不断地发展迭代和快速应用中。本部分将结合具体的场景，简要介绍当前区块链隐私计算技术的一些典型应用解决方案。

(1)用于“数据转移，控制权不转移”的数据共享场景

在一些应用场景中，数据持有者需要将数据提供给合作方进行数据处理，比如在数据外包处理场景中，数据持有者委托第三方对其数据进行开发处理。传统类似场景中，数据一旦从数据持有者转移到第三方之后，这份数据的实际控制权就转移到了第三方。第三方可能将数据私自留存或在非授权场景中使用，甚至转卖。数据持有者对这份数据的使用情况既缺乏感知能力又没有控制能力，也无法验证第三方是否按预期真实完成了数据的计算服务。

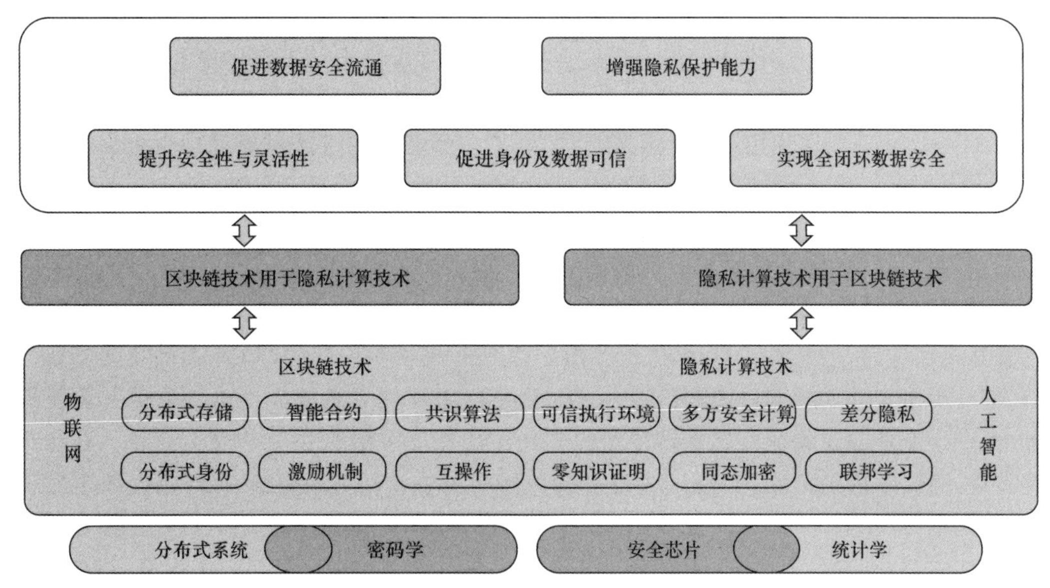

图 3-10　区块链技术与隐私计算技术的融合

区块链隐私计算技术可以实现"数据转移,控制权不转移",达到数据流转的可控、可用、可验证目标,主要实现思路:一是提供数据使用全过程加密的能力防止数据滥用或泄露;二是通过全过程使用记录加密上链的方式保证外包使用行为的可验证和不可否认,解决客户的担忧。区块链隐私计算技术实现数据可信流转的技术原理如图 3-11 所示。

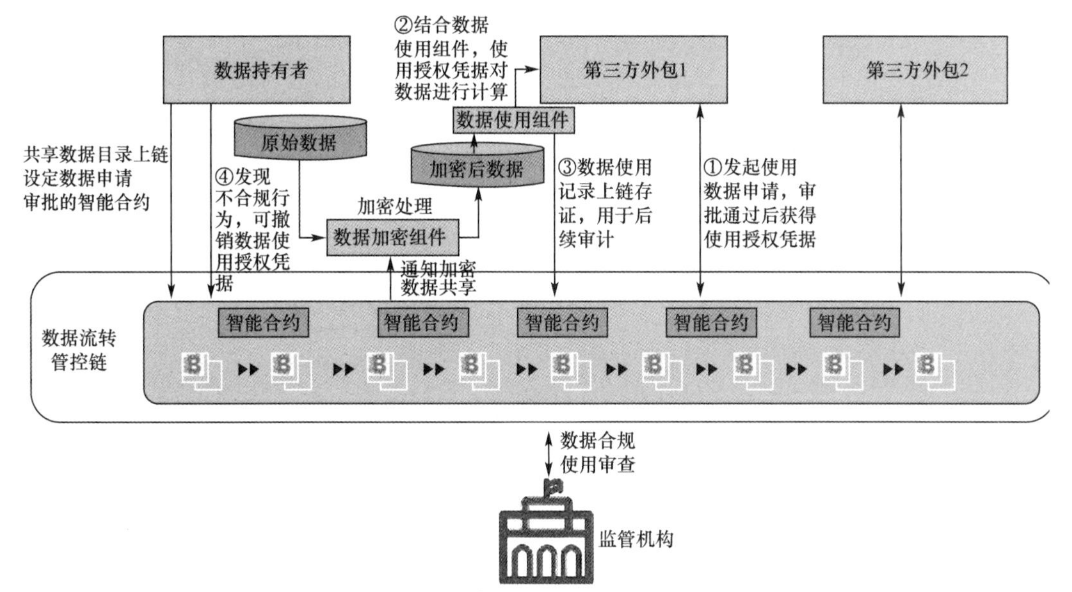

图 3-11　区块链隐私计算技术实现数据可信流转的技术原理

- 首先在数据流转管控链上,数据使用者向数据持有者申请使用数据,通过智能合约自动审批并通过后可获得数据使用的授权凭据。
- 数据持有者将加密后的共享数据提供给数据使用者,数据使用者只有使用授权凭据才能通过数据使用组件对共享的加密数据进行相应的计算、查询操作,且操作结果也会按照数据持有者的策略配置进行"脱敏"后输出。

- 所有的数据使用记录过程也会被数据使用组件自动上传到链上进行存证，用于后续审计。

- 一旦发现数据使用者有不合规行为，数据持有者就可以通过撤销授权凭据来取消对数据使用者的授权，即使数据使用者留存了加密后的共享数据，也会因为无法解密而失去使用价值。

(2)用于链上、链下数据多方交叉核验的数据共享计算场景

在一些场景中，业务数据会上链进行多方流转使用，需经过多方数据共享计算并交叉核验其真实性后，才具有可信价值。比如在物流金融业务场景中，物流信息经过交通部门、银行等多方共同核验后，才具备高可信的价值，才可被下游的业务机构取信并提供服务，如中小企业通过物流信息来证明其业务真实性并向金融机构申请融资贷款。在这种场景中，需要解决的问题：一是区块链上的流转数据由于隐私保护需求可能会加密后上链，因此多方计算分析时需保证数据的隐私安全；二是参与计算的链下数据在计算过程中也需要保护数据隐私安全，并需要有可信通道能够与链上数据连接起来实现交叉验证。

结合了 TEE 的区块链隐私计算技术可以实现在确保链上链下数据隐私安全的前提下，融合进行共享计算，并对链上数据真实性进行交叉核验。以物流订单真实性多方核验为例，如图 3-12 所示。

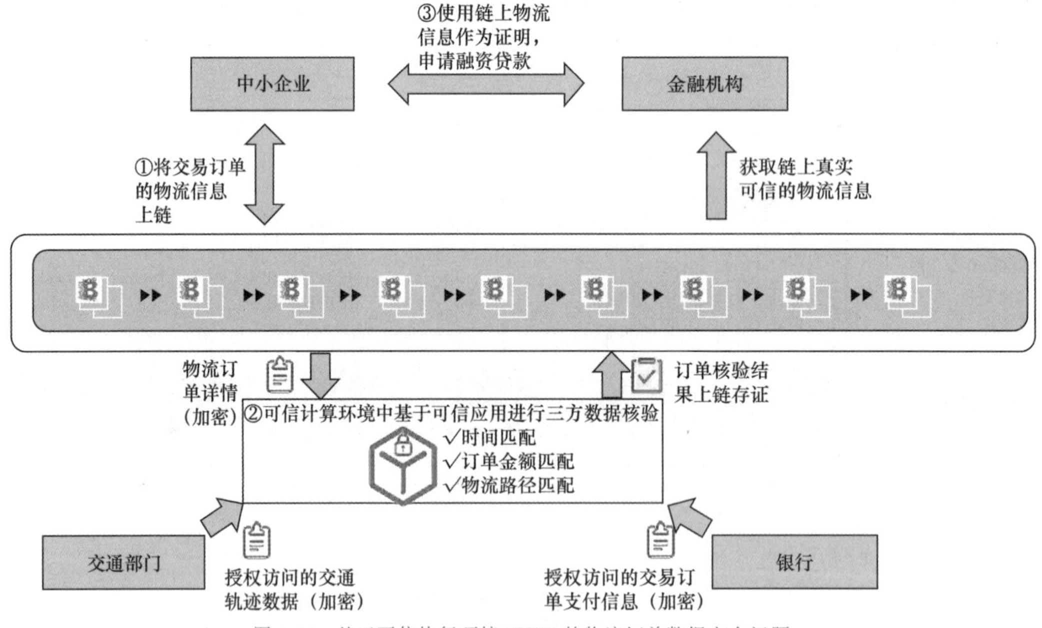

图 3-12　基于可信执行环境(TEE)的物流订单数据安全问题

- 企业在创建订单并完成运输和结算后，会将订单信息和订单状态信息等加密后上链。

- 结合可信计算环境，可以连接区块链链上数据(加密物流订单信息)和链下可信数据源，包括授权访问的加密交通轨迹数据和加密交易订单支付信息等，在各方数据隐私得到有效保护的前提下，基于可信应用对各方加密数据进行计算分析和交叉核验，核验结果

上链存证，实现数据使用的可追溯和可审计。

□ 基于链上核验后的可信物流信息，中小企业可以证明其业务真实性并申请融资贷款。下游的金融机构在审核贷款申请时，可以获取链上真实可信的物流信息作为审批依据。

3.5.2 区块链与大数据

大数据是一种规模大到在获取、存储、管理、分析方面超出了传统数据库软件工具能力范围的数据集合，具有海量的数据规模、快速的数据流转、多样的数据类型和低价值密度四大特征。大数据已在人们的生产生活中得到了广泛的应用，特别是2020年新冠肺炎疫情突发，大数据在疫情的统计、分析、判断中发挥了重要作用。在当前由信息技术(Information Technology，IT)时代到数据技术(Data Technology，DT)时代的发展过程中，数据已成为一种能够流动的资产，通过分析、利用大数据，能够挖掘出其强大的社会及经济价值。大数据的发展取得了重要的成果，但目前也面临着巨大挑战，一是数据源间数据的流通与共享打破了原有数据管理的安全边界，数据在流动中可能存在的安全隐患增加；二是针对大数据资源的窃取、攻击与滥用等行为越来越严重，对国家及相关机构数据安全防护能力提出更高的要求。

如Facebook数据外泄事件，使大数据资源的非授权使用成为问题，其5 000万用户的个人数据被泄露，直接影响了2016年美国总统大选的结果。2019年，勒索软件相关的数据恢复成本增加了一倍以上，2020年，带有数据泄露机制的勒索软件将给企业带来更加高昂的数据恢复成本。2020年，加拿大的医疗实验室测试服务提供商LifeLabs发生大规模的数据泄露事故，近1 500万加拿大人的医疗信息被泄露，其不得不向攻击者缴纳赎金。专家认为攻击者采用了“勒索软件＋数据泄露”的双重手法，大大提高了赎金的“征收”力度。因此，大数据的非授权共享不仅会影响用户自身的数据安全，还会对国家安全造成严重的威胁。大数据应用及其发展所面临的核心科学问题是实现安全、可控的大数据资源流通与共享。

区块链以其可追溯性、安全性和防篡改性等优势在解决数据互联互通和开放共享的问题上发挥巨大作用，最终降低信息摩擦、突破信息孤岛，实现“社会化大数据”的目标。从长远来看，区块链与大数据的结合可能会给社会生产生活带来很大变化。2020年4月，中国互联网络信息中心(CNNIC)发布《第45次中国互联网络发展状况统计报告》，其中指出2020年大数据领域将呈现的十大发展趋势之一是区块链技术的大数据应用场景渐渐丰富。根据Neimeth的估计，到2030年，区块链分布式账本的价值可能会达到整个大数据市场的20%，产生高达1 000亿美元的年收入，超过PayPal、Visa和Mastercard的总和。

区块链技术的分布式架构与智能合约技术恰好与大数据环境下分布式、动态访问控制需求相吻合，大数据访问控制涉及大数据资源的采集、汇聚、管理、控制等，大数据访问控制架构，与区块链结合后可分为基础数据层、资源管理层、设施层、事务层、共识层、合约层几部分，如图3-13所示。

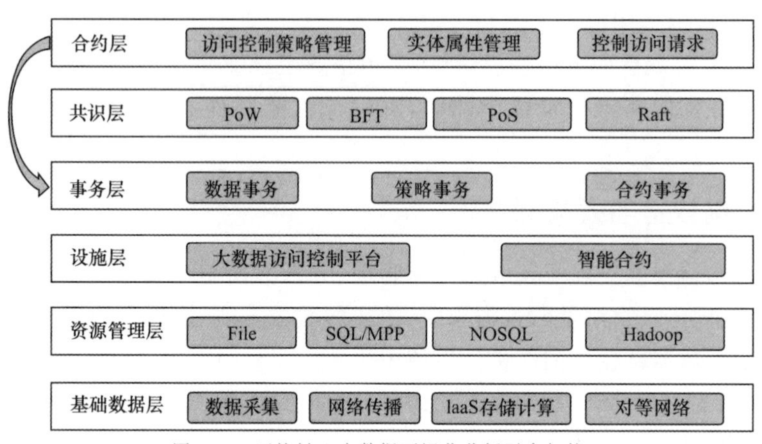

图 3-13 区块链＋大数据可视化分析平台架构

- 基础数据层，是真实的大数据资源，包括结构化数据、非结构化数据和半结构化数据。通过区块链分布式存储，可保障大数据数据层的安全，避免了传统方式下数据分布式存储、逻辑集中的情况。
- 资源管理层，基于区块链技术对大数据资源进行资源管理，实现不同来源大数据资源的汇聚。
- 设施层，由区块链为大数据访问控制平台提供基础设施，是整个架构的基础。这个大数据的设施层是大数据访问控制平台和智能合约的载体，是为以区块链技术为基础的上层应用提供衔接。
- 事务层，提供针对数据、策略、合约等访问控制的事务控制。如数据事务是对大数据资源进行管理，承接资源管理层的诉求；策略事务主要针对访问控制策略管理与合约层进行配套提供数据支撑；合约事务与区块链的智能合约挂钩，为智能合约提供运行环境。
- 共识层，通过各类共识算法（如区块链的 PoW、PoS、BFT 等共识算法）来保证分布式节点间访问控制数据的一致性和真实性，从而在节点间达成稳定的共识。
- 合约层，与事务层相接，提供访问控制策略管理、控制访问请求及实体属性管理等功能。

3.5.3 区块链与云计算

云计算是基于互联网的计算方式，可以实现软件、硬件资源和信息的共享，并根据需求为各种终端和其他设备提供计算能力。云计算从客户机/服务器（Client/Server，C/S）模式发展而来的，是基于互联网相关服务的增加、使用和交付模式。美国国家标准与技术研究院（NIST）给出的定义是：云计算是一种能够通过网络以便利的、按需付费的方式获取计算资源（包括网络、服务器、存储、应用和服务等）并提高其可用性的模式，这些资源来自一个共享的、可配置的资源池，并能够以最省力和无人干预的方式获取和释放。现阶段的云计算不仅仅是一种分布式计算，还包括效用计算、负载均衡、并行计算、网络存储、热备份冗杂和虚拟化等计算机技术，是以上技术融合演进的结果。

当前云计算技术的产业发展仍存在一些问题：其一，云计算市场极度中心化，少数几家互联网科技巨头依靠自身高度集中化的服务器资源垄断了整个云计算市场；其二，云计算过度集中导致算力服务价格居高不下，算力成为稀缺资源，极大限制企业上云的发展要求。

云计算是一种按使用量付费的模式，而区块链则是一个分布式账本数据库，是一个信任体制。从定义上看，两者似乎没有直接关联，但是区块链作为一种资源存在，具有按需供给的需求，也是云计算的组成部分之一，两者之间的技术可以相互融合。

区块链与云计算融合主要以两种方式体现：

第一，Blockchain for Cloud，主要依托区块链来实现分布式云计算架构，基于区块链的分布式云计算允许按需、安全和低成本地访问最具竞争力的计算能力。去中心化应用程序(DApps)可通过分布式云计算平台自动检索、查找、提供、使用、释放所需的所有计算资源，同时使得数据供应商和消费者能够更易获得所需计算资源。用区块链的智能合约来描述计算资源的特征，实现按需调度。基于区块链的分布式云计算可能成为未来云计算的发展方向，但目前尚处于理论研究阶段。

第二，Cloud for Blockchain，主要凸显云计算与区块链技术的融合，而云计算成为区块链服务的承载体，这是当前区块链与云计算结合最快的方向。众所周知，区块链技术从开发、测试到信用证明(Proof of Credit，POC)涉及了多个系统，单机模式成本昂贵极大制约区块链技术的推广。因此目前全球几乎所有的云厂商都依托自己的云平台推出区块链服务，将云计算与区块链两项技术融合并催生出一个新的云服务市场"区块链即服务"(Blockchain as a Service，BaaS)，既加速了区块链技术在多领域的应用拓展，又对云服务市场带来了变革与发展。区块链与云计算的紧密结合，促进BaaS成为公共信任基础设施，形成将区块链技术框架嵌入云计算平台的融合发展趋势。其中，以联盟链为代表的面向企业(To Business)的区块链企业平台需要利用云设施完善区块链生态环境；以公有链为代表的面向用户(To Client)的区块链需要为去中心化应用提供稳定可靠的云计算平台。区块链与云计算的融合，加快了各行业、各领域区块链技术的部署，降低了部署的时间和成本，同时借助云平台的安全性可对区块链的安全性进行加固。

BaaS可以说是一种新型云服务，旨在为移动和Web应用提供后端云服务，包括云端数据/文件存储、账户管理、消息推送、社交媒体整合等。BaaS是垂直领域的云服务，随着移动互联网的持续火热，BaaS也受到越来越多开发者的青睐。它作为应用开发的新模型，可以降低开发者成本，让开发者只需专注于具体的开发工作。

BaaS介于平台即服务(Platform as a Service，PaaS)和软件即服务(Software as a Service，SaaS)。BaaS简化了应用开发流程，而PaaS简化了应用部署流程。PaaS是一个执行代码以及管理应用运行环境的开发平台，用户通过版本控制系统SVN(Subversion)或者分布式版本控制系统Git之类的代码版本管理工具与平台交互。简而言之，PaaS就像是一个容器，输入是代码和配置文件，输出是一个可访问应用的链接。而BaaS平台将用户需求进行了抽象，比如用户管理，开发者希望创建用户数据库表(模型)后，客户端就可以通过Restful接口直接操作对应的模型，所有的操作都可以被抽象为CRUD(创建Create、读取Retrieve、更新Update和删除Delete)。同时BaaS通过智能合约来约定SaaS应用的执行规则，界定SaaS自动执行程序的流程。因此BaaS是在PaaS与SaaS之间，偏向于应用，而非仅是一个业务中间件。

BaaS服务已经受到全球各大企业重视，2013年4月，Facebook收购Parse；2014年6月，苹果发布了CloudKit；2014年10月，Google收购了Firebase。Parse、CloudKit、Filrebase都是国外知名的BaaS类产品，利用Google Ventures参与区块链项目和公司的投资，并结合收购的技术开发自己的BaaS平台。IBM通过贡献Hyperledger开源联盟，借助其BlueMix平台提供区块链服务，并通过区块链将原有的产业从金融向医疗、制造等行业延伸。微软通过Azure提供自己的区块链服务，借助Intel的SGX TEE构筑基于硬件的区块链能力。而国内云平台厂商，如华为、蚂蚁金服、腾讯、浪潮、京东等厂商都已经具备了提供BaaS平台的能力，也形成了自己的区块链平台服务，可构建一云一服务的模式，如图3-14所示。

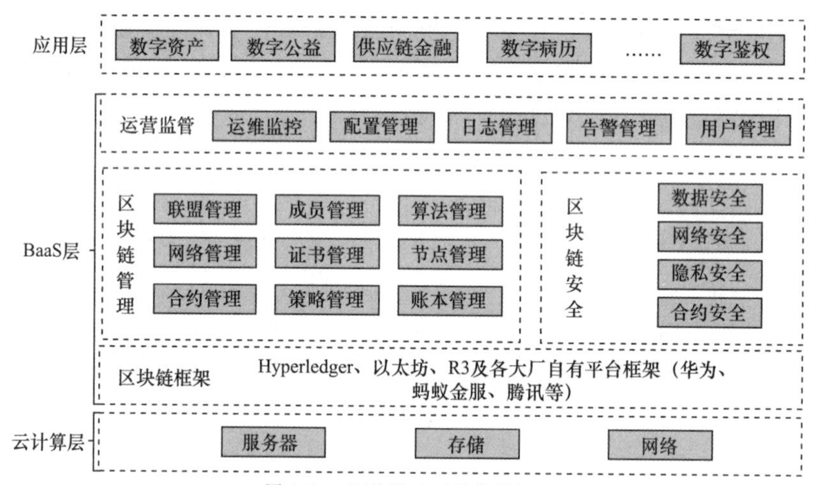

图3-14　区块链+云计算框架

3.5.4　区块链与物联网

区块链与物联网技术是当前国内外产业发展和技术创新的热点。2020年4月，国家发改委明确指出，包括物联网、区块链、人工智能、云数据中心等为代表的信息基础设施，是国家“新基建”的重要内容，将加强顶层设计，做好统筹协调，推动技术创新、部署建设和融合应用的互促互进。物联网和区块链作为其中重要的两个组成部分，存在较好的技术契合性，可以解决物理世界到数字世界衍生的问题。物联网通过感知设备实现物理世界的可信数据获取、分析和服务，提供丰富的数据资源和众多应用场景，可推动区块链技术更好应用于实体经济；区块链具有去中心化、不可篡改、可追溯等特点，结合智能合约技术，可以为物联网提供高效、可信的数据流转和价值传递网络。区块链与物联网的融合实现了优势互补，目前已逐渐深入应用到许多行业中，带来新商业模式的创新，具有广阔的发展前景。

1. 发展现状及存在问题

根据GSMA发布的数据，2020年全球物联网总连接数已达到了131亿，预计到2025年总连接数将突破240亿，年复合增长率达到12.87%，2019年全球物联网收入为330亿美元，预计到2025年将增长到900亿美元，年复合增长率将达到17.44%。但物联网的进一步发展也面临挑战。首先是中心化成本高问题，当前的物联网系统以中心化的服务器/客户端架构为主，应付几百台或上千台设备连接尚可，但当未来连接设备扩展到更大量级如百万台甚至亿万台时，会产生海量的通信信息，中心化服务器存在着处理能力瓶颈以及单点故障风险，会急剧增加维护运营成本和网络带宽成本。其次是安全问题，物联网通过感知设备持续采集、传输和处理着与企业和用户相关的各种数据，攻击者通过非法侵入并控制物联网设备，可以利用物联网设备执行非法操作，或者对设备上数据进行非法访问、拦截或篡改，给数据安全和隐私保护带来威胁，更进一步，中心化架构的物联网服务器如果被攻破，将会带来更为严重的后果。最后是碎片化问题，物联网应用场景和需求的碎片化导致物联网中存在多种技术方案和通信方式，目前行业内还缺乏统一技术标准和接口，并且存在多个竞争性的标准和平台，不同厂家设备和产品的操作协议相互不兼容，难以互联互通。此外，当前物联网系统多为运营商或企业内部的自组织网络，相互间缺乏可信的协作网络，物联网采集的数据难以在不同实体间流转，无法让价值最大化。

区块链产业正蓬勃发展，深入行业应用还需要解决上链数据真实性问题。以我国为例，受益于政策环境利好和企业积极投入，目前区块链产业正蓬勃发展，应用落地项目不断涌现，应用落地场景不断向实体经济和政务民生等领域拓展。区块链本质是一个分布式的共享账本和数据库，通过密码学算法、共识算法等技术的融合，使得存储于区块链上的数据具有不可篡改、全程留痕、可以追溯、公开透明等特点。但如果上传到区块链上的数据不准确、不可信，则会“污染”链上数据，使得在应用过程中产生错误的输出结果，而且对于已经上链的错误或不可信数据，需要很高的补救成本。因此，要推动区块链进一步深入应用到产业中，需要解决区块链链上资产和数据与链下应用场景之间的可信数据链接关系，保证上链数据的真实性。

2. 典型应用解决方案

区块链技术赋能物联网将是区块链技术落地的方向之一。区块链与物联网结合的核心技术优势展现为：区块链可以实现数据共同管理、协议共同治理和计算共同参与。一方面这些优势可在可信设备身份，网络服务形态与拓展性，隐私计算，数据管理与商业模式等方面改变物联网；另一方面，物联网技术赋能区块链，让数字世界更快扩张。

例如：基于“物流＋物联网＋区块链”的物流追踪产品，以物联网作为数据抓手，使用新型物联网＋区块链的物流追踪模式。

在仓储环节，通过物联网技术能够对仓储内的货物进行实时感知、无缝监管、信息封装与动态登记，将货物的物理状态与对应区块链上的货物信息绑定，确保货物的客观真实存在、货物与仓单的一一对应和登记对象信息的唯一性。再通过区块链技术的实时同步、真实存储、历史追溯的特点，记录货物从入库到出库（或者到当前时间）中各个时间点的位置、重量等物理信息以及照片和监控录像等图像信息，确保货物在仓储过程中有证可信、有据可查、查而无漏。

在物流环节，物联网将货物实时状态信息上链的同时，使用区块链技术进行货物信息的实时同步、可靠传输、可信追溯，将货物的位置、温度、湿度等信息数据准确地上报给相关方。再结合区块链智能合约的数据分析与验证，匹配制定的货物预警规则，及时发出预警信息，保障参与方利益。区块链除了实现存证、溯源、增信等赋能以外，还可以将资产数字化，借助智能合约实现流程智能化以及生态间的价值交换与流转，消除在途环节的信任风险，从而打造出了贯穿流程的信任生态。客户可通过网站及 App 实时监控器监控货物在途状态、预计到达时间等,将客户体验的提升落到每一个细节。区块链+物联网的物流追踪架构如图 3-15 所示。

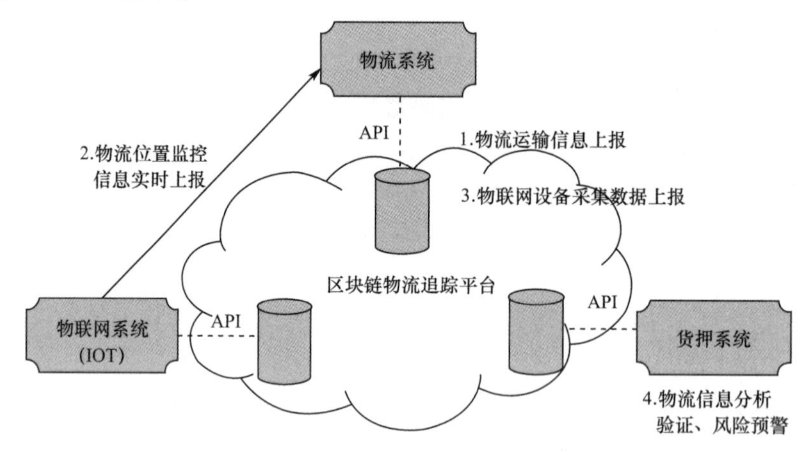

图 3-15　区块链+物联网的物流追踪架构

系统利用物联网手段与区块链技术,将物流信息转变为可信的数字资产,为货物贸易过程中在途环节提供金融属性,建立在该系统基础上,能够提升物流和贸易企业全产业链的资金周转效率。

3.5.5 区块链与人工智能

人工智能(Artificial Intelligence, AI)是研究、开发用于模拟、延伸和扩展人的智能的理论、方法、技术及应用系统的一门新的技术科学。人工智能是使智能机器和计算机程序能够以通常需要人类智能的方式学习和解决问题的科学和工程,包括自然语言处理和翻译,视觉感知和模式识别、决策等。自人工智能诞生以来,其理论和技术日益成熟,应用领域也不断扩大,可以设想,未来人工智能带来的科技产品,将会是人类智慧的"容器"。人工智能可以对人的意识、思维的信息过程进行模拟。人工智能不是人的智能,但是能像人那样思考,也可能会超过人的智能。

1. 区块链与人工智能的关系

一是区块链有助于人工智能获取更全面的数据。人工智能提供了底层基础,如果基础数据是可被篡改的,就不能真正实现人工智能。分布式数据库强调了在特定网络上的多个客户端之间共享数据的重要性。同样,人工智能依靠大数据,特别是数据共享,可供分析的开放数据越多,机器的预测和评估则会更加准确,生成的算法也更加可靠。

区块链技术能实现数据的存储、认证、执行,准确可靠,人工智能基于数据基础做出决策,完成应用交互。区块链技术能够帮助各机构打破"数据孤岛"格局,促进跨机构间数据的流动、共享及定价,形成一个自由开放的数据市场,从而实现全面"智能"。同时,区块链技术也能解决人工智能应用中数据可信度问题,可以让人工智能更加聚焦于算法。

二是区块链可以帮助用户理解人工智能的决策。有时,人工智能做出的决定让人类很难理解,因为它们可以根据掌握的数据评估大量的变量,并且能够自主"学习",根据变量对实现的总体任务重要性进行决策。而对我们人类而言,很难预见到如此庞大的变量。

如果将人工智能的决策通过区块链记录下来，那我们就可以对人工智能的决策进行有效追溯和理解，及时洞察它们的“思维”，尽可能避免一些违背设计初衷的决策出现，一旦发生意外也能快速定位原因所在并及时修正。

同时，由于区块链记录的不可篡改性，因此可以方便人们对人工智能设备记录进行查询和监督，从而提升人们对人工智能的信任度和接纳度。

三是人工智能帮助区块链降低能耗。众所周知，区块链系统运行的能源消耗是巨大的，需要大量的电力以及金钱才能完成，而在“碳达峰”“碳中和”的大趋势下，节能减排是不可忽略的要求。

人工智能已被证明在优化能源消耗上具有显著优势，以一种更聪明、更高效的方式管理任务。随着区块链数据量逐渐增多，可以通过删除部分已完全消费交易而不必要的数据作为解决方案，人工智能可以引入诸如联邦学习等新一代去中心化的学习系统，或者引入新的数据分片技术让系统更加高效。

四是人工智能提升区块链交易可信性。为了让机器间的通信更加方便，需要提供一个可预期的信任级别。如果在区块链网络上执行某些交易，信任是一个必要条件。

区块链可通过人工智能实现契约管理，并提高人工智能的友好性。例如，通过区块链对用户访问进行分层注册，让使用者共同设置相关设备的状态，根据智能合约的执行做决定，从而更好地实现对设备的共同拥有权和共同使用权。

当区块链网络上进行高价值交易时，须对网络的安全性有明确的要求，这可通过现有协议实施。对于人工智能来说，机器的自主性也需要很高的安全性，从而降低发生灾难性事件的可能性。

2. 区块链与人工智能的融合

《第 46 届世界经济论坛达沃斯年会》将区块链与人工智能等列入“第四次工业革命”，人工智能和区块链成为第四次工业革命的领导者。在能源消耗、可扩展性、安全性、隐私性和硬件等方面，人工智能都可以对区块链赋能并施以影响，将人工智能集成到区块链中，解决区块链的效率和智能化问题；另外，区块链可以解决人工智能领域的一些问题。区块链可以为人工智能奠定可信、可靠、可用和高效的数据基础。这两种技术都能够以不同的形式对数据进行影响和实施，可以将数据利用提升到新的水平。

将区块链技术应用在人工智能领域有三大优势，可以提高人工智能的有效性，提高人工智能的安全性以及提供更加值得信赖的人工智能建模和预测。

人工智能＋区块链的技术组合将会在部分行业率先落地，包括智能设备、身份验证、医疗保健、供应链管理、能源管理和公共管理等。区块链结合人工智能的应用案例如下：

例如：一个产品追踪及鉴定平台，在利用区块链技术实现产品流通记录的真实和可溯源的基础上，通过人工智能实现自动化的追踪。区块链负责提供可信数据记录，人工智能利用算法分析数据。

智能金融。金融领域对数据的需求量很大，对数据安全的需求也很大，如果人工智能＋金融与区块链技术相结合，就可以为人工智能与金融产业的结合提供更安全的数据保障。

智能版权。智能版权目前还主要是利用人工智能的机器学习、深度学习来理解知识产权的相关规则，然后识别侵犯版权的侵权者，从而维护作者的权益。在此基础上，如果将区块链融入智能版权当中去，还可以为艺术家和创作者提供即时支付的功能。

智能医疗。由于，区块链系统上的数据不能篡改，可以随时记录医疗健康大数据，并有加密技术来充分保护患者隐私。因此，区块链＋人工智能＋医疗系统可以提供稳定、可操作的病历和药物治疗证明，为患者建立区块链档案，方便医生诊断和治疗。

智能交通。实现智能交通需要大量的实时交通数据，包括路况摄像头数据、路况传感器数据、实时区域交通数据等，这些数据又必须是高质量的才可用。流量数据收集任务可以通过区块链平台向不同的服务提供商开放，某些激励措施还可以使服务提供商在数据共享方面有利可图，也因此确保了数据的质量。

3.6 国内外区块链技术开源情况

2021 年，《中华人民共和国国民经济和社会发展第十四个五年规划和 2035 年远景目标纲要》(简称“十四五”规划)首次就开源问题提出，支持数字技术开源社区等创新联合体发展，完善开源知识产权和法律体系，鼓励企业开放软件源代码、硬件设计和应用服务。

在区块链领域，工信部、网信办也联合发布了《关于加快推动区块链技术应用和产业发展的指导意见》，提出“加快建设区块链开源社区，围绕底层平台、应用开发框架、测试工具等，培育一批高质量开源项目。完善区块链开源推进机制，广泛汇聚开发者和用户资源，大力推广成熟的开源产品和应用解决方案，打造良性互动的开源社区新生态。”

在应用层面，以金融业为例，人民银行等五部委联合发布了《关于规范金融业开源技术应用与发展的意见》，鼓励金融机构将开源技术应用纳入自身信息化发展规划、积极参与开源生态建设。

区块链开源已经成为区块链现阶段发展中的重要方面。

3.6.1 什么是开源?

开源最初起源于软件开发中，指的是一种开发软件的特殊形式。但到了今天，“开源”已经泛指一组概念，就是我们所称的“开源的方式”。这些概念包括开源项目、产品，或是自发倡导开放变化、协作参与、快速原型、公开透明、精英体制以及面向社区开发的原则。

简单地说，开源就是把代码及思路向所有人开放，开源的源代码任何人都可以审查、修改和增强。与之相对的，有些项目只有创建它的组织、团队、人才能修改，并且控制维护工作，这类项目被称为闭源(Closed Source)项目。

3.6.2 开源许可协议

尽管开源项目面向公众开放，但是当用户(特别是商业用户)在使用开源项目作品时，需要签署一份开源许可协议(Open Source License)，以保障原创者的相关权利。全球开源许可协议大约有上百种，常见的开源协议有 GPL、BSD、MIT、Mozilla、Apache 和 LGPL 等。这些协议大致可以分为两类：宽松自由软件许可协议(Permissive Free Software

License,PSL)和著作权许可协议(Copyleft License)。

PSL 是一种对开源作品的使用、修改、传播等方式采用最低限制的宽松自由软件许可协议条款类型。这种类型的许可协议将不保证原作品的衍生作品会继续保持与原作品完全相同的相关限制条件,从而为原作品的自由使用、修改和传播等提供更大的空间。即该开源作品很多时候只要注明来源就可以自由使用,并且使用者可以将衍生作品转为闭源。

目前全球使用最多的宽松自由软件许可协议主要有 MIT、Apache2.0 两类,这两类协议允许使用者对开源代码做任何想做的事情,只要标注出修改的部分并接受相应的著作权条款,才能使用这类开源作品。

2019 年,工信部指导下的中国开源云联盟(COSCL)推出了国内首个开源协议:木兰宽松许可协议(MulanPSL),该许可协议比 Apache2.0 协议对使用者更加友好,可以作为国内新设开源项目的规范协议。

Copyleft License 授权使用者可在有限空间内自由使用、修改和传播作品,且不得违背原作品的限制条款。这类许可协议往往对作品的使用(特别是商业化使用)有一定限制,如果一款软件使用 Copyleft License 类型许可协议规定软件不得用于商业目的,且不得转为闭源,那么后续的衍生软件也必须遵循该条款。

GPL 是著作权许可协议中使用频率最高的,相比于 MIT 和 Apache 协议,GPL 最大的不同是要求使用者不得将相关软件转为闭源。

3.6.3　区块链底层平台为什么要开源?

目前,国内外主要区块链底层平台都进行了开源。开源意味着有条件的免费使用,但这并不意味着开发者不求回报,开发者进行开源的主要目的有两点:

一是通过共同开发,低成本、快速、持续地完善开源作品。在开发成本日渐昂贵的当下,即便是互联网巨头也很难长期独立负担一个大型项目的开发成本,特别是当这个项目需要进行多行业、多标准适配,或面临持续开发、快速上线、发展前景不确定等情况时,开源就成了最优选择。开源可以通过免费使用的方式,激励使用方参与到共同开发的过程中来,从不同视角、不同场景对作品修改完善,从而大幅减少开发的人力成本、时间成本,及时发现开源平台的不足与漏洞,完成项目的快速升级。

二是通过开源打造行业生态。当使用者参与了某个开源项目后,就会在一定程度上建立起使用该作品的习惯,并且会为此投入一定的成本,这就便于开发者组建以开源使用者为基础的开源社区,为其提供更好的服务。不断发展壮大的开源社区,能够加快促成开源社区的参与方们开展商业合作,也有助于孵化出更多的创新商业模式,形成互利共赢的行业生态。

以常用的手机系统为例,Android 系统在早期是全面开源的,我们很难想象如果 Android 系统只能适配 Google 手机,只有不多的自行开发的应用,还很少修复 Bug,是否还能发展到如今的市场地位。

对于区块链来说也是如此。从技术角度来说,出于共识机制的需要和区块链安全稳定的考虑,区块链需要一定数量的活跃参与节点,一旦失去合作方作为活跃参与节点,区块链的应用将无从谈起；从传递信任角度来说，区块链平台需要获取使用方的信任，放心在平台底层上构建应用；从生态角度来说，区块链平台方不可能自己开发所有的应用，而区块链底层系统之上丰富的应用生态才是区块链保持生命力的根本；从商业角度来说，区块链早期发展面临非常大的不确定性风险，现在依然没有稳定的变现模式。因此，区块链开源就成为区块链底层平台方的必然选择。

3.6.4 全球区块链开源社区发展现状

在区块链领域，主要有公有链的开源社区和联盟链的开源社区两大类型。

公有链的开源社区早期推动了区块链技术的诞生和成型，不过由于此类开源社区的发展与其内嵌的代币体系密切相关，经常在其内部会出现开发者技术迭代需求与矿工收益的冲突，以至于功能迭代缓慢，更因难以满足多数国家特定行业的监管要求，其底层平台也较难被直接应用于工程级、规模化的商业应用之中。

因此，国内外的主流企业更倾向于通过发起或加入联盟链的开源社区，开展与实体经济或产业转型相关的区块链技术和应用探索。在竞争格局方面，由境外机构主导的开源社区主要有 Hyperledger Fabric、R3 Corda、摩根大通 Quorum 等，而国内企业主导的开源社区主要有金链盟(FISCO BCOS)、百度超级链、京东智臻链、众安链等。

3.6.5 开源社区的治理

活跃的开源生态离不开对开源社区的治理。以 FISCO BCOS 为例，区块链开源社区的治理需要从以下五个方面入手：

一是人才培养和校企合作。FISCO BCOS 社区主要成员参与制定了《区块链产业人才岗位能力要求》《区块链应用操作员国家职业技术技能标准(2021 年版)》《区块链应用软件开发与运维职业技能等级标准》等全国区块链岗位能力要求标准，对区块链应用操作从业人员的职业活动内容进行规范细致描述，对各等级从业者的技能水平和理论知识水平予以明确规定。

同时，社区积极打造《区块链应用软件开发与运维》证书；与上百所高校开展课题研究和课程合作；组织开展区块链技术高校大赛；连续两年承办“一带一路暨金砖国家技能发展与技术创新大赛”的区块链赛项；连续组织举办多届 FinTechathon 金融科技高校技术大赛；深度参与教育部产学合作协同育人项目；建立 FISCO BCOS 区块链工程师认证体系和讲师认证体系；等等。

二是参与区块链标准制定。在国际标准制定方面，社区主要成员单位积极选派专家加入 ISO、IEEE、ITU 等国际标准化组织，助推中国国产区块链技术和实践经验走出国门，形成国际通行的法定标准乃至事实标准。社区主要成员参与了 ISO/TC307 系列、IEEE P2418.2、ITU-T H.DLT-TFI 等多项区块链国际标准制定。

在国内标准制定方面，《信息技术区块链和分布式账本技术参考架构》《金融分布式账本技术安全规范》《区块链技术金融应用评估规则》《多方安全计算金融应用技术规范》《区块链参考架构》《区块链数据格式规范》《区块链存证应用指南》《区块链隐私保护规范》《区块链智能合约实施规范》等标准均有社区主要成员单位的深度参与。

三是积极开展开源社区活动。在开源社区生态建设方面，社区主要以 GitHub、微信公众号、微信群等渠道为载体，积极开展线上、线下交流活动，创设了活跃、专业、开放的技术交流氛围。目前，开源社区共举办 500 余场线上、线下活动，覆盖全国巡回 Meetup、实操特训营、生态应用研讨会、每周社群公开课等多样形式。同时，社区开发者共创《深入浅出 FISCO BCOS》技术文档，沉淀两百余篇技术教程，为社区开发者提供从入门到进阶的系统性引导。

除了面向高校开展各类区块链技术竞赛之外，社区也积极组织面向社区各行业的区块链应用大赛。一方面，加速各行业基于开源技术进行应用场景探索；另一方面，有助于为社会各界培育区块链技术型人才，加速区块链技术在社会各界中的技术孵化，扶持区块链领域的技术性小微企业成长壮大。

四是进行开源生态伙伴协同建设。在开源的区块链技术体系之上，开源社区的企业和开发者不断探索，自主研发多种实用的组件、工具，并以开源的形式全面贡献给社区，供更多开发者使用，极大拓展了区块链平台功能，降低了应用开发的门槛和成本。

同时，社区积极构建更加开放协作的环境，激发社区活力，推出专项兴趣小组计划，创设通道让核心用户更深度地参与国产开源联盟链生态圈的建设以及开源平台的研发，并将项目回馈开源社区。

五是积极开展国际交流与合作。一方面，社区积极开展多渠道、高层次、实质性的国际合作与交流活动，加强国际化能力建设，与一批世界知名企业和机构建立了合作伙伴关系，助推区块链技术研发、业务合作等方面进一步与国际接轨。

另一方面，社区积极通过科研交流方面的国际合作，培养具有全球视野、能够适应国际竞争的区块链创新人才，并通过学术交流活动，提升国际声誉。

3.7　本章小结

本章对区块链基础技术进行全面剖析，从区块链的组成技术、总体架构、数据结构、发展趋势等方面进行全景分析，使我们对区块链技术有一个整体而直观的认识。在本章中，我们首先简单介绍了分布式账本、共识算法、时间序列、智能合约是区块链最核心的组成技术；其次介绍了区块链的总体架构，自下而上由数据层、网络层、共识层、激励层、合约层和应用层组成，以及每一层包含的主要内容是什么；再次介绍了区块链的数据结构以及与之相关联的技术概念，具体包括：区块结构、时间戳、默克尔树、简单支付验证等；最后就区块链技术的发展从区块链底层平台、区块链安全、隐私保护、跨链技术、分片技术以及其他可关注的技术等方面进行了探讨。区块链与新一代信息技术包括隐私技术、大数据、云计算、物联网、人工智能等的融合技术做了介绍。还讲述了国内外区块链技术的开源情况。其中区块链的组成技术、总体架构、数据结构是基础，需要熟悉并掌握，区块链技术的其他方面了解即可。

3.8 课后练习题

一、选择题

1. 下列不是区块头中主要包含信息的是(　　)。

A. 版本号　　B. 交易 Hash 值

C. 时间戳　　D. 当前区块 Hash 值

2. 下列不是可信时间戳包含内容的是(　　)。

A. 需加时间戳的文件的摘要　　B. 时间戳服务中心收到文件的日期和时间

C. 数字签名　　D. 时间戳名称

3. 下列不是公有链常用的共识算法的是(　　)。

A. Pow　　B. PoS　　C. Pbft　　D. DPos

4. Merkle Tree 的主要作用不包括(　　)。

A. 归纳交易信息,节省空间　　B. 快速验证交易

C. 完整性　　D. 保证数据安全

二、填空题

1. 由区块链定义可见:________、________、________、________是区块链最核心的技术。

2. 一个区块的高度是指在区块链中它和________之间的块数。创世区块默认高度为________,其后一个区块高度为________,以此类推。

3. Merkle 树是数据结构中的一种树,可以是________树,也可以是________树,它具有树结构的所有特点。比特币区块链系统中采用的是________树,效率非常高。

4. 账户安全在联盟链来讲关键在于________与________,而对于公链来讲,账户就是________,而管理私钥的工具就是________。

5. SPV 就是一个在________环境下,________的过程。

6. 跨链泛指两个或多个不同区块链上________通过特定的________互相转移、传递和交换的技术。

三、问答题

1. 简述区块链的一个区块的基本数据结构。

2. 简述区块链的组成技术。

3. 简述区块链的总体架构自上而下分的层次,每层包含的内容。

4. 简述轻节点与 SPV 的区别。

5. 说说你对区块链技术在安全、隐私保护、跨链技术、分片等方面的理解。

6. 谈谈你对区块链与新一代信息技术融合的理解。

第4章 区块链中的密码学

本章导读

密码学是一门通过将信息转换为只有预期接收者才能处理和阅读的形式来保护信息的科学。在大数据和云计算的时代，关键信息往往通过数据挖掘技术在海量数据中获得，所以每一个人的信息保护都非常重要。

区块链尤其依赖加密技术来实现数据安全性。在这种情况下，一种非常重要的加密函数就是哈希(Hash)函数。验证交易一致性的算法中也利用了Hash。除了为分布式账中的交易记录提供保护之外，密码学还能够在确保用于存储加密货币的钱包安全性方面发挥重要作用。如用户生产用于接收和发送数字货币的地址、公钥和私钥都是通过使用非对称或公钥加密来创建的。私钥可以生成交易的数字签名，从而验证所发送代币的所有权。但非对称密码学的特性能够防止除私钥持有者之外的任何人访问存储在加密货币钱包中的资金，并且能够在资金所有者决定使用它们之前保持这些资金的安全性(只要私钥不被共享或泄露)。总之，熟悉密码学算法，对于理解区块链中的安全机制是非常有帮助的。区块链中利用了大量的现代密码学的已有成果；反过来，区块链在诸多场景中的应用也提出了很多新的需求，促进了安全学科的进一步发展。

通过本章节的学习，可以达到以下目标要求：

- 了解什么是密码学以及相关基本概念。
- 熟悉对称加密算法原理，以及常用的对称加密算法，包括DES、3DES、Blowfish、AES等算法。
- 熟悉非对称加密算法原理，以及常用的非对称加密算法，包括RSA、DSA、ECC、ECDSA等算法。
- 熟悉Hash算法，以及常见的散列算法SHA-2。
- 了解国密算法，包括SM1(SCB2)、SM2、SM3、SM4、SM7、SM9、祖冲之密码算法(ZUC)等。
- 熟悉数字签名的原理、特点、作用以及过程。

4.1 区块链密码学概述

密码学是一门通过将信息转换为只有预期接收者才能处理和阅读的形式来保护信息的科学。它的第一个已知用途可以追溯到公元前1900年，作为埃及坟墓中的象形文字。

密码最著名的用途之一是由朱利叶斯·凯撒(Julius Caesar)在公元前40年左右开发的，并被恰当地命名为凯撒密码。凯撒使用了一种替代密码，其中字母表中的每个字母都被字母表中更靠上或靠下不同固定位置的一个字母替换。例如，字母表可以向右移动五位，这意味着字母"A"现在是"F"，"B"现在是"G"，等等。这意味着他可以传递信息而不必担心被拦截，因为只有他的官员知道如何解读信息。

16世纪的密码学家吉奥万·巴蒂斯塔·贝拉索(Giovan Battista Bellaso)设计了Vigenere密码，据传这是第一个使用加密密钥的密码。字母表被写成26行，每行移动一个字母以创建一个网格。写出加密密钥以匹配消息的长度。然后，网格被用来加密消息，最后发送者将加密的消息和秘密关键字分享给拥有相同网格的接收者。

然后出现了计算机，它启用了更复杂的密码学。但目标保持不变：将可读消息(纯文本)转换为非预期读者无法理解的内容(密文)。该过程称为加密，是采用公共互联网连接共享信息的方式。有关如何解密或解密数据的知识称为密钥，只有预期的各方才能解读此信息。

现代密码学的概念主要包括对称加密、非对称加密、哈希(Hash)算法、SHA算法、国密算法、数字签名等。密码学是区块链系统的基础，发展时间较长也比较成熟，并非区块链技术独创的内容，但区块链在应用上更为依赖密码学技术，甚至把Hash算法用到了极致。

区块链主要用到了密码学中两个重要的功能：一个是Hash算法，另一个是数字签名，这两个功能是可以结合在一起来用的。例如：比特币系统中，一般会先对一个信息取一个Hash值，然后在对这个Hash值进行签名。

在区块链网络系统中，密钥的有效保护和受限使用对整个系统的安全亦有重要影响。在公有链场景，用户密钥通常通过区块链客户端程序来进行保存、管理和操作等。在联盟链或专有链场景，通常会有更复杂多层级的用户管理与密钥托管的需求，包括身份鉴别和权限管理等。

4.2 对称加密算法

根据加密密钥和解密密钥是否相同，加密算法可以分为对称加密算法和非对称加密算法。对称加密算法中两个密钥相同，并且加解密操作速度相对较快，一般用于普通数据的加密保护。

所谓对称式加密，指的是加密与解密使用的是同一个密钥，例如：用户A使用了密钥为×××的密钥进行数据加密，用户B也要知道密钥×××，双方都知道其加密算法，且拥有×××密钥,那么双方都可以进行加密、解密。对称加密算法一般用来对敏感数据等信息进行加密。对称加密算法如图 4-1 所示。

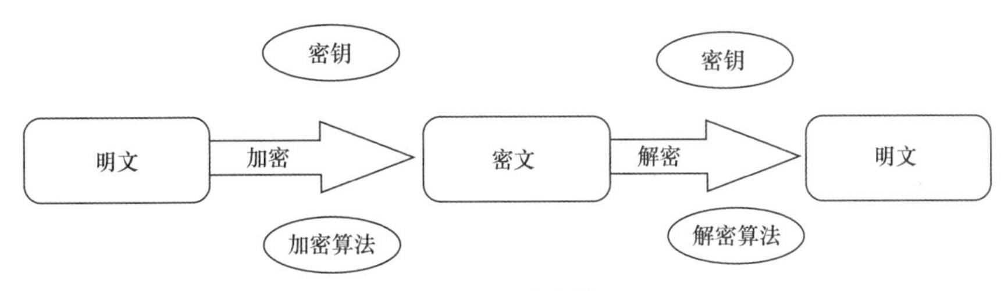

图 4-1　对称加密算法

常用的对称加密有:

1. DES(Data Encryption Standard)

DES 即数据加密标准,是一种历史比较悠久的加密算法,20 世纪 70 年代就在使用,是由 IBM 公司设计的算法,1976 年被美国联邦政府的国家标准局确定为联邦资料处理标准(FIPS),这种加密算法在二十世纪七八十年代广为流传,但随着计算机硬件的指数级发展,处理能力不断提高,DES 加密算法已经不再安全。早在 1999 年,就有组织宣称使用 64 位数据块在 23 小时之内将其成功破解了,这主要是由于 DES 算法的密钥太短,只有 56 位,很容易通过暴力方式破解。目前,DES 已经被 AES 所取代。DES 的特点是加密速度较快,适用在加密大量数据的场景。

2. 3DES(Triple DES)

三重数据加密算法,也叫 3DES。3DES 是基于 DES 的,区别在于会对一块数据用三个不同的密钥进行三次加密,安全度更高。3DES 不算是一种新的加密算法,它相当于在 DES 加密算法之上做的增强。由于 DES 本身的短密钥容易被暴力破解,所以 3DES 通过增加 DES 的密钥长度,使用 3 个 56 位密钥对数据进行加密,从而增强安全性,延缓暴力破解的可能。但加密效率会更慢,3DES 被认为是 DES 向 AES 发展的过渡算法。

3. Blowfish

Blowfish 是布鲁斯·施耐德(Bruce Schneider)于 1993 年设计的。Blowfish 采用 1 到 448 位的变长密钥,给用户比较大的灵活性,相比于 DES 保证安全性的公式,有很高的加密效率。施耐德发明之初,一方面是为了摒弃 DES 的老化,另一方面是为了缓解加密算法的垄断。因此,当时大部分的加密算法都被商业机构或者政府所掌握,有专利保护,发展受限,而该算法是完全免费的,任何人都可以使用,所以 Blowfish 有很广泛的应用。

4. AES(Advanced Encryption Standard)

AES 即高级加密标准,是由美国国家标准与技术研究院(NIST)在 2001 年提出的。AES 是目前相对较新、较流行的对称加密算法,速度更快,安全性更好,被认为是 DES 的替代者。AES 使用 128 位的加密块,使用 128、192 和 256 位长度的密钥,都是字节的倍数,如果数据块或密钥长度不足,算法会补齐,所以易于软件和硬件的实现。而且某些处理器支持 AES 硬件加速,比如 Intel 推出的 AES-NI 指令集,是用户专门针对 AES 的硬件 CPU 指令集,可以让 AES 加、解密速度大幅提升,目前 AMD 和 SPARC 的 CPU 也支持 AES 硬件加速。查看 CPU 是否支持 AES 指令，可以通过命令查看，如出现 aes 字样，表示支持。

对称加密算法的优点：生成密钥的算法公开，计算量小，加密速度快，加密效率高，密钥较短。对称加密算法的缺点：一方面，双方共同的密钥，有一方密钥被窃取，双方都影响；另一方面，如果为每个客户都生成不同密钥，则密钥数量巨大，密钥管理有压力。因此，对称加密算法主要用于登录信息用户名和密码加密、传输加密、指令加密（如扣款、下单操作）等使用场景。

4.3 非对称加密算法

非对称加密算法需要两个密钥来进行加密和解密，这两个密钥是公开密钥（Public Key，简称公钥）和私有密钥（Private Key，简称私钥）。

公钥与私钥是一对，如果用公钥对数据进行加密，只有用对应的私钥才能解密；如果用私钥对数据进行加密，那么只有用对应的公钥才能解密，因为加密和解密使用的是两个不同的密钥，所以这种算法叫作非对称加密算法。非对称加密算法如图 4-2 所示。

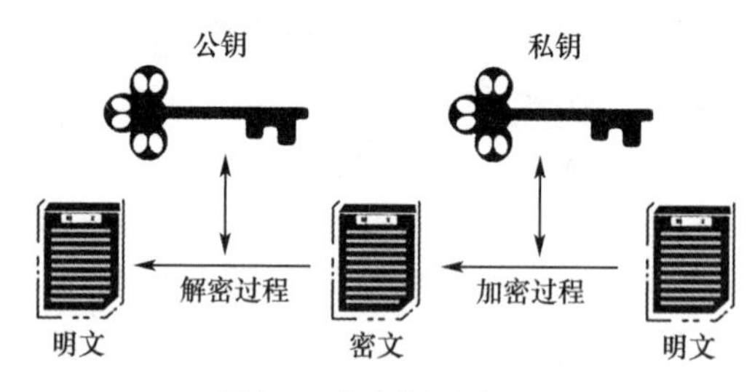

图 4-2　非对称加密算法

非对称加密算法的解密密钥是由解密者持有的，而加密密钥是公开可见的，几乎无法从加密密钥推导出解密密钥，能够节约系统中密钥存储空间，一般用于对称密钥的封装保护和短数据加密。从适用场景来看非对称加密算法一般用于对称密钥的加密保护。在区块链中，非对称密钥算法可用于数字签名、地址生成、交易回溯和交易验证等。

与对称加密不同，非对称加密拥有不同的加密密钥和解密密钥，必须配对使用，否则无法对密文进行正确解密。

例如：当 A 给 B 传输消息时，A 会使用 B 的公钥加密，这样只有 B 能解开。验证方面则是使用签验章的机制，A 传信息给大家时，会以自己的私钥做签章，如此所有收到信息的人都可以用 A 的公钥进行验章，便可确认信息是由 A 发出来的。常用的非对称加密算法有：

1. RSA

算法的名字以发明者的名字命名：罗恩·李维斯特（Ron Rivest）、阿迪·萨莫尔（Adi Shamir）和伦纳德·阿德曼（Leonard Adleman）。这种算法 1978 年就出现了，它是第一个既能用于数据加密也能用于数字签名的算法。RSA 易于理解和操作，也很流行，是目前最有影响力的公钥加密算法之一。该算法基于一个十分简单的数论事实：将两个大素数相乘十分容易，但想要对其乘积进行因式分解却极其困难，因此可以将乘积公开作为加密密钥，即公钥，而两个大素数组合成私钥。公钥可供任何人使用，私钥则为自己所有，供解密之用。

RSA 是一个支持变长密钥的公共密钥算法，需要加密的原文长度也是可变的。在公开密钥加密和电子商业中，RSA 被广泛使用。通常是先生成一对 RSA 密钥，其中一个是保密密钥，由用户保存；另一个为公开密钥，可对外公开，甚至可在网络服务器中注册。为减少计算量，在传送信息时，常采用传统加密方法与公开密钥加密方法相结合的方式，即信息采用改进的 DES 或 IDEA 对话密钥加密，然后使用 RSA 密钥加密对话密钥和信息摘要。对方收到信息后，用不同的密钥解密并可核对信息摘要。

简单描述一下 RSA 的工作流程：以 A 要把信息发给 B 为例，确定 A 为加密者，B 为解密者。首先由 B 随机确定一个 Key，称为私钥，将这个私钥始终保存在机器 B 中而不发出来。其次由这个 Key 计算出另一个 Key，称为公钥。这个公钥的特性是几乎不可能通过它自身计算出生成它的私钥。再次通过网络把这个公钥传给 A，A 收到公钥后，利用公钥对信息加密，并把密文通过网络发送到 B。最后 B 利用已知的私钥，就能对密文进行解码了。

2. DSA(Digital Signature Algorithm)

DSA 即数字签名算法，是一种标准的 DSS(数字签名标准)。DSA 是基于整数有限域离散对数难题的，其安全性与 RSA 相比差不多。DSA 的一个重要特点是两个素数公开，这样即使不知道私钥，用户也能确认它们是随机产生的，还是做了手脚。DSA 算法包含了四种操作：密钥生成、密钥分发、签名、验证。其中密钥生成包含两个阶段：第一阶段是算法参数的选择，可以在系统的不同用户之间共享；而第二阶段则为每个用户计算独立的密钥组合。密钥分发：签名者需要透过可信任的管道发布公钥 y，并且保护密钥 x 不被其他人知道。

3. ECC(Elliptic Curves Cryptography)

ECC 即椭圆曲线密码编码学，是一种建立公开密钥加密的演算法，基于椭圆曲线数学。ECC 的一个优势是在某些情况下比其他的方法使用更小的密钥，比如 RSA 加密算法，提供相当的或更高等级的安全。ECC 的另一个优势是可以定义群之间的双线性映射，双线性映射已经在密码学中发现了大量的应用，例如基于身份的加密。不过一个缺点是加密和解密操作的实现比其他机制花费的时间长。

ECC 在安全性、加解密性能、网络消耗等方面有较大优势，这些优势已经使得 ECC 逐渐完成了对 RSA 的取代，成了新一代的通用公钥加密算法。

4. ECDSA(Elliptic Curve Digital Signature Algorithm)

ECDSA 是 ECC 与 DSA 的结合，其整个签名过程与 DSA 类似，所不一样的是 ECDSA 的签名所采取的算法为 ECC。主要用于对数据(比如一个文件)创建数字签名，以便于用户在不破坏它安全性的前提下对它的真实性进行验证。可以将它想象成一个实际的签名，你可以识别部分人的签名，但是你无法在别人不知道的情况下伪造它。而 ECDSA 签名和真实签名的区别在于，伪造 ECDSA 签名是根本不可能的。不要将 ECDSA 与用来对数据进行加密的 AES(高级加密标准)相混淆。ECDSA 不会对数据进行加密,或阻止别人看到或访问你的数据,它可以防止的是确保数据没有被篡改。

ECDSA 主要有两个优点:在已知公钥的情况下,无法推导出该公钥对应的私钥;可以通过某些方法来证明某用户拥有一个公钥所对应的私钥,而此过程不会暴露关于私钥的任何信息。

在一个区块链网络中,如果要给其他用户转账,那么默认是知道对方公钥的。使用对方的公钥给交易信息加密,这样就保证这个信息不被其他用户看到,而且保证这个信息在传送过程中没有被修改。接收方收到交易信息后,用自己的私钥就可以解密,就能获得数字货币。另外,发送方用自己的私钥给交易信息加密,发送到接收方手里后,接收方可以使用发送方的公钥解密。因为私钥只有发送方本人所有,因此就能保证交易的发送方一定是本人。

当该用户发送信息时,用私钥签名,别人用其公钥解密,可以保证该信息是由他发送的,这种情况就是数字签名。用户可以采用自己的私钥对信息加以处理,由于私钥仅为本人所有,这样就产生了其他用户无法生成的文件,从而形成数字签名。采用数字签名,能够确认以下两点:

- 保证信息是由签名者自己签名发送的,签名者不能否认或难以否认。
- 保证信息自签发后到收到为止未曾做过任何修改,签发的文件是真实文件。

当该用户接收信息时,其他用户用他的公钥加密,他用私钥解密,可以保证该信息只能由他接收到,可以避免被其他用户看到。

综合使用非对称加密技术最为广泛的是数字证书体系。数字证书是一种数字凭据,它提供有关实体标识的信息以及其他支持信息。数字证书是由国家认可的证书颁发机构(CA)颁发的。由于数字证书由权威机构颁发,因此由该权威机构担保证书信息的有效性。此外,数字证书只在特定的时间段内有效。数字证书包含证书中所标识的实体的公钥,私钥由本人保存。数字证书技术和体系是传统密码技术的延续,在联盟链里面应用特别广泛,公有链往往不会使用 CA 这种中心化技术。

非对称加密主要用于 HTTPS(ssl)证书制作、CRS 请求证书、金融通信加密、蓝牙等硬件信息加密配对传输、关键的登录信息验证等应用场景。

对称加密与非对称加密对比如下:

(1)管理方面

非对称加密比对称加密更有优势,对称加密的密钥管理和分发上比较困难,不是非常安全,密钥管理负担很重。

(2)安全方面

非对称加密算法基于未解决的数学难题,在破解上几乎不可能。到了对称加密 AES,也是不可能破解的,但从计算机的发展角度来看,非对称加密算法的安全性更具有优越性。

(3)速度方面

比如对称加密方式 AES 的软件实现速度已经达到了每秒数兆或数十兆比特,是非对称加密公钥的 100 倍,如果用硬件来实现的话这个比值将扩大到 1 000。

4.4　Hash 算法

数字摘要属于加密技术中的一种，数字摘要算法也称为散列算法、Hash 算法，是一种单向加密算法，即对内容进行加密后，无法进行解密，通常只应用在验证信息的完整性。它会对不同长度的输入消息，加密为固定长度的输出。其原理是根据一定的运算规则对原数据进行某种形式的提取，这种提取就是摘要，被摘要的数据内容与原数据有密切联系，只要稍有改变，输出的“摘要”便完全不同，因此，基于这种原理的算法便能对数据完整性提供核验。但是，由于输出的密文是原数据经“摘要”后处理的定长值，所以它已经不能还原为原数据，即摘要算法是不可逆的，理论上无法通过反向运算取得原数据内容，因此它通常只能被用来做数据完整性验证。Hash 算法如图 4-3 所示。

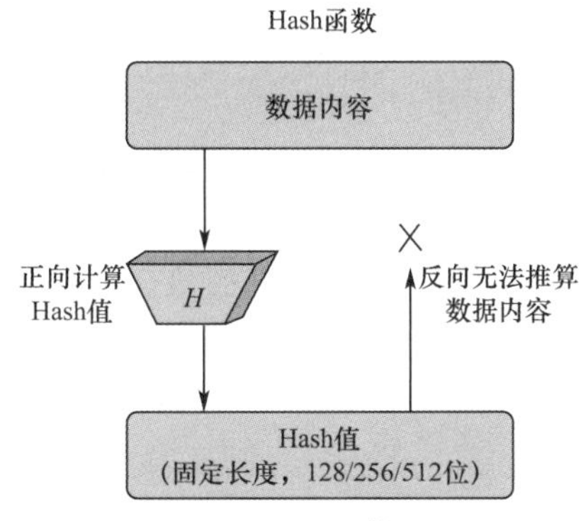

图 4-3　Hash 算法

Hash 表就是一种以键-值(Key-Indexed) 存储数据的结构，我们只要输入待查找的值即 Key，即可查找到其对应的值。如果所有的键都是整数，就可以使用一个简单的无序数组来实现，将键作为索引，值即为其对应的值，这样就可以快速访问任意键的值。这是对于简单的键的情况，我们将其扩展到可以处理更加复杂的类型的键。使用哈希查找有两个步骤：

①使用 Hash 函数将被查找的键转换为数组的索引。在理想的情况下，不同的键会被转换为不同的索引值，但是在有些情况下我们需要处理多个键被哈希到同一个索引值的情况。所以哈希查找的第二个步骤就是处理冲突。

②处理 Hash 碰撞冲突。Hash 表是一个在时间和空间上做出权衡的经典例子。如果没有内存限制，就可以直接将键作为数组的索引，所有的查找时间复杂度为 O(1)；如果没有时间限制，就我们可以使用无序数组并进行顺序查找，这样只需要很少的内存。Hash 表使用了适度的时间和空间来在这两个极端之间找到平衡，只需要调整 Hash 函数算法即可在时间和空间上做出取舍。

Hash 函数使用 $y=\text{hash}(x)$ 的方式进行表示，该哈希函数实现对 x 进行运算计算出一个 Hash 值 y。以 SHA-256 算法为例，将任何一串数据输入 SHA-256 将得到一个 256 位的 Hash 值(散列值)。其特点：相同的数据输入将得到相同的结果。只要输入数据稍有变化(比如一个 1 变成了 0)，则将得到一个完全不同的结果，且结果无法事先预知。正向计算(由数据计算其对应的 Hash 值)十分容易，逆向计算(破解)极其困难，在当前科技条件下被视作不可能，且随着算力的增加，哈希算法也在改进或直接提升位数以避免破解。

常见的散列算法有：

1. MD5(Message-Digest Algorithm 5)

MD5 是一种不可逆的加密算法，目前是最牢靠的加密算法之一，比如常见的有密码登录的校验。MD5(消息摘要算法)散列算法是一种单向加密函数，它接受任意长度的消息作为输入，并返回一个固定长度的摘要值作为输出，用于验证原始消息。MD5 散列函数最初设计为用作验证数字签名的安全加密散列算法。但是，除了用作验证数据完整性和检测意外数据损坏的非加密校验和以外，MD5 已被弃用。尽管最初设计为用于 Internet 的加密消息身份验证代码算法，但 MD5 哈希不再被认为可用作加密校验和，因为安全专家已经证明了能够在商用现成计算机上轻松产生 MD5 冲突的技术。加密冲突意味着两个文件具有相同的 Hash 值。哈希函数用于消息安全、密码安全、计算机取证和加密货币。

MD5 消息加密散列算法处理 512 位字符串中的数据，分解为 16 个字，每个字由 32 位组成。MD5 的输出是一个 128 位的消息摘要值。MD5 摘要值的计算在不同的阶段进行，处理每个 512 位的数据块和前一阶段计算的值。第一阶段从使用连续的十六进制数值初始化的消息-摘要值开始。每个阶段都包括四个信息解码通道，用于处理当前数据块中的值和从上一个数据块处理的值。从最后一个数据块计算出的最终值成为该数据块的 MD5 摘要。

MD5 的一个主要问题是，当信息 Hash 代码无意中被重复时，它有可能造成信息碰撞。MD5 的 Hash 代码串也被限制在 128 位。这使得它们比后来的其他 Hash 码算法更容易被破解。

2. SHA-1、SHA-256、SHA-384 及 SHA-512

由 NISTNSA 设计为同 DSA 一起使用的，它对长度小于 264 位的输入，产生长度为 160 位的散列值，因此抗穷举性更加好。在章节 4.5 有详细的阐述。

3. HMAC(Hash-based Message Authentication Code)

密钥相关的 Hash 运算消息认证码，HMAC 算法利用 Hash 算法，以一个密钥及一个消息作为输入，生成一个消息摘要作为输出。HMAC 算法是一种执行“校验和”的算法，它通过对数据进行“校验”来检查数据是否被更改了。在发送数据前，HMAC 算法对数据块和双方约定的公钥进行“散列操作”，以生成称为“摘要”的东西，附加在待发送的数据块中。当数据和摘要到达其目的地时，就使用 HMAC 算法来生成另一个校验和，如果两个数字相匹配，那么数据未被做任何篡改。否则，就意味着数据在传输或存储过程中被某些居心叵测的人做了手脚。

HMAC 算法是一种基于密钥的报文完整性的验证方法 ，其安全性是建立在 Hash 加密算法基础上的。它要求通信双方共享密钥，约定算法，对报文进行 Hash 运算，形成固定长度的认证码。通信双方通过认证码的校验和来确定报文的合法性。HMAC 算法可以用来做加密、数字签名、报文验证等 。

HMAC 算法引入了密钥，其安全性已经不完全依赖于所使用的 Hash 算法，安全性主要有以下几点保证：

(1)使用的密钥是双方事先约定的，第三方不可能知道。由上面介绍应用流程可以看出，作为非法截获信息的第三方，能够得到的信息只有作为“挑战”的随机数和作为“响应”的 HMAC 结果，无法根据这两个数据推算出密钥。由于不知道密钥，所以无法仿造出一致的响应。

(2)在 HMAC 算法的应用中，第三方不可能事先知道输出(如果知道，不用构造输入，直接将输出发送给服务器即可)。

Hash 算法能将任意长度的二进制明文映射为较短的固定长度的二进制值，即生成摘要(又称 Hash 值)。Hash 算法具有输入敏感、输出快速轻量、逆向困难的特性，在区块链中，可实现数据防篡改、链接区块、快速比对验证等功能。此外，数字摘要算法还应用在消息认证、数字签名及验签等场景中。目前主流的数字摘要算法包括 SHA-256、SM3 等。

数字签名算法主要包括数字签名和签名验签两个具体操作，数字签名操作指签名者用私钥对信息原文进行处理生成数字签名值；签名验签操作是指验证者利用签名者公开的公钥针对数字签名值和信息原文验证签名。在区块链中，数字签名算法用以确认数据单元的完整性、不可伪造性和不可否认性。常用的数字签名算法包括 RSA、ECDSA、SM2 等。

4.5　SHA 算法

4.5.1　SHA 概述

SHA 即安全散列算法(Secure Hash Algorithm)，是在基于 MD4 算法的基础上演变而来的。SHA 其实是一个算法家族，由美国国家安全局(NSA)开发，SHA 算法包括 SHA-1、SHA-2(SHA-224、SHA-256、SHA-384、SHA-512)、SHA-3 三类，括号中的四个通常被统称为 SHA-2。SHA 算法，实际上也是一种消息摘要算法，这个和 MD 算法是类似的。目前 SHA-1 已经被破解，使用比较广泛的是 SHA-2。

- SHA-224：SHA-256 的“阉割版”，可以生成长度 224 位的信息摘要。
- SHA-256：可以生成长度 256 位的信息摘要。
- SHA-384：SHA-512 的“阉割版”，可以生成长度 384 位的信息摘要。
- SHA-512：可以生成长度 512 位的信息摘要。

显然，信息摘要越长，发生碰撞的概率就越低，破解的难度就越大。但同时，耗费的性能和占用的空间也就越高。

SHA-1 和 SHA-2 是 SHA 算法不同的两个版本，它们的构造和签名的长度都有所不同，可以把 SHA-2 理解为 SHA-1 的继承者。SHA-1 和 SHA-2 签名在表面上看似乎没有什么特别，但是数字签名对于 SSL/TLS 的安全性具有重要的作用。Hash 值越大，组合越多，其安全性就越高，SHA-2 比 SHA-1 安全得多。

SSL 行业选择 SHA 作为数字签名的散列算法，从 2011 到 2015 年，一直以 SHA-1 为主导算法。但随着互联网技术的提升，SHA-1 的缺点越来越突显。目前 SHA-2 已经成为新的标准，所以现在签发的 SSL 证书，必须使用 SHA-2 算法签名。也许有人偶尔会看到 SHA-384 位的证书，很少会看到 224 位的证书，因为 224 位不允许用于公共信任的证书，而 512 位不被软件支持。

Java JDK 中对 SHA-1、SHA-256、SHA-384、SHA-512 都有实现。

SHA-3 同样是 SHA 算法家族中的一个，最开始的意图是取代 SHA-2 算法，但 SHA-2 算法至今仍然安全，所以 SHA-2 与 SHA-3 算法在目前都是安全、可行且流行的散列算法。而且 SHA-3 系列的算法是与 SHA-2 及 SHA-1 算法的架构完全不同的。目前，以太坊中的 Hash 算法就是采用的 SHA-3。

4.5.2 SHA 算法的特点

有一种散列函数被称为安全散列算法函数，它给定一个字符串，SHA 返回其散列值，即 SHA 根据字符串生成另一个字符串。对于每个不同的字符串，SHA 生成的散列值都不同。该算法的思想是接收一段明文，然后以一种不可逆的方式将它转换成一段密文，也可以简单地理解为取一串输入码，并把它们转化为长度较短、位数固定的输出序列即产生散列值的过程。

1. 单向性

单向散列函数的安全性在于其产生散列值的操作过程具有较强的单向性。如果在输入序列中嵌入密码，那么任何人在不知道密码的情况下都不能产生正确的散列值，从而保证了其安全性。SHA 将输入流按照每块 512 位进行分块，并产生 160 位的被称为信息认证代码或信息摘要的输出。

2. 数字签名

通过散列算法可实现数字签名，数字签名的原理是将要传送的明文通过 Hash 运算转换成报文摘要，报文摘要加密后与明文一起传送给接收方，接收方将接收的明文产生新的报文摘要与发送方发来的报文摘要比较，比较结果一致表示明文未被改动，如果不一致表示明文已被篡改。

Hash 算法的一个重要功能是产生独特的散列，当两个不同的值或文件可以产生相同的散列时，则称为碰撞。保证数字签名的安全性，就是在不发生碰撞时才行。碰撞对于哈希算法来说是极其危险的，因为碰撞允许两个文件产生相同的签名。当计算机检查签名时，即使该文件未真正签署，也会被计算机识别为有效的。一个 Hash 位有 0 和 1 两个可能值，则每一个独立的 Hash 值通过位的可能值的数量对于 SHA-256，有 2 的 256 次方种组合，这是一个庞大的数值。Hash 值越大，碰撞的概率就越小。每个散列算法，包括安全算法，都会发生碰撞，而 SHA-1 的大小结构发生碰撞的概率比较大，所以 SHA-1 被认为是不安全的。

4.5.3 SHA-2 算法

SHA-2 为安全散列算法 2(Secure Hash Algorithm 2)的缩写，是一种密码散列函数算法标准，由美国国家安全局研发，属于 SHA 算法之一，是 SHA-1 的后继者。

SHA-2 下又可再分为六个不同的算法标准，包括 SHA-224、SHA-256、SHA-384、SHA-512、SHA-512/224、SHA-512/256(后两个为 SHA-512 的内容)。这些变体除了生成摘要的长度、循环运行的次数等一些微小差异外，算法的基本结构是一致的。SHA-256 实际上是一个 Hash 函数。

Hash 函数又称散列算法，是一种从任何一种数据中创建小的数字“指纹”的方法。散列函数把消息或数据压缩成摘要，使得数据量变小，将数据的格式固定下来。该函数将数据打乱混合，重新创建一个叫作散列值(或 Hash 值)的指纹。散列值通常用一个短的随机字母和数字组成的字符串来代表。

SHA-256 是 SHA-2 下细分出的一种算法。SHA-256 就是将 Message 通过 Hash 算法计算得到一个 256 位的 Hash 值。SHA-256 算法输入报文的长度不超过 264 位，输入按 512 位分组进行处理，产生的输出是一个 256 位的报文摘要。

对于任意长度的消息，SHA-256 都会产生一个 256 位长的 Hash 值，称作消息摘要。这个摘要相当于是个长度为 32 个字节的数组，通常用一个长度为 64 位的十六进制字符串来表示。来看一个例子：

“目标明确，思路清晰，方法灵活，知识有效，学得快乐，Are you ok?”这句话，经过 Hash 函数 SHA-256 后得到的 Hash 值为：

526bd136b3ed8bed8b2b7484188b1c9cd2311575b16555e6826df6937be662b7

网上有很多 SHA-256 在线验证工具，可以用来进行 SHA-256 的 Hash 结果验证，后面也可以用来检验自己的 SHA-256 代码是否正确，如果有条件，可以试试。

4.5.4　SHA 应用场景

1. 类似 MD5 的应用场景

MD5 的应用场景，例如登录、注册、修改密码等简单加密操作，SHA 算法基本也都可以使用。假设一个用户的手机号为 13800138001，密码为 123456，那么如果不对密码加密的话，一旦数据库泄露了，用户的所有信息都将是摆在黑客面前的明文，后果非常严重。因此可以采用 SHA 家族算法对密码进行加密，即使黑客破解了，看到的也是加密后的信息，而加密后信息不可逆，这样就有了安全保证。

2. 比特币

比特币中，挖矿算法其实就是 SHA-256 算法，比特币使用椭圆曲线算法生成公钥和私钥，选择的是 SHA-256 算法。矿工们根据不断修改随机数，不断地进行 SHA-256 运算，最终算得快的挖到矿。

3. Https 签名算法

以某网站为例，我们打开浏览器，查看任意一个整数的详情，签名算法就是带 RSA 加密的 SHA-256，如图 4-4 所示。

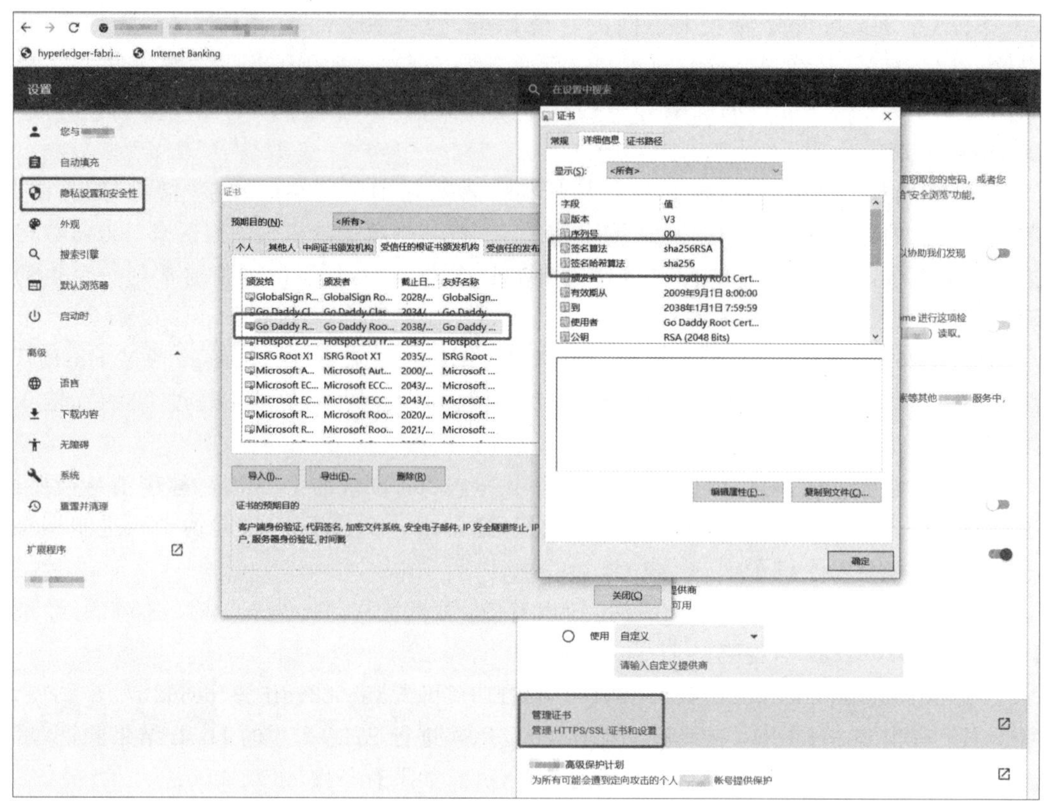

图 4-4　Https 中的签名算法

4.6　国密算法

为了保障商用密码的安全性，国家商用密码管理办公室制定了一系列密码标准，包括 SM1(SCB2)、SM2、SM3、SM4、SM7、SM9、祖冲之密码算法(ZUC)等。其中 SM1、SM4、SM7、祖冲之密码(ZUC)是对称算法；SM2、SM9 是非对称算法；SM3 是 Hash 算法。目前，这些算法已广泛应用于各个领域中，其中 SM1、SM7 算法不公开。国产区块链平台 FISCO BCOS 已经率先支持并集成了国密算法。

在一些关键区块链应用中，尤其是政务方面的应用，应当优先采用国密算法，而在开源或跨国际的区块链网络中，往往采用的是国际通用的密码算法。

1. SM1 算法

SM1 算法是对称加密算法中的分组加密算法，分组长度为 128 位，密钥长度都为 128 比特，算法安全保密强度及相关软硬件实现性能与 AES 相当，算法不公开，仅以 IP 核的形式存在于芯片中，需要通过加密芯片的接口进行调用。

例如：在门禁应用中，采用 SM1 算法进行身份鉴别和数据加密通信，实现卡片合法性的验证，保证身份识别的真实性。安全是关系国家、城市信息、行业用户、百姓利益的关键问题。国家密码管理局针对现有重要门禁系统建设和升级改造应用也提出指导意见，以加强芯片、卡片、系统的标准化建设。

采用该算法已经研制了系列芯片、智能 IC 卡、智能密码钥匙、加密卡、加密机等安全产品,并广泛应用于电子政务、电子商务及国民经济的各个应用领域(包括国家政务通、警务通等重要领域)。当使用特定的芯片进行 SM1 或其他国密算法加密时,若用多个线程调用加密卡的 API,则要考虑芯片对于多线程的支持情况。

2. SM2 椭圆曲线公钥密码算法

SM2 椭圆曲线公钥密码算法是我国自主设计的公钥密码算法(密钥长度为 256 位),包括 SM2-1 椭圆曲线数字签名算法、SM2-2 椭圆曲线密钥交换协议、SM2-3 椭圆曲线公钥加密算法,分别用于实现数字签名密钥协商和数据加密等功能。SM2 算法与 RSA 算法不同的是,SM2 算法是基于椭圆曲线上点群离散对数难题。相对于 RSA 算法,256 位的 SM2 密码强度已经比 2 048 位的 RSA 密码强度要高,且运算速度快于 RSA,可用于替换 RSA/DH/ECDSA/ECDH 等国际算法。SM2 可以满足电子认证服务系统等应用需求,由国家密码管理局于 2010 年 12 月 17 号发布。

SM2 算法就是 ECC 椭圆曲线密码机制,但在签名、密钥交换方面不同于 ECDSA、ECDH 等国际标准,而是采取了更为安全的机制。SM2 采用的是 ECC 256 位的一种,其安全强度比 RSA 2 048 位高,且运算速度快于 RSA。

SM2 标准包括总则、数字签名算法、密钥交换协议、公钥加密算法四个部分,并在每个部分的附录详细说明了实现的相关细节及示例。

数字签名算法、密钥交换协议以及公钥加密算法都使用了国家密管理局批准的 SM3 密码杂凑算法和随机数发生器,它们都根据总则来选取有限域和椭圆曲线,并生成密钥对。

3. SM3 密码 Hash 算法

SM3 是一种密码 Hash 算法,Hash 值长度为 32 字节,和 SM2 算法同期公布,用于替代 MD5/SHA-1/SHA-2 等国际算法,参见《国家密码管理局公告(第 22 号)》,适用于数字签名和验证、消息认证码的生成与验证以及随机数的生成,可以满足电子认证服务系统等应用需求,于 2010 年 12 月 17 日发布。

SM3 是在 SHA-256 基础上改进实现的一种算法,采用 Merkle-Damgard 结构,消息分组长度为 512 位,输出的摘要值长度为 256 位。

SM3 密码 Hash(杂凑、散列)算法给出了 Hash 函数算法的计算方法和计算步骤,并给出了运算示例。此算法适用于商用密码应用中的数字签名和验证,消息认证码的生成与验证以及随机数的生成,可满足多种密码应用的安全需求。在 SM2、SM9 标准中使用。

SM3 可以自定义密码进行加密,适用于商用密码应用中的数字签名和验证消息认证码的生成与验证以及随机数的生成,可满足多种密码应用的安全需求。为了保证 Hash 算法的安全性,其产生的 Hash 值的长度不应太短,例如 MD5 输出 128 位 Hash 值,输出长度太短,影响其安全性。

SHA-1 算法的输出长度为 160 位,SM3 算法的输出长度为 256 位,因此 SM3 算法的安全性要高于 MD5 算法和 SHA-1 算法。

4. SM4 对称加密算法

SM4 与 SM1 类似，是我国自主设计的分组对称密码算法，随 WAPI 标准一起公布，可使用软件实现，用于替代 DES/AES 等国际算法，于 2012 年 3 月 21 日发布，适用于密码应用中使用分组密码的需求。

SM4 算法是一个分组算法，用于无线局域网产品。SM4 算法与 AES 算法具有相同的密钥长度是 128 位，分组长也是 128 位，加密算法与密钥扩展算法均采用 32 轮非线性迭代 Feistel 结构，以 32 位为单位进行加密运算，每一次迭代运算均为一轮变换函数 F。SM4 算法加、解密算法的结构相同，只是使用的轮密钥相反，其中解密轮密钥是加密轮密钥的逆序。

SM4 密文长度跟明文长度有关。在 SM4 加密算法中，要求原始数据长度必须是长度为 32 位的整数倍 Hash 串(16 个字节整数倍)，但是在实际情况中数据长度并不能保证这么长，这里就涉及了原始数据后填充一个 0x00 和多个 0x00 来解决数据长度填充的问题。

5. SM7 对称密码算法

SM7 算法是一种分组密码算法，分组长度为 128 位，密钥长度为 128 位。SM7 适用于非接触式 IC 卡，应用包括身份识别类应用(门禁卡、工作证、参赛证)、票务类应用(大型赛事门票、展会门票)、支付与通卡类应用(积分消费卡、校园一卡通、企业一卡通)等。

6. SM9 标识密码算法

为了降低公开密钥系统中密钥和证书管理的复杂性，以色列科学家、RSA 算法发明人之一阿迪·萨莫尔(Adi Shamir)在 1984 年提出了标识密码(Identity-Based Cryptography)的理念。标识密码将用户的标识(如邮件地址、手机号码、QQ 号码等)作为公钥，省略了交换数字证书和公钥过程，使得安全系统变得易于部署和管理，非常适合端对端离线安全通信、云端数据加密、基于属性加密、基于策略加密的各种场合。2008 年标识密码算法正式获得国家密码管理局颁发的商密 9 号算法 SM9，为我国标识密码技术的应用奠定了坚实的基础。

由于 SM9 算法不需要申请数字证书，因此适用于互联网应用的各种新兴应用的安全保障。如基于云技术的密码服务、电子邮件安全、智能终端保护、物联网安全、云存储安全等。这些安全应用可采用手机号码或邮件地址作为公钥，实现数据加密、身份认证、通话加密、通道加密等安全应用，并具有使用方便、易于部署的特点，从而开启了普及密码算法的大门。

7. 祖冲之算法(ZUC)

祖冲之序列密码算法是中国自主研究的流密码算法，是运用于移动通信 4G 网络中的国际标准密码算法，该算法包括祖冲之算法(ZUC)、加密算法(128-EEA3)和完整性算法(128-EIA3)三个部分。目前已有对 ZUC 算法的优化实现，也有专门针对 128-EEA3 和 128-EIA3 的硬件实现与优化。

4.7　数字签名

数字签名(又称公钥数字签名)是只有信息的发送方才能产生的别人无法伪造的一段数字串,这段数字串同时也是对信息的发送方发送信息真实性的一个有效证明。它是一种类似写在纸上的普通的物理签名,但是使用了公钥加密领域的技术来实现,是鉴别数字信息的方法。一套数字签名通常定义两种互补的运算,一个用于签名,另一个用于验证。数字签名是非对称密钥加密技术与数字摘要技术的应用。

数字签名由数字摘要和非对称加密技术组成,如图 4-5 所示。

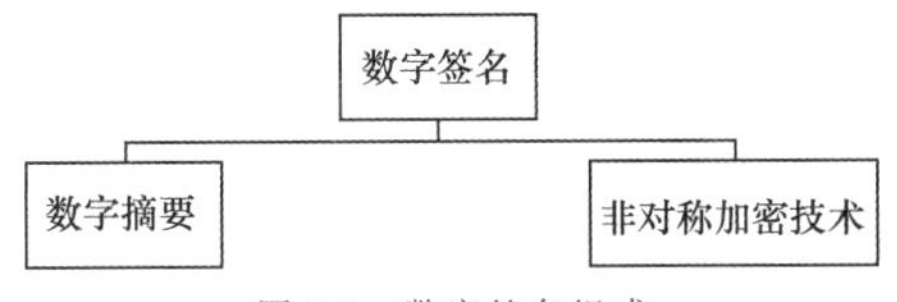

图 4-5　数字签名组成

4.7.1　数字签名原理

所谓数字签名,就是附加在数据单元上的一些数据,或是对数据单元所做的密码变换。这种数据或变换允许数据单元的接收者用以确认数据单元的来源和数据单元的完整性并保护数据,防止被他人(例如接收方)进行伪造。数字签名是对电子形式的消息进行签名的一种方法,一个签名消息能在一个通信网络中传输。基于公钥密码体制和私钥密码体制都可以获得数字签名,主要是基于公钥密码体制的数字签名。

要讲数字签名的话,我们先来讲解一下比特币系统中的账户管理。日常生活中,你想要开一个银行账户的话,你会怎么办?你会带上你的身份证,去银行办理开户手续,这就是中心化的账户管理方式。那么比特币是去中心化的,它没有银行这样的机构,那怎么开账户呢?

每个用户自己决定开户,不需要任何人批准,开户的过程很简单,就是创立一对公钥和私钥。这一对公钥和私钥实际上就是用来做签名的,比如说,我要转 100 枚比特币给你,然后我把这个交易发布到区块链上,别人怎么知道这个交易,并确认是我发起的呢?会不会是有人冒名顶替,想偷偷地把我账户上的钱转走呢?这就需要我在发布这个交易的时候,要用我自己的这个私钥进行签名。那其他人收到这个交易之后,再用我的公钥去验证这个签名的正确性,签名用的是私钥,验证签名用的是这个人的公钥。

数字签名算法原理如图 4-6 所示。

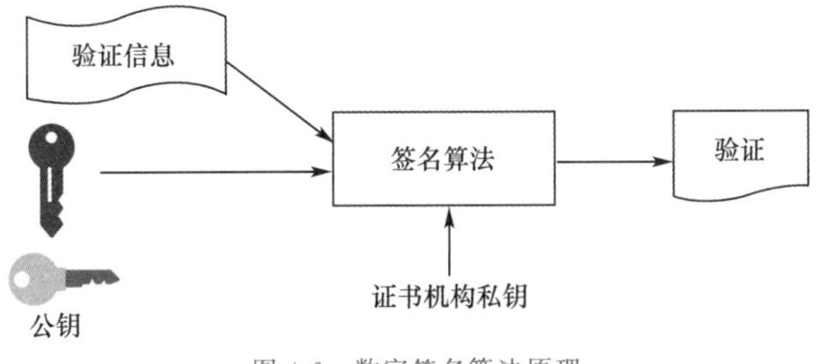

图 4-6　数字签名算法原理

4.7.2 数字签名特点

1. 鉴权

公钥加密系统允许任何人在发送信息时使用私钥进行加密，接收信息时使用公钥解密。当然，接收方不可能百分之百确信发送方的真实身份，只能在密码系统未被破译的情况下才有理由确信。

鉴权的重要性在财务数据上表现得尤为突出。例如，一家银行将指令由它的分行传输到它的中央管理系统，指令的格式是(a,b)，其中a是账户的账号，而b是账户的现有金额。这时一位远程客户可以先存入100元，观察传输的结果，然后接二连三的发送格式为(a,b)的指令。这种方法被称作重放攻击。

2. 完整性

传输数据的双方都希望确认消息未在传输的过程中被修改。加密使得第三方想要读取数据十分困难，然而第三方仍然能采取可行的方法在传输的过程中修改数据。一个通俗的例子就是同形攻击：回想一下，还是上面的那家银行从它的分行向它的中央管理系统发送格式为(a,b)的指令，其中a是账号，而b是现有金额。一个远程客户可以先存100元，然后拦截传输结果，再传输(a,b)，这样他就可能立刻变成百万富翁了。

3. 不可抵赖

在密文背景下，抵赖这个词指的是不承认与消息有关的举动(声称消息来自第三方)。消息的接收方可以通过数字签名来防止所有后续的抵赖行为，因为接收方可以出示签名给别人看，以此来证明信息的来源。

4.7.3 数字签名作用

1. 防篡改

通过对数字签名的验证，可以保证信息在传输过程中未被篡改。

2. 验证数据的完整性

与防篡改同理，如果信息发生丢失，签名将不完整，解开数字签名后与之前的数字签名做比较就会发现不一致，因而可保证文件的完整。

3. 仲裁机制

数字签名也可以认为是一个数字身份，通过唯一私钥生成，在网络上交易时要求收到一个数字签名的回文，保证过程的完整。如果对交易过程出现抵赖，那么用数字签名便于仲裁。

4. 保密性

对于安全级别要求较高的数据，需将数字签名加密后传输，这样可以保证数据在被中途截取后无法获得其真实内容，有利于保证数据的安全性。

5. 防重放

在数字签名中，如果采用了对签名报文添加流水号、时间戳等技术，可以有效防止重放攻击。

4.7.4　数字签名过程

发送报文时，发送方用一个 Hash 函数从报文文本中生成报文摘要，然后用发送方的私钥对这个摘要进行加密，这个加密后的摘要将作为报文的数字签名和报文一起发送给接收方。接收方首先用与发送方一样的哈希函数从接收到的原始报文中计算出报文摘要，再用公钥来对报文附加的数字签名进行解密，如果这两个摘要相同，那么接收方就能确认该数字签名是发送方的。

数字签名有两种功效，一是能确定消息确实是由发送方签名并发出来的，因为别人假冒不了发送方的签名。二是数字签名能确定消息的完整性。因为数字签名的特点是它代表了文件的特征，文件如果发生改变，数字摘要的值也将发生变化。不同的文件将得到不同的数字摘要。一次数字签名涉及一个哈希函数、接收方的公钥、发送方的私钥。

我们通过一张流程图，如图 4-7 所示，来看一下，数字签名的整个过程。

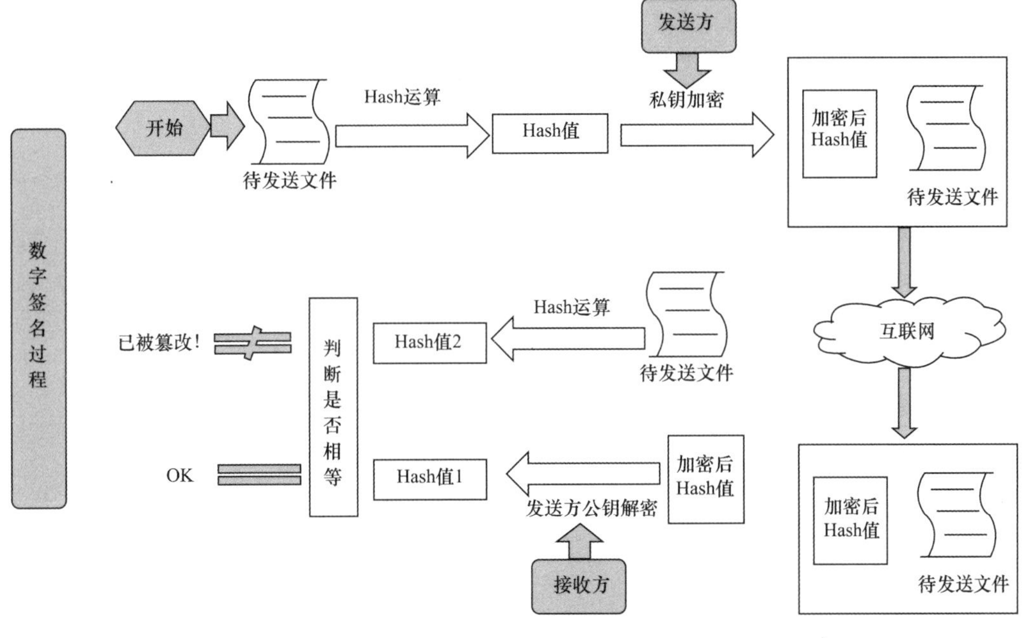

图 4-7　数字签名过程

整个流程如下：

- 在发送方通过 Hash 运算求出发送信息的 Hash 值。
- 通过发送方的私钥对 Hash 值进行加密。
- 把加密后的 Hash 值和待发送的信息一起发给接收方。
- 接收方通过发送方的公钥对加密的 Hash 值进行解密，还原出 Hash 值 1。
- 对发送的信息进行 Hash 运算，生成 Hash 值 2。
- 比较 Hash 值 1 和 Hash 值 2，如果相等证明信息无篡改，发送方身份确认，否则有人篡改了。

4.8 本章小结

本章主要总结了密码学与安全领域中的一些核心问题和经典算法。通过阅读本章内容，相信读者已经对现代密码学的发展状况和关键技术有了初步了解。掌握这些知识，对于理解区块链系统如何实现隐私保护和安全防护都很有好处。

本章的内容涉及密码学中的大部分算法。通过对本章的学习，学生基本上能够了解或者熟悉区块链中使用的各类加密算法。

在本章中，我们首先概要介绍了密码学的定义、起源以及发展。其次介绍了对称加密算法与非对称加密算法，其中对称加密包括 DES、3DES、Blowfish、AES；非对称加密包括 RSA、DSA、ECC、ECDSA。再次分别介绍了具有代表性的 Hash 算法、SHA 算法、ECC 算法以及国密算法。最后就使用较多的数字签名的原理、特点、作用、过程进行了阐述。

区块链主要用到了密码学中 2 个重要的功能：一个是 Hash 算法，另外一个是数字签名，因此这两部分内容是必须要掌握的。另外关于对称加密、非对称加密原理也是需要熟悉的，其他部分了解即可。

4.9 课后练习题

一、选择题

1. 下列不是数字签名特点的是（　　）。

A. 鉴权　　B. 安全　　C. 完整性　　D. 不可抵赖

2. 下列不是数字签名作用的是（　　）。

A. 防篡改　　B. 验证数据的完整性

C. 保密性　　D. 更好的性能

3. 下列不是常见的散列算法的是（　　）。

A. MD5　　B. SHA-256　　C. HMAC　　D. DES

4. ECC 算法的优势不包括（　　）。

A. 节省空间　　B. 抗攻击性强　　C. 更好的性能　　D. CPU 占用少

5. 下列不是常用的数字签名算法的是（　　）。

A. RSA　　B. ECDSA　　C. SM2　　D. HMAC

6. 下列不是常用的对称加密算法的是（　　）。

A. DES　　B. RSA　　C. Blowfish　　D. AES

二、填空题

1. 在一些关键区块链应用中，尤其是政务方面的应用，应当优先采用________算法，而在开源或跨国际的区块链网络中，往往采用的是________的密码算法。

2. 区块链依赖________来实现数据安全性。

3. 数字签名由________和________组成。

4. 非对称加密算法需要两个密钥来进行加密和解密，这两个密钥是________

和________。

5.数字签名算法主要包括________和________两个具体操作。

6.所谓的对称式加密,指的是加密与解密使用的是________。

7.数字证书是由国家认可的________颁发的。数字证书包含证书中所标识的实体的________,________由本人保存。

三、问答题

1.简述对称加密算法的原理。

2.简述非对称加密的原理。

3.简述数字签名原理、特点以及作用。

4.简述国密算法包括哪些算法以及各自的作用。

第5章 区块链共识机制与共识算法

本章导读

区块链不是单一技术的创新，而是由分布式系统、共识算法、密码学、网络、数据结构和编译原理等多种技术深度整合后实现的分布式账本技术，并提供了一种在不可信网络中进行信息与价值传递交换的可信通道。共识算法作为区块链中的关键技术，直接影响着区块链的交易处理能力、可扩展性和安全性，因此成为区块链技术研究的热点。

共识问题一直是分布式系统的重要研究课题，20世纪80年代出现的分布式系统共识算法是区块链共识算法的基础。共识机制就是所有记账节点之间如何达成共识，去认定一个记录的有效性，这既是认定的手段，也是防止篡改的手段。

通过本章的学习，可以达到以下目标要求：

- 理解共识机制、共识算法的概念。
- 熟悉公有链常用的共识机制实现算法：Pow、PoS、DPoS、Ripple算法。
- 熟悉联盟链常用的共识机制实现算法：PBFT、DBFT算法。
- 熟悉私有链常用的共识机制实现算法：Paxos、Raft算法。
- 了解除上述外，其他的共识机制实现算法。
- 熟悉共识机制的选型、应用与发展。

5.1 区块链共识机制与共识算法概述

一般来说，所谓共识就是一个问题或一件事务的所有或者大多数参与方达成的统一意见与看法。比如一个公司召集董事开董事会，某个提案通过了，叫达成共识。如果意见不统一，对某个提案的投票没有超过一定数量，无法通过某个提案，这就叫无法达成共识。国家与国家之间就某个问题进行的双方谈判也一样，可能达成共识，也可能无法达成共识。

共识的简单理解就是指大家都达成一致的意思。其实在现实生活中，有很多需要达成共识的场景，比如开会讨论，双方或多方签订一份合作协议等。而在区块链系统中，每个节点必须要做的事情就是让自己的账本跟其他节点的账本保持一致。如果是在传统的软件结构中，这几乎就不是问题，因为有一个中心服务器存在，也就是所谓的主库，其他的从库向主库看齐就行了。在实际生活中，很多事情人们也都是按照这种思路来的，比如企业老板发布一个通知，员工照着做。但是区块链是一个分布式的对等网络结构，在这个结构中没有哪个节点是“老大”，一切都要商量着来。

区块链中的共识机制是所有节点都必须遵守的规则，就好像现实世界的法律。如果还不能理解，就把区块链中的共识机制和网络中的协议做个类比，把它理解成区块链中的一种“协议”。

所有的共识算法必须具备三个基本要求：

- 一致性(Safety)：所有参与共识的诚实的节点得到的计算结果是相同的，而且是符合共识协议的。
- 终局性(Liveness)：所有参与共识的诚实的节点，最终可以达成一致性结果。
- 容错性(Fault tolerance)：在共识算法的成功执行过程中可以允许参与共识的节点发生一些错误。

注意：共识机制不等于共识算法，共识机制由共识算法来实现。比如，PoW 共识机制由 PoW 共识算法来实现。

一个共识机制可能由一到多个算法来实现它，但目前我们看到的共识机制大部分都由一种共识算法来实现。

区块链是分布式的，彼此不信任的节点之间要达成共识很困难，所以需要借助共识机制在物理上分散的各个彼此互不信任的节点之间达成共识。

区块链架构是一种分布式的架构，按照其部署与准入模式有公有链、联盟链、私有链三种，可以对应理解为去中心化分布式系统、部分去中心化分布式系统和弱中心分布式系统。

分布式系统中，多个主机通过异步通信方式组成网络集群。在这样的一个异步系统中，需要主机之间进行状态复制，以保证每个主机达成一致的状态共识。然而，异步系统中，可能出现无法通信的故障主机，而主机的性能可能下降，网络可能堵塞，这些可能导致错误信息在系统内传播。因此需要在默认不可靠的异步网络中定义容错协议，以确保各主机达成安全可靠的状态共识。

利用区块链构造基于互联网的去中心化账本，需要解决的首要问题是如何实现不同账本节点上的账本数据的一致性和正确性。这就需要借鉴已有的在分布式系统中实现状态共识的算法，确定网络中选择记账节点的机制，以及如何保障账本数据在全网中形成正确、一致的共识。

本章节按照公有链、联盟链、私有链、其他四个方面有序介绍，思维导图如图 5-1 所示。

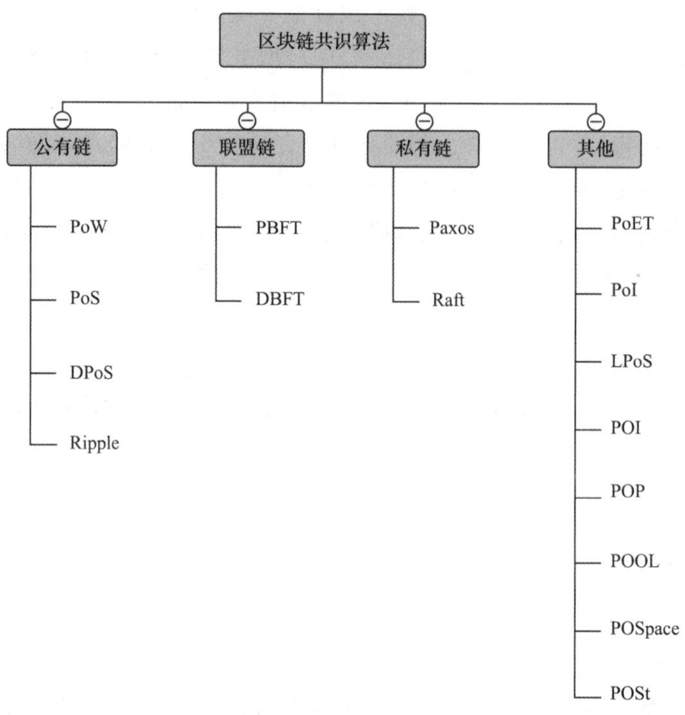

图 5-1　共识算法思维导图

5.2　公有链共识机制常用算法

在公有链结构里面，共识机制 PoW 和 PoS 最为常见，这两者都是以经济模型理论来解决共识问题。公有链与联盟链相比，公有链更为强调共识机制的重要性。因为在公有链上，每个节点都是不可信的，而联盟链每个节点都是可信可追溯的。

5.2.1　PoW 算法

1. 什么是 PoW?

PoW(Proof of Work，工作量证明机制)是比特币中采用的共识机制，也被许多公有区块链系统所采用(比如以太坊)。工作量证明机制基础是 Hash 运算，因此要理解 PoW 首先要明白哈希函数(比特币采用了大量 SHA-256，以及 rimped160)。

比特币主要使用了 SHA-256Hash 函数，有三个用途：

- 比特币地址是公钥的两次 SHA-256 运算结果。
- 保证每笔交易的完整性。
- PoW 工作量证明机制的基础。

比特币一直被人诟病其做了大量无意义的运算，耗费了巨量的电能。这里的运算就是比特币共识机制中的工作量，而这个运算就是 Hash 运算。具体运算如下：

```
SHA-256(SHA-256(Block_Header))
```

这里的 Block_Header 可以简单理解为：一堆比特币交易 txs＋一个随机数 Nonce。在生成比特币区块的时候，我们可以认为 txs 是固定的。因此 PoW 可以简化为选取随机数 Nonce，然后求 SHA-256（SHA-256（txs || Nonce）），我们下面把这个计算叫作 PoWHash。

这个不断重复选取随机数 Nonce，计算 PoWHash 的过程什么时候结束呢？在比特币中 PoWHash 的前 n 位为 0 的时候，我们认为找到了一个有效的 Nonce，然后就可以生成比特币区块并广播给其他的矿工。这里的 n 是一个可调节的数，比特币中没生成 2016 个块，会重新调整 n，n 越大有效的 PoWHash 越难计算，相反越容易。

2. 怎么证明?

PoW 中的证明指的是验证 Nonce 是否有效，同样是计算 SHA-256（SHA-256（txs || Nonce）），不过这里的 txs 和 Nonce 都是已知的，我们把运算结果记为 PoWHash‘，我们只需要验证 PoWHash‘是否满足前 n 为 0，就可以证明这个区块是不是一个有效的比特币区块。

通过分析我们发现，如果要伪造交易（修改 txs），就需要重新找到一个 Nonce，因此对于非法修改区块，需要重新进行大量 Hash 运算来找到一个有效的 Nonce。由于每个区块都包含前一个区块的 Hash 值，因此后面所有的区块都需要重新进行调整。因此通过计算来修改比特币中的交易信息是不可能的。

3. PoW 的研究历程

PoW 的学术研究早在 1993 年就开始了。1993 年，美国计算机科学家、哈佛大学教授辛西娅·德沃克（Cynthia Dwork）首次提出了工作量证明思想，用来解决垃圾邮件问题。该机制要求邮件发送者必须算出某个数学难题的答案来证明其确实执行了一定程度的计算工作，从而提高垃圾邮件发送者的成本。1997 年，英国密码学家亚当·伯克（Adam Back）也独立提出，并于 2002 年正式发表了用于哈希现金（Hash Cash）的工作量证明机制。哈希现金也是致力于解决垃圾邮件问题，其数学难题是寻找包含邮件接收者地址和当前日期在内的特定数据的 SHA-1 Hash 值，使其至少包含 20 个前导零。1999 年，马库斯·雅各布松（Markus Jakobsson）正式提出了“工作量证明”概念。这些工作为后来中本聪设计比特币的共识机制奠定了基础。

2008 年，中本聪发布比特币创世论文，将工作量证明思想应用于区块链共识过程中，并设计了区块链的 PoW 共识算法。

PoW 直译就是工作量证明，简单直白地理解就是通过工作证明来决定挖矿的收益。挖矿就是产出比特币的途径，参与方通过参与挖矿这一过程，来获取挖矿的收益，也就是获取对应的奖励——比特币，参与方也被称为矿工。挖矿通常采用的是矿机，矿机性能越好，收益也就越多，也就是根据工作证明来执行比特币的分配方式。

PoW 是通过计算一个数值（Nonce），用 Nonce 加上交易数据再进行 Hash 后得到的 Hash 值比目标值小，再得到这个结果后会马上对全网进行广播打包区块，网络中的节点收到广播打包区块会对结果进行验证，如果验证通过，就证明这个结果是正确的，接受这个正确的结果并记录到自己的账本中，这个过程就是工作量证明。

其实挖矿是比特币系统中一个形象化的表达，它背后真正的名称是 PoW 算法，也就是工作量证明算法。工作量证明是从经济学中来的，是 1993 年由两个经济学家提出来的一种策略，就是防止对服务滥用或者资源滥用，而采取的一种有效阻断的经济策略。

这个 PoW 在比特币之前就已经被广泛使用了，其中比较有名的就是 Google 邮箱的反垃圾邮件系统。Google 是怎么用的呢？Google 是要求每一个给 Google 邮件服务器发电邮的对方服务器，必须先完成一定量的计算工作，这个计算可能会耗费对方服务线程 2 到 3 秒；2 到 3 秒，如果是一个人在发邮件，是完全可以忍受的；如果对方是个发送垃圾邮件的脚本程序，它就根本无法忍受，邮件脚本要做的是每秒发送邮件成千上万封。

中本聪在设计实现比特币系统的时候，希望每 10 分钟完成一次比特币发行，由于比特币网络中有成千上万个节点，那该把币发行给谁呢？按照工作量证明的策略，也就是 PoW 算法的思路，中本聪在比特币系统中，给每一个节点出了一个难题：有一个区块头的数据结构，里面有个 Nonce 字段，在其他字段值不变的前提下，通过不断调节 Nonce 的值，来对 Block Header 这个结构体值计算 Hash，要求找到一个 Nonce 值，使得计算出来的 Hash 值小于或大于某个固定值，这个固定值在 Block Header 结构体中由 Bits 来表示。

由于 Hash 算法是一个不可以逆的算法，无法通过具体的 Hash 值倒推出原文，这样每个节点只能采用穷举的方法，也就是从 1 开始，2 3 4 5……不断尝试。这个过程就是开始考验各个节点的 CPU 计算速度，算得快的很快就能得到 Nonce 值，然后把这个 Nonce 值放在结构体里，通过 P2P 网络广播出去；每个系统节点收到后，发现这个 Nonce 值是合法的，能满足要求，就认为挖矿成功；对于那些算到一半的节点，发现有人已经算出来了，就放弃本次穷举了；然后开始通过穷举的办法，去寻找下一个区块头的 Nonce 值。

所谓挖矿，就是计算机通过穷举的办法，不断去找 Nonce 值、计算 Hash 值的过程；谁先找到，谁就挖成功了。在经过 n 次计算后，才能恰好找到前 4 位为 0 的 Hash 散列。为了实现工作量证明的目标，不停的递增 Nonce 的值并对新的字符串进行 Hash 运算，才能得到最后的结果。

PoW(Proof of Work)工作量证明，其核心设计思路是提出求一个复杂度计算值的运算过程。用户通过进行一定的运算和消耗一定的时间来计算一个满意值并提供给服务方快速做验证，以防止服务被攻击，数据资源被滥用，确保数据交易的公平和安全。这一概念最早在 1993 年由辛提亚・沃克(Cynthia Dwork)和莫妮・纳奥(Moni Naor)的学术论文中提出，并在 1999 年由马库斯・雅各布松(Markus Jakobsson)与阿里・朱尔斯(Ari Juels)对工作量证明这一词进行了发表。到了 2008 年，这个工作量证明技术被运用在比特币区块链系统上。到目前为止 PoW 技术在区块链中仍起着至关重要的作用，它也成了加密货币中主流的共识机制之一，像比特币、以太坊等都有使用。

4. 技术原理

工作量证明核心的技术原理是散列函数(Hash)。散列函数的特征其实就是将任意长度的数作为输入然后通过散列函数的运算后得到一个固定长度值的输出，这个值就是散列值(Hash 值)。

在比特币中，PoW 工作其实就是如何去计算一个区块的目标 Hash 值问题，让用户进行大量的穷举运算，同时得出这个 Hash 值还必须满足一些必要条件，这个条件在区块链中其实就是一个难度系数值，通过判断计算出的 Hash 值是否符合前面 n 位全是 0，最终达成工作量证明。

比特币系统中使用的工作量证明函正是SH-A256。

比如现在给出一个固定的字符串“Hello，blockchain”，现在要求计算的难题是将这个字符串与一个随机数(Nonce)拼接起来，并通过SHA-256 Hash计算一个固定256位长度的Hash值，如果计算结果的前5位全是0，即认为满足计算条件，同时得到的随机数(Nonce)值证明为达成工作量证明的有效随机数。

PoW算法在区块链实现过程：

- 先定义一个固定的256位长度初始数，比如，长度为256位字符0000...0001(32个字节，64个字符)。
- 设置难度系数值，如果难度系数定义为前面4个0，即16位长度(0000 0000 0000 0001 = 4个字符= 2个字节)。
- 按照难度系数值进行移位操作，将Hash工作量值扩大，向左移(256－难度系数n位)，比如，将初始数 0000...0001 向左移(256－16位)得到：0000 0000 0000 0001 0000...0000。
- 将随机数Nonce递增加1再加上区块头(Block Header)Hash值拼接，然后进行SHA-256 Hash运算。区块头(Block Header)是工作量证明的输入，一个区块包含有区块头和区块交易数据，区块头是包含一串Hash值，这串Hash值是通过Merkle Tree算法生成的。
- 将计算结果值与当前难度系数目标值做对比，如果当前计算值大于难度系数条件值，即继续递增Nonce值再进行下一次的SHA-256 Hash运算，直到计算出的结果Hash值少于目标值，则认为解题成功。此次的工作量证明完成并获得记账权，然后对交易区块进行打包确认并广播给全节点，并从Coinbase中获得gas奖励。

如果要求Hash值前面的n位0越大，即它的计算难度就越大，那么每增加一位0，它的计算次数就变得高出很多倍。当要求计算难度值前面n位7位是0的时候，它的计算次数就达到5.6亿次，所以工作量非常大，作弊是几乎不可能的。

总结以上，PoW就是干得越多，收得越多。依赖机器进行数学运算来获取记账权，资源消耗相比其他共识机制高、可监管性弱，同时每次达成共识需要全网共同参与运算，性能效率比较低，容错性方面允许全网50%节点出错。

5.工作量证明算法在比特币系统中的运用

- 交易在两个或多个节点之间进行，并由参与交易的节点在交易完成后向其他节点广播交易。
- 接收到广播来的交易的节点会先对交易数据进行验证，验证通过后再将交易放入自己机器的内存池中。
- 矿工节点会将内存池中的交易按照系统规定的格式打包为区块，并付出一定的计算工作量找到区块的Nonce值，一般找到某个区块Nonce值的时间大概是10分钟左右，然后矿工节点就会将该区块广播出去。
- 其他节点在接收到新产生的区块后会对区块进行验证，包括区块的Nonce值是否正确、区块的数据格式是否正确以及区块中所记录的交易是否正确等，这样验证成功的区块才会被追加保存到节点自身所保存的区块链账本上。

◻ 其他矿工节点在验证通过新接收到的区块后就会意识到自己在过去一轮的挖矿竞争中由于未能及时找到正确的 Nonce 值而已经失败，除了将新区块添加到自身所保存的区块链账本上之外，还会降低这个新区块的 Hash 值放入为下一轮挖矿竞争而准备的区块的区块头中。

6. 基于 PoW 算法上的变种算法

很多研究成果表明了 PoW 算法存在很多缺陷，比如能量浪费和安全问题。因此，很多研究者针对这些缺陷提出了许多其他的共识算法。

最初中本聪设计的 PoW 算法是通过普通计算机来挖矿的。也就是说，通过普通计算机的硬件来解决 PoW 谜题。随着比特币的流行及经济因素，大量的矿工通过硬件的升级来扩大自己挖到区块的概率。从一开始使用 CPUs 挖矿到 GPUs、FPGAs(Field-Programmable Gate Array)，最后到 ASICs(Application-Apecific Integrated Circuit)，比特币网络中的每秒 Hash 算力达到了 4 570 934 300 TH/S。菲利普·戴安(Philip Daian)表示，这些巨大的算力除了用于保护比特币网络安全外，并没有对社会产生其他作用。因此，造成了极大的资源浪费。

在以太坊中，为了抵制 ASIC 矿池，使用了一种称为 Ethash 的共识算法。Ethash 是以太坊 1.0 的 PoW 算法，是由布特林和德莱贾(Dryja)推出的 Dagger-Hashimoto 最新版本。Ethash 算法的设计使得挖矿过程更多地依赖于内存和带宽，以此来弱化具有大算力矿工的优势。Ethash 算法每猜测一次随机数，都需要循环地从内存中的 DAG 随机抽取一段数据用于计算。因此，挖矿依赖于内存和带宽。

2015 年约翰·特罗普(John Tromp)引入了另外一个 PoW 算法，主要思想就是将挖矿依赖于算力转移到挖矿依赖于内存。值得注意的是，如上的 Ethash 算法也是依赖于内存的。这个算法采用了布谷鸟散列(Cuckoo Hash)函数来代替 PoW 算法。Cuckoo Hash 函数允许矿工付出更少的努力，且赋予矿工更容易挖到区块的权利。

为了将网络中的算力利用起来，King 提出了一种思想：利用网络中的算力来寻找最长的素数链，谁找的素数链最长，谁就挖矿成功。要想挖到一个区块，或者说要想找到一条长而有效的素数链，必须要满足一些要求：第一个要求就是素数链的长度必须大于给定值(难度值)；第二个要求就是素数链必须是 Cunningham 链的形式。找 Cunningham 链的 PoW 算法除了将算力用于挖矿之中外，还产生了一些有助于数学研究的素数。因此，将挖矿使用的算力利用起来了。

7. PoW 算法的优、缺点

PoW 算法的优点是：

◻ 算法简单，容易实现。

◻ 节点间无须交换额外的信息即可达成共识。

◻ 破坏系统需要投入极大的成本。

PoW 算法的缺点是：

◻ 浪费能源。

◻ 区块的确认时间难以缩短。

◻ 新的区块链必须找到一种不同的散列算法，否则就会面临比特币的算力攻击。

- 容易产生分叉，需要等待多个确认。
- 永远没有最终性，需要检查点机制来弥补最终性。

5.2.2 PoS 算法

PoS 是 Proof of Stake 的缩写，翻译为“股权证明”。PoS 类似于财产储存在银行，这种模式会根据用户持有数字货币的量和时间，分配给用户相应的利息。简单来说，就是一个根据用户持有货币的量和时间，给用户发利息的一个制度。在股权证明 PoS 模式下，有一个名词叫币龄，每个币每天产生 1 币龄，比如用户持有 100 个币，总共持有了 30 天，此时用户的币龄就为 3 000，如果用户发现了一个 PoS 区块，用户的币龄就会被清空为 0。用户每被清空 365 币龄，将会从区块中获得 0.05 个币的利息（假定利息可理解为年利率 5%），在这个案例中，利息 = 3000 * 5% / 365 = 0.41 个币，即持币有利息。

点点币（Peercoin）是首先采用权益证明的货币，并在 SHA-256 Hash 运算的难度方面引入了币龄的概念，使得难度与交易输入的币龄成反比。在点点币中，币龄被定义为币的数量与币所拥有天数的乘积，这使得币龄能够反映交易时刻用户所拥有的货币数量。实际上，点点币的权益证明机制结合了随机化与币龄的概念，未使用至少 30 天的币可以参与竞争下一区块，越久和越大的币集有更大的可能去签名下一区块。

然而，一旦币的权益被用于签名一个区块，则币龄将清零，这样必须等待至少 30 日才能签署另一区块。同时，为防止非常老或非常大的权益控制区块链，寻找下一区块的最大概率在 90 天后达到最大值，这一过程保护了网络，并随着时间逐渐生成新的币而无须消耗大量的计算能力。点点币的开发者声称这将使得恶意攻击变得困难，因为没有中心化的挖矿池需求，而且购买半数以上的币的开销似乎超过获得 51% 的工作量证明的 Hash 计算能力。

权益证明必须采用某种方法定义任意区块链中的下一合法区块，依据账户结余来选择将导致中心化，例如单个首富成员可能会拥有长久的优势。为此，人们还设计了其他不同的方法来选择下一合法区块。

PoS 机制虽然考虑到了 PoW 的不足，但依据权益结余来选择，会导致首富账户的权力更大，有可能支配记账权。股份授权证明机制（Delegated Proof of Stake，DPoS）的出现正是为了解决 PoW 机制和 PoS 机制的不足。PoS 权益证明，要求节点提供拥有一定数量的代币证明来获取竞争区块链记账权的一种分布式共识机制。如果单纯依靠代币余额来决定记账者必然使得富有者胜出，导致记账权的中心化，降低共识的公正性。因此不同的 PoS 机制在权益证明的基础上，采用不同方式来增加记账权的随机性来避免中心化。

例如点点币 PoS 机制中，拥有最多链龄的比特币获得记账权的概率就越大。NXT 和 Blackcoin 则采用一个公式来预测下一个记账的节点，拥有多的代币被选为记账节点的概率就会大。

总而言之，PoS 的思想就是持有越多，获得越多。节点记账权的获得难度与节点持有的权益成反比，相对于 PoW，减少了数学运算带来的资源消耗，性能也得到了相应的提升，但依然是基于 Hash 运算竞争获取记账权的方式，可监管性弱。该共识机制容错性和 PoW 相同，它是 PoW 的一种升级共识机制，根据每个节点所占代币的比例和时间，等比例的降低挖矿难度,从而加快寻找随机数的速度。

- 优点:在一定程度上缩短了共识达成的时间,不再需要消耗大量能源挖矿。
- 缺点:还是需要挖矿,本质上没有解决商业应用的痛点,所有的确认都只是一个概率上的表达,而不是一个确定性的事情,理论上有可能存在其他攻击影响。

5.2.3 DPoS 算法

DPoS 是 Delegated Proof of Stake 的缩写,翻译为"委任权益证明"。

比特股(Bitshare)是一类采用 DPoS 机制的密码货币,它期望通过引入一个技术民主层来减少中心化的负面影响。比特股的 DPoS 机制,中文名叫作股份授权证明机制(又称受托人机制),它的原理是让每一个持有比特股的人进行投票,由此产生 101 位代表, 我们可以将其理解为 101 个超级节点或者矿池,而这 101 个超级节点彼此的权利是完全相等的。从某种角度来看,DPoS 有点像是议会制度,如果代表不能履行他们的职责(当轮到他们时,没能生成区块),他们会被除名,网络会选出新的超级节点来取代他们。DPoS 的出现最主要还是因为矿机的产生,大量的算力在不了解也不关心比特币的人身上,类似演唱会的黄牛,大量囤票而丝毫不关心演唱会的内容。

比特股引入了见证人这个概念,见证人可以生成区块,每一个持有比特股的人都可以投票选举见证人。总同意票数中的前 N 个(N 通常定义为 101)候选者可以当选为见证人,当选见证人的个数(N)需满足:至少一半的参与投票者相信 N 已经充分地去中心化。

见证人的候选名单每个维护周期(1 天)更新一次。见证人随机排列,每个见证人按序有 2 秒的权限时间生成区块,若见证人在给定的时间片不能生成区块,区块生成权限交给下一个时间片对应的见证人。DPoS 的这种设计使得区块的生成更为快速,也更加节能。

DPoS 充分利用了持股人的投票,以公平民主的方式达成共识,他们投票选出的 N 个见证人,可以视为 N 个矿池,而这 N 个矿池彼此的权利是完全相等的。持股人可以随时通过投票更换这些见证人(矿池),只要他们提供的算力不稳定、计算机宕机或者试图利用手中的权力作恶。

比特股还设计了另外一类竞选,即代表竞选。选出的代表拥有提出改变网络参数的特权,包括交易费用、区块大小、见证人费用和区块区间。若大多数代表同意所提出的改变,持股人有两周的审查期,这期间可以罢免代表并废止所提出的改变。这一设计确保代表技术上没有直接修改参数的权利以及所有的网络参数的改变最终需得到持股人的同意。

DPoS 与 PoS 原理相同,只是选了一些"人大代表"。BitShares 社区首先提出了 DPoS 机制,与 PoS 的主要区别在于节点选举若干代理人,由代理人验证和记账,其合规监管、性能、资源消耗和容错性与 PoS 相似。类似于董事会投票,持币者投出一定数量的节点,代理他们进行验证和记账。

DPoS 的工作原理为:

去中心化表示每个股东按其持股比例拥有影响力,51%股东投票的结果将是不可逆且有约束力的。其挑战是通过及时而高效的方法达到 51%批准,为达到这个目标,每个股东可以将其投票权授予一名代表，获票数最多的前 100 位代表按既定时间表轮流产生区块，每名代表分配到一个时间段来生产区块，所有的代表将收到等同于一个平均水平的区块所含交易费的 10%作为报酬。如果一个平均水平的区块含有 100 股作为交易费，一名代表将获得 1 股作为报酬。网络延迟有可能使某些代表没能及时广播他们的区块，而这将导致区块链分叉。然而，这不太可能发生，因为制造区块的代表可以与制造前后区块的代表建立直接连接，以确保该用户能得到报酬。该模式可以每 30 秒产生一个新区块，并且在正常的网络条件下区块链分叉的可能性极其小，即使发生也可以在几分钟内得到解决。

(1)成为代表

成为一名代表，用户必须在网络上注册自己的公钥，然后分配到一个 32 位的特有标识符，然后该标识符会被每笔交易数据的"头部"引用。

(2)授权选票

每个钱包都有一个参数设置窗口，在该窗口里用户可以选择一个或更多的代表，并将其分级。一经设定，用户所做的每笔交易将把选票从"输入代表"转移至"输出代表"。一般情况下，用户不会创建以投票为目的的交易，因为那将耗费他们一笔交易费。但在紧急情况下，某些用户可能觉得通过支付费用这一更积极的方式来改变他们的投票是值得的。

(3)保持代表诚实

每个钱包将显示一个状态指示器，让用户知道他们的代表表现如何。如果他们错过了太多的区块，系统就会推荐用户去换一个新的代表。如果任何代表被发现签发了一个无效的区块，所有标准钱包就将在每个钱包进行更多交易前要求选出一个新代表。

(4)抵抗攻击

在抵抗攻击上，因为前 100 名代表所获得的权力是相同的，每名代表都有一份相等的投票权。因此，无法通过获得超过 1%的选票而将权力集中到一个单一代表上。因为只有 100 名代表，可以想象一个攻击者对每名轮到生产区块的代表依次进行拒绝服务攻击，由于事实上每名代表的标识是其公钥而非 IP 地址，因此这种特定攻击的威胁很容易被减轻，这将使确定 DDoS 攻击目标更为困难。而代表之间的潜在直接连接，将使得他们生产区块变得更为困难。

DPoS 主要的优、缺点：

- 优点：大幅缩小参与验证和记账节点的数量，可以达到秒级的共识验证。
- 缺点：整个共识机制依赖于代币，很多商业应用是不需要代币存在的。

5.2.4　Ripple 算法

Ripple(瑞波)是一种基于互联网的开源支付协议，可以实现去中心化的货币兑换、支付与清算功能。在 Ripple 的网络中，交易由客户端(应用)发起，经过追踪节点(Tracking Node)或验证节点(Validating Node)把交易广播到整个网络中。追踪节点的主要功能是分发交易信息以及响应客户端的账本请求。验证节点除了包含追踪节点的所有功能外，还能够通过共识协议在账本中增加新的账本实例数据。

Ripple的共识达成发生在验证节点之间，每个验证节点都预先配置了一份可信任节点名单，称为UNL(Unique Node List)，在名单上的节点可对交易达成进行投票。每隔几秒，Ripple网络将进行如下共识过程：

- 每个验证节点会不断收到从网络发送过来的交易，通过与本地账本数据验证后，不合法的交易直接丢弃，合法的交易将汇总成交易候选集(Candidate Set)。交易候选集里面还包括之前共识过程无法确认而遗留下来的交易。
- 每个验证节点把自己的交易候选集作为提案发送给其他验证节点。
- 验证节点在收到其他节点发来的提案后，如果不是来自UNL上的节点，就忽略该提案；如果是来自UNL上的节点，就会对比提案中的交易和本地的交易候选集，如果有相同的交易，该交易就获得一票。在一定时间内，当交易获得超过50%的票数时，则该交易进入下一轮；没有超过50%的交易，将留待下一次共识过程去确认。
- 验证节点把超过50%票数的交易作为提案发给其他节点，同时提高所需票数的阈值到60%，重复步骤)，直到阈值达到80%。
- 验证节点把经过80%UNL节点确认的交易正式写入本地的账本数据中，称为最后关闭账本(Last Closed Ledger)，即账本最后(最新)的状态。

Ripple共识过程节点交互如图5-2所示。

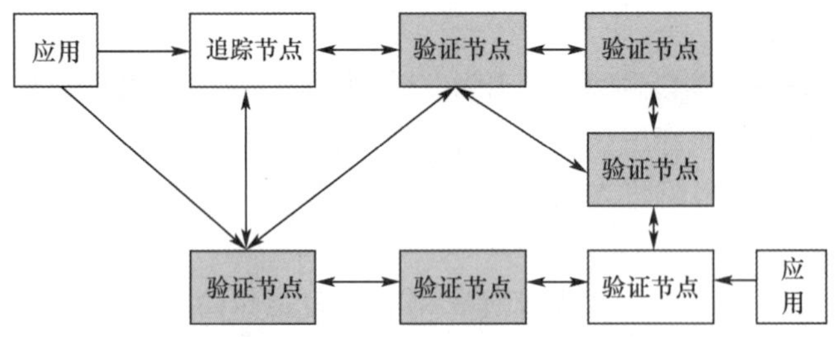

图5-2 Ripple共识过程节点交互

Ripple共识算法流程如图5-3所示。

在Ripple的共识算法中，参与投票节点的身份是事先知道的，因此，算法的效率比PoW等匿名共识算法要高效，交易的确认时间只需几秒钟。当然，这点也决定了该共识算法只适合于权限链(Permissioned Chain)的场景。Ripple共识算法的拜占庭容错(BFT)能力为$(n-1)/5$，即可以容忍整个网络中20%的节点出现拜占庭错误而不影响正确的共识。

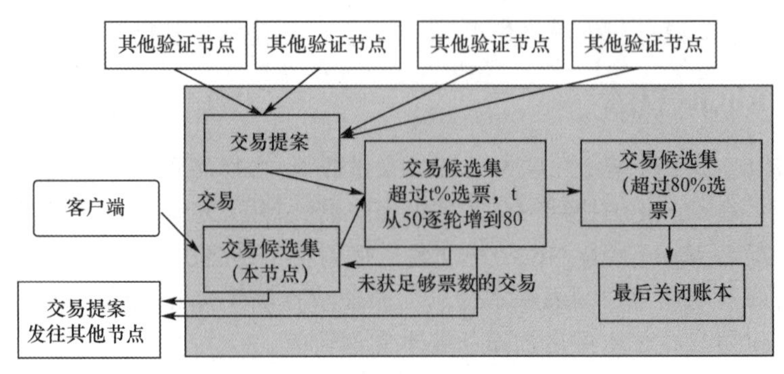

图5-3 Ripple共识算法流程

5.3　联盟链共识机制常用算法

联盟链每个节点都是可信可追溯的，注重效率、隐私、安全、监管是联盟链的特点，所以在诸多管控之下，往往倾向于类似传统的拜占庭等共识机制。拜占庭是以算法模型来解决共识，因为不存在 Token 的分发机制，所以能够做到效率极高而能耗很低。

联盟链节点较少，交易效率高，安全性依靠更多物理手段来保证，共识机制多为拜占庭为代表的分布式一致性算法。联盟链已经不再强调去中心化，而是采用多中心化的方式来保证性能，能力特征向商业倾斜。

联盟链保留了部分的“中心化”，从而得到了交易速度增快，交易成本大幅降低的回报。在实际生产环境中，区块链的 TPS 在 100～500 即可支撑大部分业务场景。

5.3.1　拜占庭将军问题

拜占庭容错技术(Byzantine Fault Tolerance，BFT)是一类分布式计算领域的容错技术，拜占庭假设是对现实世界的模型化，由于硬件错误、网络拥塞或中断以及遭到恶意攻击等原因，计算机和网络可能出现不可预料的行为。拜占庭容错技术被设计用来处理这些异常行为，并满足所要解决的问题的规范要求。

拜占庭容错技术来源于拜占庭将军问题。拜占庭将军问题是莱斯利·兰伯特(Leslie Lamport)在 20 世纪 80 年代提出的一个假想问题：拜占庭是东罗马帝国的首都，军队的驻地分隔很远，将军们只能靠信使传递消息，发生战争时，将军们必须制订统一的行动计划。然而，这些将军中有叛徒，叛徒希望通过影响统一行动计划的制订与传播，破坏忠诚的将军们一致的行动计划。因此，将军们必须有一个预定的方法协议，使所有忠诚的将军能够达成一致，而且少数几个叛徒不能使忠诚的将军做出错误的计划。也就是说，拜占庭将军问题的实质就是要寻找一个方法，使得将军们能在一个有叛徒的非信任环境中建立对战斗计划的共识。

问题难点：困扰这些将军的问题，是他们不确定他们中是否有叛徒，叛徒可能会擅自变更进攻意向或者进攻时间。在这种状态下，拜占庭的将军们能否找到一种分布式的协议来让他们能够远程协商，从而赢取战斗。

我们以具体案例辅助解释一下：

一群将军想要实现某一个目标(一致进攻或者一致撤退)，但是单独行动行不通，必须合作，达成共识；由于叛徒的存在，将军们不知道应该如何达到一致。

假设只有三个拜占庭将军，分别为 A、B、C，他们要决定的只有一件事情：明天是进攻还是撤退。为此，将军们需要依据“少数服从多数”原则投票表决，只要有两个人意见达成一致就可以了。

举例来说，A 和 B 投进攻，C 投撤退：

- A 的信使传递给 B 和 C 的消息都是进攻。
- B 的信使传递给 A 和 C 的消息都是进攻。
- 而 C 的信使传给 A 和 B 的消息都是撤退。

如此一来，三个将军就都知道进攻方和撤退方二者占比是2:1了。显而易见，进攻方胜出，第二天大家都要进攻，三者行动最终达成一致。

目前看来一切比较顺利，理解起来也非常简单。但是，假如三个将军中存在了一个叛徒呢？叛徒的目的是破坏忠诚将军间一致性的达成，让拜占庭的军队遭受损失。

假设A和B是忠诚将军，A投进攻，B投撤退，如果C是这个叛徒将军，那么C该做些什么，才能在第二天让两个忠诚的将军做出相反的决定呢？

目前看来，进攻方和撤退方现在是1:1，无论C投哪一方，都会变成2:1，一致性还是会达成。但是，作为叛徒的C，必然不会按照常规出牌，于是让一个信使告诉A的内容是你“要进攻”，让另一个信使告诉B的则是你“要撤退”。

至此，A将军看到的投票结果是：

进攻方:撤退方=2:1

而B将军看到的投票结果是：

进攻方:撤退方=1:2

第二天，忠诚的A冲上了战场，却发现只有自己一支军队发起了进攻，而同样忠诚的B，却早已撤退。最终，A的军队败给了敌人。

截至目前，你有没有发现，明明大多数将军都是忠诚的(2/3)，却被少数的叛徒(1/3)耍得团团转？

实质上，“拜占庭将军”问题的可怕之处，恰恰在此：在一致性达成的过程中，叛徒将军(恶意节点)甚至不需要超过半数，就可以破坏占据多数的正常节点一致性的达成。

这时候，会存在一种情况：在大多数将军都是忠诚的情况下，却无法抓出这个为所欲为的叛徒。

还是上面的例子，假设A与B是忠诚的将军，C是叛徒将军。忠诚的将军经历了上次战役的失败，就已经发觉他们中出现了叛徒，但是并不知道具体是谁。

依旧是上面投票的例子，A投进攻，B投撤退，C传递给A和B两种不同的消息。

现在，我们从忠诚将军A的视角来看一下，他是如何做决策的。

A现在知道另外两人中可能有一个是叛徒，他收到了B的撤退消息和C的进攻消息，他应该如何分辨呢？

A可以问一下B：“我从C那儿收到的是进攻，你从C那儿收到的是什么？”

因为B是忠诚的将军，不会伪造信息，B会告诉A：“收到的是撤退。”

C发送了两条不同的消息，A现在也发现了这个问题，但是A现在就可以判断C是叛徒了吗？

尽管忠诚的B说了实话，但是A反而对他产生了怀疑。因为从A的视角来看，B和C的说法不一致，他无法判断：

- 到底是第一次发送了两条不同消息的C是叛徒呢？
- 还是明明C初次告知了B的是进攻，B却和A说C告知的是撤退，B是叛徒呢？

同样的情况，也会出现在B身上，两个忠诚的将军无法做正确的判断，而可以任意进行信息造假的叛徒C，此时只需要再次进行消息伪造：和A说“B告知我的消息是进攻”，和B说“A告知我的消息是撤退”，如此一来，就可以进一步把信息搞混，从而隐藏了自己是叛徒的真相。

拜占庭将军问题 1 如图 5-4 所示。

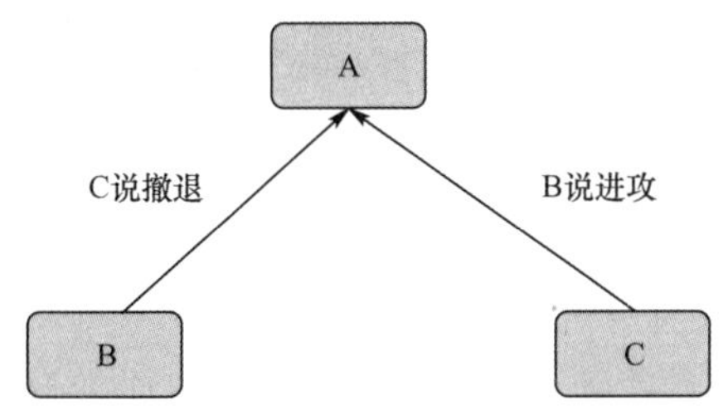

图 5-4　拜占庭将军问题 1

综上所述，我们可以得出一个结论：在拜占庭三个将军中出现一个叛徒，并且叛徒可以任意伪造消息的情况下，只要叛徒头脑清醒，他就始终无法被发现，甚至还能造成整个系统的信任危机。

根据这一结论进一步推导可以得出一个更通用的结论，如果存在 m 个叛徒将军，那么当将军总数小于或等于 $3m$ 时($n <= 3m$，m 代表叛徒将军个数)，叛徒便无法被发现，整个系统的一致性也就无法达成。

从上面的结论，可以看出，忠诚将军的人数是叛徒人数 2 倍的时候，依然不能找出叛徒，那么再多一个忠诚的将军呢？

为了简化问题，接下来假设有四个拜占庭将军，分别是 A、B、C、D，其中有一个是叛徒。我们依然秉承找出叛徒的关键，即判断哪个将军发送了不一致的消息。

现在，将问题再进一步简化，暂不需要考虑整个投票的过程，只需要考虑一个将军向其他三个将军各发送了一条命令，忠诚将军能否对这个命令达成一致的情况，为了区分发送命令的将军和接收消息的将军，我们将发送命令的将军称为发令将军(M)，将接收命令的将军称为副官(S)。

拜占庭将军问题 2 如图 5-5 所示。

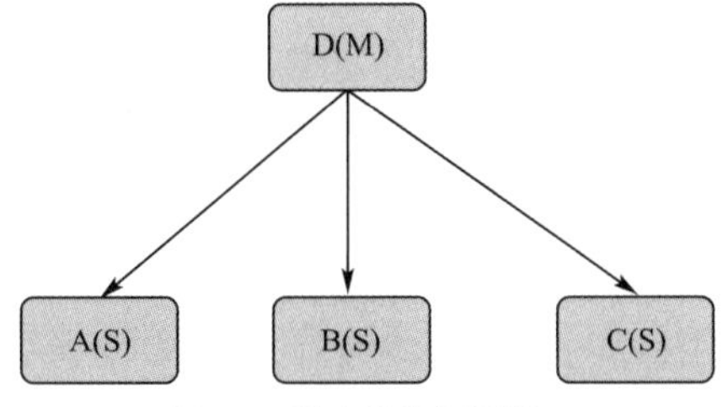

图 5-5　拜占庭将军问题 2

考虑下面两个问题：

- 剩下的三个副官能不能通过相互间的信息同步找到叛徒？
- 或者所有忠臣间达成一致，不让叛徒的分裂想法得逞呢？

这时候就出现了两种情况：

- 发令将军是叛徒。
- 副官里有叛徒。

情况 1：发令将军是叛徒

假设 D 是叛徒，向 A 和 B 发送了进攻，向 C 发送了撤退。现在，我们切入 A 的视角。

A 问 B 和 C:“我从 D 那里收到的消息是进攻,你从 D 那里收到的是什么呢?”

B 说是进攻,C 说是撤退。

此时,从 A 的视角来看,C 和 D 对同一条消息的说法是不一致的,那么他们两个人中肯定有一个是叛徒,但是 A 无法判断的是:

- D 给不同人发送了不一致的消息。
- C 伪造了 D 的消息。

A 知道最多只有一个叛徒存在。

根据反证法,如果 B 也是叛徒,就有两个叛徒存在,那么 B 肯定不是叛徒。

A 和 B 至少在 D 发送的是进攻这一消息上,达成了一致,两者选择都是进攻。

B 也是同样的情况,现在 A 和 B 彼此建立了信任,而同样是忠诚副官的 C,最终则和真正的叛徒 D 被一同怀疑。

拜占庭将军问题 3 如图 5-6 所示。

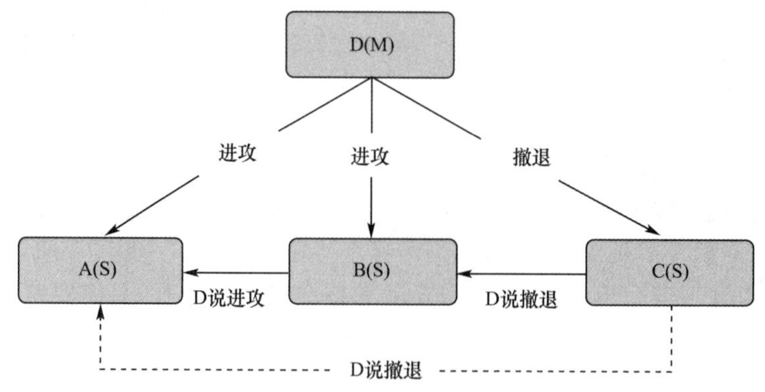

图 5-6　拜占庭将军问题 3

情况 2:副官里有叛徒

假设 C 是叛徒,D 给三个副官都发送了进攻,那么叛徒 C 应该怎样同步 D 的消息,才能分裂忠诚的发令将军和忠诚副官间的关系呢?

如果将 D 的消息原样转发出去,此想法实施后也就无法再去当叛徒了。如果给 A 与 B 均发送和 D 相反的撤退消息,就回到了前文所讲的第一种情况,A 和 B 认为 D 发送的是进攻,发送消息的 D 也认为自己发送的消息是进攻,忠臣们行动上又一次达成了一致。

为了给系统增加更多的混乱,叛徒 C 决定再次发送不一致的消息,告诉 B 自己从 D 收到的是进攻,告诉 A 自己从 D 收到的是撤退。这种情况下,B 看到所有人都认为 D 是进攻,会傻傻地认为大家是个团结一致的集体,没有叛徒。而 A 会发现 C 和 D 中出现了一个叛徒,不过 A 也再次可以确认 B 是自己人。此时,A 决定再和 B 同步一轮消息,看看 C 是不是说了两个不一致的消息,这种情况下,叛徒 C 就完全暴露了。

拜占庭将军问题 4 如图 5-7 所示。

由此可见,在多了一个忠臣的情况下,叛徒需要处处小心,才能避免被发现。与此同时,忠臣们即便在存在混乱信息的情况下,行动上也依旧达成了一致。根据推理,我们可以推导出一个结论:当忠臣的个数为 $2m+1$ 时,他们可以容忍 m 个叛徒产生的破坏。

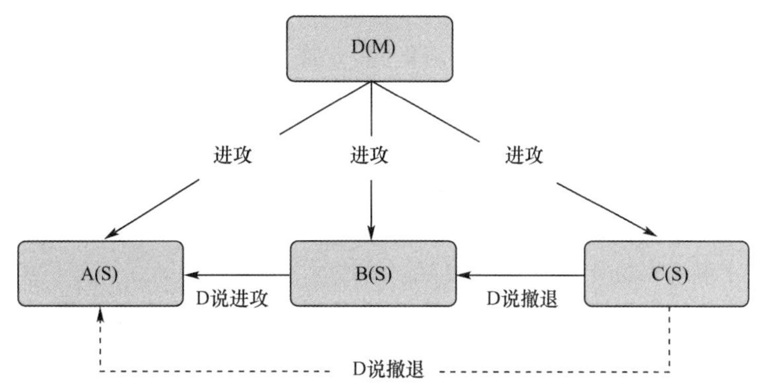

图 5-7　拜占庭将军问题 4

通过以上的例子，我们跳出拜占庭将军的问题回到计算机的世界中。如果三个节点中有一个异常节点，那么最坏情况下两个正常节点之间是无法保证一致性的。

在分布式系统中，特别是在区块链网络环境中，也和拜占庭将军的环境类似，有运行正常的服务器(类似忠诚的拜占庭将军)，有故障的服务器，还有破坏者的服务器(类似叛变的拜占庭将军)。共识算法的核心是在正常的节点间形成对网络状态的共识。

拜占庭将军问题在一个分布式系统中，是一个非常有挑战性的问题。因为分布式系统不能依靠同步通信，否则性能和效率将非常低。因此寻找一种实用的解决拜占庭将军问题的算法一直是分布式计算领域中的一个重要问题。

在分布式系统中，不是所有的缺陷或故障都能称作拜占庭缺陷或故障，像死机、丢消息等缺陷或故障不能算为拜占庭缺陷或故障。拜占庭缺陷或故障是最严重的缺陷或故障，拜占庭缺陷有不可预测、任意性的缺陷，例如遭黑客破坏、中木马的服务器就是一个拜占庭服务器。

在一个有拜占庭缺陷存在的分布式系统中，所有的进程都有一个初始值。在这种情况下，共识问题(Consensus Problem)，就是要寻找一个算法和协议，使得该协议满足以下三个属性：

- 一致性(Agreement)：所有的非缺陷进程都必须同意同一个值。
- 正确性(Validity)：如果所有的非缺陷的进程有相同的初始值，所有非缺陷的进程所同意的值就必须是同一个初始值。
- 可结束性(Termination)：每个非缺陷的进程必须最终确定一个值。

根据 Fischer-Lynch-Paterson 的理论，在异步通信的分布式系统中，只要有一个拜占庭缺陷的进程，就不可能找到一个共识算法，可同时满足上述要求的一致性、正确性和可结束性要求。

5.3.2　PBFT 算法

举例说明：PBFT 算法要求至少要有 4 个参与方，一个是总机长，其他 3 个机长分别负责飞行任务。总机长接到总部命令：向前飞行 1 000 千米，总机长就会给 3 个机长发命令向前飞行 1 000 千米。3 个机长收到消息后会执行命令，并汇报结果。A 机长说："我在首都以东 1 000 千米"，B 机长说："我在首都以东 1 000 千米"，C 机长说："我在首都以东

800 千米”。总机长总结 3 个机长的汇报，发现首都以东 1 000 千米占多数(2 票>1 票)，所以就会忽略 C 机长的汇报结果，给总部汇报：现在飞行队是在首都以东 1 000 千米，这就是 PBFT 算法。

实用拜占庭容错系统原始的拜占庭容错系统由于需要展示其理论上的可行性而缺乏实用性。另外，还需要额外的时钟同步机制支持，算法的复杂度也是随节点增加而指数级增加，降低了拜占庭协议的运行复杂度，从指数级别降低到多项式级别(Polynomial)，使拜占庭协议在分布式系统中应用成为可能。

PBFT 是一类状态机拜占庭系统，要求共同维护一个状态，所有节点采取的行动一致。为此，需要运行三类基本协议，包括一致性协议、检查点协议和视图更换协议。我们主要关注支持系统日常运行的一致性协议。

一致性协议要求来自客户端的请求在每个服务节点上都按照一个确定的顺序执行。这个协议把服务器节点分为两类：主节点和从节点，其中主节点仅一个。在协议中，主节点负责将客户端的请求排序，从节点按照主节点提供的顺序执行请求，每个服务器节点在同样的配置信息下工作，该配置信息被称为视图，主节点更换，视图也随之变化。一致性协议至少包含若干个阶段：请求(request)、序号分配(pre-prepare)和响应(reply)。根据协议设计的不同，可能还包含相互交互(prepare)、序号确认(commit)等阶段。PBFT 通信协议如图 5-8 所示。

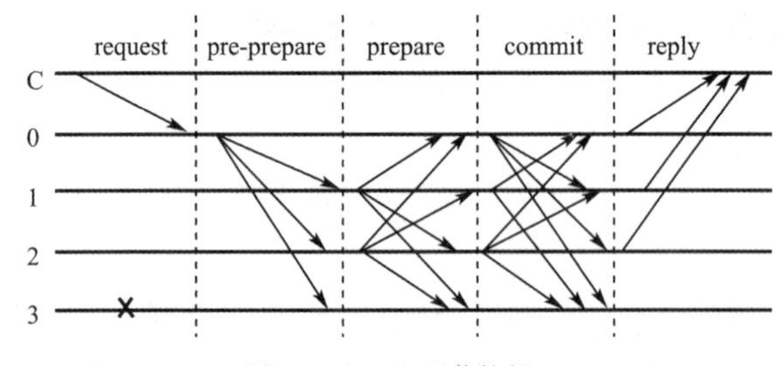

图 5-8　PBFT 通信协议

PBFT 整个共识过程如下：各个节点先投票选出领导者，领导者记账后其他人进行算法验证并投票通过。在 PBFT 共识算法中，出错的节点如果小于全部节点的 1/3，那么就能够找到出错的节点，从而保证整个网络的正常运转。

PBFT 在保证活性和安全性(Liveness & Safety)的前提下提供了$(n-1)/3$ 的容错性。在分布式计算上，不同的计算机透过信息交换，尝试达成共识；但有时候，系统上协调计算机(Coordinator/Commander)或成员计算机(Member /Lieutanent)可能因系统错误并交换错的信息，导致影响最终的系统一致性。拜占庭将军问题就根据错误计算机的数量，寻找可能的解决办法，这无法找到一个绝对的答案，但只可以用来验证一个机制的有效程度。

而拜占庭问题的可能解决方法为：在 $N \geqslant 3F+1$ 的情况下一致性是可能解决的。其中，N 为计算机总数，F 为有问题计算机总数。信息在计算机间互相交换后，各计算机列出所有得到的信息，以大多数的结果作为解决办法。

系统运转可以脱离币的存在，PBFT 算法共识各节点由业务的参与方或者监管方组成，安全性与稳定性由业务相关方保证。

- 共识的时延大约在 2～5 秒钟，基本达到商用实时处理的要求。
- 共识效率高，可满足高频交易量的需求。

缺点也很明显：

- 当有 1/3 或以上记账人停止工作后，系统将无法提供服务。
- 当有 1/3 或以上记账人联合作恶，且其他所有的记账人被恰好分割为两个网络孤岛时，恶意记账人可以使系统出现分叉，但是会留下密码学证据。

PBFT 在很多场景都有应用，在区块链场景中，一般适合于对强一致性有要求的私有链和联盟链场景。例如，在 IBM 主导的区块链超级账本项目中，PBFT 是一个可选的共识协议。除了 PBFT 之外，超级账本项目还引入了基于 PBFT 的自用共识协议，它的目的是希望在 PBFT 基础之上能够对节点的输出做好共识。因为超级账本项目的一个重要功能是提供区块链之上的智能合约，即在区块链上执行的一段代码，所以它会导致区块链账本上最终状态的不确定，为此这个自有共识协议会在 PBFT 实现的基础之上，引入代码执行结果签名进行验证。

5.3.3　DBFT 算法

DBFT 是 Delegated BFT 的缩写，翻译为“授权拜占庭容错算法”。此算法在 PBFT 基础上进行了以下改进：在区块链中引入数字证书，投票中对记账节点真实身份的认证问题是由权益来选出记账人，然后记账人之间通过拜占庭容错算法来达成共识。DBFT 和 PBFT 的关系类似于 PoS 和 DPoS 的关系，对标以太坊的 NEO 在共识机制的选取上和以太坊走了完全不同的道路。这一点 NEO 和 EOS 类似，都是优先选出超级节点进行协作记账，在弱中心化的情况下，实现比较高的效率。它们之间的区别在于具体的算法和节点的选择，不同于比特币和以太坊采用的 PoW 机制。NEO 采用了类似于 EOS 的 DPoS 的共识机制，即 DBFT，是一种通过代理投票来实现大规模节点参与共识的拜占庭容错共识机制。

DBFT 算法的大致原理是：参与记账的是超级节点，普通节点可以看到共识过程并同步账本信息，但是不参与记账。N 个超级节点分为 1 个议长和 $n-1$ 个议员，议长会轮流当选，每次记账时，先由议长发起区块提案，也就是拟账的区块内容。一旦有 2/3 以上的记账节点同意了这个提案，这个提案就会成为最终发布的区块，并且这个区块是不可逆的，里面所有的交易都是百分之百确认的。

在 PoW 的机制下，理论上所有的交易都是无限接近 100％而永远达不到 100％。在类似比特股的 DPoS 的机制下，大约需要 45 秒才能进入不可逆的状态，而 EOS 的 DPoS＋BFT 的机制，一个区块可以在一秒钟内进入不可逆转的状态。如果在一定的时间内没有达成一致的提案，或者发现有非法交易，可以由其他的记账节点重新发起提案，并且当 2/3 以上的记账节点同意以后，就形成了最终确定的记账区块。

DBFT 算法在正常情况下，可以迅速地达成共识，并且有良好的最终性。区块生成之后最终确认的区块无法被分叉，交易也不会发生撤销或者回滚。但是，DBFT 最多只能容忍 1/3 个记账节点为恶意节点而不影响整个网络环境的有效运行。

理论情况上，DBFT 的安全性相比于 1/2 的 PoW 以及 2/3 的 DPoS＋BFT 会比较低。此外，由于DBFT的算法并未经过大规模的验证，因此整体系统的实际安全性也暂时存在疑问。

NEO采用的是NEO+GAS的双Token的机制。NEO是管理代币用以权益证明，而GAS用作燃料手续费。在DBFT共识算法中，手续费是交给记账节点的，只有持有足够多的NEO，才有权利选出共识节点。记账节点有权利根据手续费的多少排列交易顺序。

在转账手续费为0的情况下，矿工如何获得收益呢？矿工这一概念，存在于PoW共识算法中，DBFT共识算法中是没有矿工的存在的。NEO的利益分配模型中虽然没有矿工的环节，但在NEO区块链上部署智能合约需要付500个GAS，但是会相应地赠送部署者10个GAS。NEO每个区块的出产时间大概是15～20秒，每个区块目前会产生8个GAS，这些GAS会被平均地分发给NEO持有者。

NEO区块链在创世区块的时候，将全部1亿个NEO制造了出来。所有因部署智能合约和转账产生的GAS，都会自动去到GAS Pool里自动管理，再自动分发给每个NEO。NEO的共识机制是先共识、再出块，因此NEO很难被分割。

DBFT机制实际使用了一种迭代共识的方法来保证系统达成一致决定。这种机制的缺点在于：当系统中有超过三分之一的记账节点停止工作时，整个区块链网络将无法提供正常的服务；当超过三分之一的节点联合作恶时，区块链将有可能发生分叉。

DBFT算法，通过多次网络请求确认，最终获得多数共识。缺点是网络开销大，如果网络有问题或者记账人性能不够会拖慢系统速度；如果记账人过多也会导致网络通信膨胀，难以快速达成一致，因此不适合在公有链中使用。而NEO定位是私有链或联盟链，记账人节点有限，而且机器网络环境可以控制，因此适用于这种算法。既能避免较大的算力开销也能保证一致性。

有很多协议想要解决拜占庭将军的问题，如Hyperledger的工作证明机制就使用了PBFT算法。而NEO则使用DBFT算法来解决拜占庭将军的问题。NEO创始人之所以选择这个协议是因为与其他现有方案相比，它的可扩容性与性能更强。

可扩容性对于任何区块链来说都是一个主要问题。随着交易数量的增加以及网络规模的扩大，区块链必须相应的扩容。如果区块链不能根据需求扩容，就会导致交易延迟或交易无法处理。

假设有个国家叫NEO，这个国家的每位公民都有权选举领袖，也称为代表，代表负责制定国家法律。如果公民不同意代表对某部法律的投票决定，可以下次票选另一位代表。公民会告诉所有代表怎样做能让他们最为满意，每位代表必须追踪了解所有公民的需求并在账本上做好记录，满足公民的所有需求后才能通过法律，因此目的在于让公民满意。

需要通过法律时，就会从代表中随机选出一名发言人，这位发言人将根据公民的需求拟定法律。拟定法律时他会计算这部法律对国家的幸福指数（衡量幸福程度的指标）有何影响。接着，发言人将拟好的法律交给每位代表，每位代表先判断发言人的计算结果与他们的是否一致，再与其他代表商讨验证幸福指数的计算结果是否正确。如果66%的代表一致表示发言人计算的幸福指数是正确的，法律就此通过，大功告成。

全体节点都是诚实的，达成 100％共识，将对法律 A(区块)进行验证。

如果只有 66％以下的代表达成共识，将随机选出一名新的发言人，再重复上述流程。这个体系旨在保护系统不受叛徒/坏人及无法行使职能的领袖(没有恶意只是无法正确计算幸福指数的领袖)影响。

以此类推，对于 NEO 区块链而言，公民就是 NEO 持有者，大多数 NEO 持有者都是普通节点，他们只能转移或交易资产。

就像 NEO 国的公民一样，他们不能参与区块验证。公民选出的代表就是 NEO 智能经济的记账节点，记账节点负责验证区块链上写入的每个区块。

公民的需求就是 NEO 持有者进行的交易，法律代表区块链当前生成的区块，而幸福指数代表当前区块的 Hash 值。

以上总结来说，DBFT 机制最核心的一点，就是最大限度地确保系统的最终性，使区块链能够适用于真正的金融应用场景。

5.4　私有链共识机制常用算法

5.4.1　Paxos 算法

1. Paxos 算法的背景

Paxos 算法是兰伯特(Lamport)宗师提出的一种基于消息传递的分布式一致性算法，使其获得 2013 年图灵奖。Paxos 由兰伯特于 1998 年在《*The Part-Time Parliament*》论文中首次公开，最初的描述使用希腊的一个小岛 Paxos 作为比喻，描述了 Paxos 小岛中通过决议的流程，并以此命名这个算法，但是这个描述理解起来比较有挑战性。后来在 2001 年，兰伯特觉得同行不能理解他的幽默感，于是重新发表了朴实的算法描述版本《*Paxos Made Simple*》。

自 Paxos 问世以来就持续垄断了分布式一致性算法，Paxos 这个名词几乎等同于分布式一致性。Google 的很多大型分布式系统都采用了 Paxos 算法来解决分布式一致性问题，如 Chubby、Megastore 以及 Spanner 等。开源的 ZooKeeper，以及 MySQL 5.7 推出的用来取代传统的主从复制的 MySQL Group Replication 等纷纷采用 Paxos 算法解决分布式一致性问题。然而，Paxos 的最大特点就是难，不但难以理解，而且难以实现。

2. Paxos 算法的简述

Paxos 算法是一个经典的分布式算法，它引入了提议者、接受者、学习者三种角色。大致思想是，提议者通过竞争获得提议资格(超过半数认可)，提议被多数接受者确认后既成事实，无法改变。它是基于以下假设的：后来的提议者无条件接受已经被大多数接受者认可的提议，接受者一旦接受某个提议者的提议，那么此轮中不再接受其他提议者的提议。具体我们可以通过一个类比来加深理解，比如说有三个代表负责采集民意，决定明天去哪玩，并且经费由大家出。这个时候代表们会优先考虑出钱多的，但同时为了尽快达成妥协，一旦某人竞标成功，三个代表不能反悔，同时，如果这个提议已经被两个代表接受

(多数),那么其他提议者也只能默默接受。于是整个过程其实分为两步,第一步就是出钱,竞标提议权。第二步就是尽快向代表们提出自己的建议,获得认可。这里有一个问题,那就是如果一个提议者虽然竞标到了提议权,但它这时接到女朋友电话,暂时没去提议。而这个时候另一位富豪又出更多的钱,那么这个提议权是可以被抢夺的,然后新富豪如果抓紧时间让自己的想法通过,那么之前那位只能自认倒霉。我们仔细想一下,这种设置也是合理的,因为网络环境是复杂多变的,实际应用中很有可能一个提议者获得的提议后就直接挂掉了。如果提议权不允许被他人抢夺,那整个系统就相当于崩了,一直等待中。在实际应用中,这里的"钱",往往是采用一个递增的序号,这样可以保证提议者是最新的,跟 Raft 算法相比,没有明确区分的日志复制(Log Replication)和领导选择(Leader Election)过程,提议的过程本质上就是一个值的同步过程。

3. Paxos 算法中的角色

Paxos 算法解决的问题正是分布式一致性问题,即一个分布式系统中的各个进程如何就某个值(决议)达成一致。

Paxos 算法运行在允许宕机故障的异步系统中,不要求可靠的消息传递,可容忍消息丢失、延迟、乱序以及重复。它利用大多数机制保证了 $2F+1$ 的容错能力,即 $2F+1$ 个节点的系统最多允许 F 个节点同时出现故障。

一个或多个提议进程 (Proposer) 可以发起提案 (Proposal),Paxos 算法使所有提案中的某一个提案在所有进程中达成一致。系统中的多数派同时认可该提案,即达成了一致(最多只针对一个确定的提案达成一致)。

Paxos 将系统中的角色分为提议者(Proposer)、决策者(Acceptor)和最终决策学习者(Learner)。

- Proposer:提出提案(Proposal)。Proposal 信息包括提案编号(Proposal ID) 和提议的值 (Value)。
- Acceptor:参与决策,回应 Proposers 的提案。收到 Proposal 后可以接受提案,若 Proposal 获得多数 Acceptors 的接受,则称该 Proposal 被批准。
- Learner:不参与决策,从 Proposers/Acceptors 学习最新达成一致的提案(Value)。

在多副本状态机中,每个副本同时具有 Proposer、Acceptor、Learner 三种角色。

Paxos 算法中的角色如图 5-9 所示。

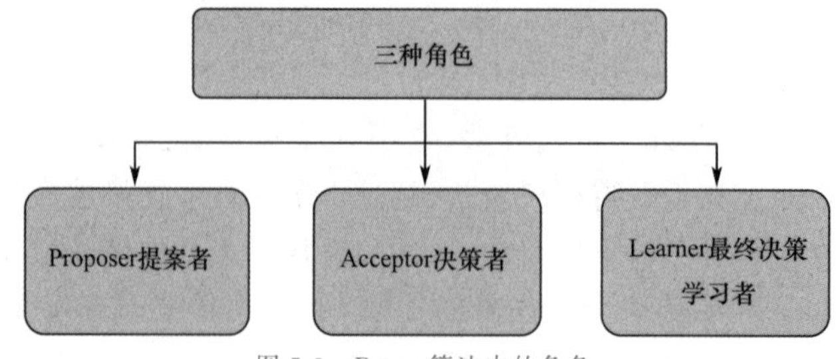

图 5-9　Paxos 算法中的角色

4. Paxos 算法的流程

Paxos 算法通过一个决议分为两个阶段(Learn 阶段之前决议已经形成):

- 第一阶段：Prepare 阶段。Proposer 向 Acceptor 发出 Prepare 请求，Acceptor 针对收到的 Prepare 请求进行 Promise 承诺。
- 第二阶段：Accept 阶段。Proposer 收到多数 Acceptor 承诺的 Promise 后，向 Acceptor 发出 Proposer 请求，Acceptor 针对收到的 Proposer 请求进行 Accept 处理。
- 第三阶段：Learn 阶段。Proposer 在收到多数 Acceptor 的 Accept 之后，标志着本次 Accept 成功，决议形成，将形成的决议发送给所有 Learner。

Paxos 算法流程中的每条消息描述如下：

- Prepare：Proposer 生成全局唯一且递增的 Proposal ID（可使用时间戳加 Server ID），向所有 Acceptor 发送 Prepare 请求，这里无须携带提案内容，只携带 Proposal ID 即可。
- Promise：Acceptor 收到 Prepare 请求后，做出“两个承诺，一个应答”。两个承诺：不再接受 Proposal ID 小于或等于（注意：这里是＜＝）当前请求的 Prepare 请求；不再接受 Proposal ID 小于（注意：这里是＜）当前请求的 Propose 请求。一个应答：不违背以前做出的承诺下，回复已经 Accept 过的提案中 Proposal ID 最大的那个提案的 Value 和 Proposal ID，没有则返回空值。
- Propose：Proposer 收到多数 Acceptor 的 Promise 应答后，从应答中选择 Proposal ID 最大的提案的 Value，作为本次要发起的提案。如果所有应答的提案 Value 均为空值，则可以自己随意决定提案 Value。然后携带当前 Proposal ID，向所有 Acceptor 发送 Propose 请求。
- Accept：Acceptor 收到 Propose 请求后，在不违背自己之前做出的承诺下，接受并持久化当前 Proposal ID 和提案 Value。
- Learn：Proposer 收到多数 Acceptor 的 Accept 后决议形成，将形成的决议发送给所有 Learner。

简而言之，Paxos 中，Proposer 提交给 Acceptor，由 Acceptor 达成一致选取最终的 Value，然后告诉 Learner 最终的 Value。Proposer 与 Acceptor 之间的交互主要有 4 类消息通信，如图 5-10 所示。

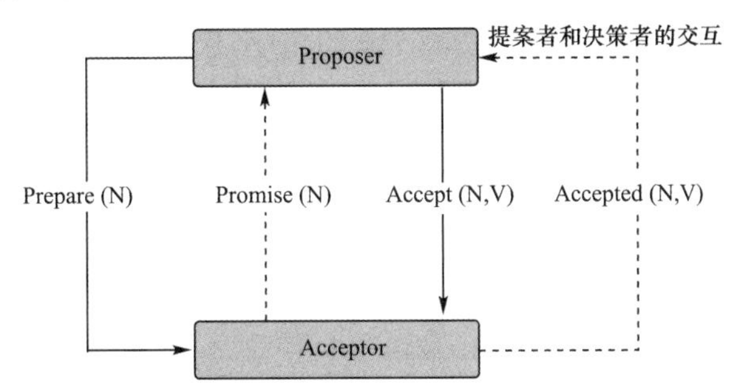

图 5-10　Paxos 算法中 Proposer 与 Acceptor 之间的交互

5. Paxos 算法的缺点

Paxos 算法解决的主要问题是分布式系统内如何就某个值达成一致。在相当长的一段时间内，Paxos 算法几乎成为一致性算法的代名词，但是 Paxos 有两个明显的缺点：第一个缺点也是最明显的缺点就是 Paxos 算法难以理解，Paxos 算法的论文本身就比较晦涩难懂，要完全理解 Paxos 协议需要付出较大的努力，很多经验丰富的开发者在看完

Paxos论文之后，无法将其有效地应用到具体工程实践中，这明显增加了工程化的门槛，也正因如此，才尝试用更简单的术语来解释Paxos。Paxos算法的第二个缺点就是它没有提供构建现实系统的良好基础，也有很多工程化Paxos算法的尝试，但是它们对Paxos算法本身做了比较大的改动，彼此之间的实现差距都比较大，实现的功能和目的都有所不同，同时与Paxos算法的描述有很多出入。例如，著名的Chubby实现了一个类Paxos的算法，但其中很多细节并未被明确。

正因为上述的缺点，导致Paxos协议处于一种比较尴尬的境地，在理论上Paxos算法是正确可行的，但是实际的工程中很少有与Paxos算法类似的实践。很多工程实践(包括上面提到的Chubby)都是从Paxos协议的研究开始的，然后在实践的过程中发现很多难题，之后通过各种技巧和手段进行改进，最后开发出一种与Paxos明显不同的东西，这就导致最终开发出来的程序建立在一个未经证明的协议之上。也正因为如此，人们开始寻找新的一致性算法，也就是Raft。

5.4.2 Raft算法

在很多分布式系统场景下，并不需要解决拜占庭将军问题，也就是说，在这些分布式系统的实用场景下，其假设条件不需要考虑拜占庭故障，而只是处理一般的死机故障。Raft就是为了解决此类场景而专门设计成易于理解的分布式一致性算法。在私有链和联盟链的场景下，通常共识算法有强一致性要求，同时对共识效率要求高。其安全性要比公有链场景高，一般来说不会经常存在拜占庭故障。因此，在一些场景下，可以考虑采用非拜占庭协议的分布式共识算法。

在Hyperledger的Fabric项目中，共识模块被设计成可插拔的模块，同时支持PBFT、Raft等共识算法。Raft最初是一个用于管理复制日志的共识算法，是一个为真实世界应用建立的协议，主要注重协议的落地性和可理解性。Raft是在非拜占庭故障下达成共识的强一致协议。

在区块链系统中，使用Raft实现记账共识的过程可以描述如下：首先选举一个leader，其次赋予leader完全的权力管理记账。leader从客户端接收记账请求，完成记账操作，生成区块，并复制到其他记账节点。leader简化了记账操作的管理。例如，leader能够决定是否接受新的交易记录项而无须考虑其他的记账节点，leader可能失效或与其他节点失去联系，这时，系统就会选出新的leader。

给定leader方法，Raft将共识问题分解为三个相对独立的子问题：

- leader选举：现有的leader失效时，必须选出新leader。
- 记账：leader必须接受来自客户端的交易记录项，在参与共识记账的节点中进行复制，并使其他的记账节点认可交易所对应的区块。
- 安全：若某个记账节点对其状态机应用了某个特定的区块项，其他的服务器不能对同一个区块索引应用不同的命令。

学习Raft，我们需要了解以下几个方面：

1. Raft基础概念

一个Raft集群通常包含五个服务器，允许系统有两个故障服务器。每个服务器处于

3 个状态之一：leader、follower 或 candidate。正常操作状态下，仅有一个 leader，其他的服务器均为 follower。follower 是被动的，不会对自身发出请求而是对来自 leader 和 candidate 的请求做出响应。leader 处理所有的客户端请求（若客户端联系 follower，则该 follower 将转发给 leader），candidate 状态用来选举 leader。Raft 阶段主要分为两个，首先是 leader 选举过程，其次在选举出来的 leader 基础上进行正常操作，比如日志复制、记账等。

2. leader 选举

当 follower 在选举时间内未收到 leader 的心跳消息，则转换为 candidate 状态。为了避免选举冲突，这个时间一般是 150～300 ms 的随机数。

一般而言，在 Raft 系统中：

- 任何一个服务器都可以成一个候选者 candidate，它向其他服务器 follower 发出要求选举自己的请求。
- 其他服务器同意了，发出 OK。注意，如果在这个过程中，有一个 follower 宕机，没有收到请求选举的要求，此时候选者可以自己选自己，只要达到 $N/2+1$ 的大多数票，候选人还是可以成为 leader 的。
- 这样这个候选者就成了 leader，它可以向选民也就是 follower 发出指令，比如进行记账。
- 以后通过心跳进行记账的通知。
- 一旦这个 leader 崩溃了，那么 follower 中有一个成为候选者，并发出邀票选举。
- follower 同意后，其成为 leader，继续承担记账等指导工作。

3. 记账过程

Raft 的记账过程应按以下步骤完成：

- 假设 leader 已经选出，这时客户端发出增加一个日志的要求。
- leader 要求 follower 遵从他的指令，将这个新的日志内容追加到他们各自日志中。
- 大多数 follower 服务器将交易记录写入账本后，确认追加成功，发出确认成功信息。
- 在下一个心跳中，leader 会通知所有 follower 更新确认的项目。对于每个新的交易记录，重复上述过程。

如果在这一过程中，发生了网络通信故障，leader 不能访问大多数 follower，leader 就只能正常更新它能访问的那些 follower 服务器。而大多数的服务器 follower 因为没有了 leader，它们将重新选举一个候选者作为 leader，这个 leader 作为代表与外界打交道；如果外界要求其添加新的交易记录，这个新的 leader 就按上述步骤通知大多数 follower；如果这时网络故障修复了，原先的 leader 就会变成 follower，在失联阶段，这个旧 leader 的任何更新都不能算确认，都回滚，接收新 leader 的更新。

本节介绍了分布式系统中的常用共识算法。从介绍拜占庭将军问题开始，介绍了拜占庭容错系统、状态机拜占庭协议、实用拜占庭容错协议（PBFT）和 Raft。其中拜占庭容错协议和 Raft 是联盟链和私有链上常用的共识算法。

4. Raft 算法与 Paxos 算法的差异

- 相同点：得到大多数的赞成，这个 entries 就会定下来，最终所有节点都会赞成。
- 不同点：Raft 强调是唯一 leader 的协议，此 leader 至高无上；Raft 新选举出来的 Leader 拥有全部提交的日志，而 Paxos 需要额外的流程从其他节点获取已经被提交的日志，它允许日志有空洞。

5.5 其他共识机制实现算法

实际上，除了上面介绍的共识算法，其他还有很多非主流共识算法，这一节就简单介绍一些不常用的其他的共识算法。

1. 时间消逝证明(Proof of Elapsed Time, PoET)

英特尔提出的替代共识协议，称为时间消逝证明。PoET 现在是 Hyperledger Sawtooth 模块化框架的首选共识模型。PoET 算法通常用于赋予权限以确定矿工拥有的权利。每个节点都有完全相同的机会成为块的赢家。PoET 机制基于传播和公平分配最大可能数量的参与方的概率。

网络中的每个节点都要求从其本地的 enclave(可信函数)请求等待时间，拥有最短停留时间的成员在等待了分配时间之后被接纳。每个节点每次都产生自己的等待时间，之后它进入一种睡眠模式，一旦节点唤醒并且块可用，该节点就是幸运的赢家。然后，该节点可以在整个网络上传播信息，使其保持去中心化并获得奖励。

2. 重要性证明(Proof of Importance, PoI)

PoI 首先由 NEM 引入，称其为加密货币，名为 XEM 代币。使用 PoI，重要的不仅仅是代币余额。根据 PoI 方法，奖励系统应基于用户对所有容量的网络贡献。因此，块的投注基于多种因素，包括声誉、总体余额以及通过特定地址或从特定地址完成的交易数量。

PoI 算法引用了账户重要程度的概念，使用账户重要性评分来分配记账权的概率。优点：低能耗，速度快，公平；缺点：缺少社区共识，账户重要性≠设备贡献度。

3. 租赁权益证明(Leased Proof of Stake, LPoS)

LPoS 由 WAVES 开发，WAVES 是一个去中心化的区块链平台，允许创建自定义代币。在 LPoS 中，即使你有一定数量的代币，也只能添加一个区块，甚至无法参与创建区块的过程，并且不是每个人都有机会参与区块链的维护并获得奖励。LPoS 解决了这个问题，账户上的代币数量越多，就越有可能将下一个块添加到区块链中并获得奖励。

4. 身份证明(Proof of Identity, POI)

POI 的概念是将私钥与授权身份进行比较。POI 基本上是加密证据(数据片段)，其告知用户与授权身份进行比较，并以加密方式附加到特定交易的私钥，来自现有组的每个人都可以创建数据块并将其呈现给任何人，例如处理节点。

5. POP：POP 将 POI 和 DPoS 的思想结合

这是标准链(CZR)的创新，基于账户参与度的 POP(Proof of Participation)算法，POP 将 POI 和 DPoS 的思想结合，既能确保对设备的公平性，又拥有社区的共识。POP

特点是低功耗、速度更快，更加安全。

6. POOL 验证池

基于传统的分布式一致性技术与数据验证机制。优点：不需要代币也可以工作，在成熟的分布式一致性算法（Pasox、Raft）基础上，实现秒级共识验证；缺点：去中心化程度不如 Bitcoin，更适合多方参与的多中心商业模式。

7. 空间证明（Proof of Space，POSpace）

利用计算机硬盘中的闲置空间存储挖矿获取的收益，硬盘空间越大，存储的内容越多，能获得的代币奖励也就越多。POSpace 挖矿门槛较低，去中心化程度较高，能源消耗较小。

8. 时空证明（Proof of Spacetime，POSt）

Filecoin 项目采用的共识机制，POSt 本质上是存储证明的一种，使用一段时间内节点存储的数据本身作为算力大小的证明，在 POSpace 基础上增加了时间段的概念。

还有很多其他非主流共识算法，例如：焚烧证明（Proof of Burn，PoB）；延迟工作量证明（Delayed Proof-of-Work，DPoW）；权威证明（Proof-of-Authority，PoA）；所用时间证明（Proof of Elapsed Time，PoET）；权益流通证明（Proof of Stake Velocity，PoSV）；恒星共识（Stellar Consensus）；活动证明（Proof Of Activity，PoActivity）；等等，这里就不再一一介绍了。

5.6 共识机制的应用和发展

在建立区块链系统时，可按需要定义或选择区块链网络的共识机制。区块链的共识机制包括基于工作量的共识机制、基于投票的共识机制、基于公信力节点的共识机制和其他共识机制等。其中，基于工作量的共识机制是可以基于行为量化等特定算法来确定记账节点的共识机制，如工作证明（Proof of Work，PoW）；基于投票的共识机制是基于资源量化等特定算法来确定记账节点的共识机制，如股权证明（Proof of Stake，PoS）、委任权益证明（Delegated Proof of Stake，DPoS）；基于公信力节点的共识机制是由单个或多个具备公信力的节点进行鉴证，通过节点执行强制校验的共识机制如实用拜占庭容错算法（Practical Byzantine Fault Tolerance，PBFT）。

综合来看，PoW、PoS 适合应用于公有链，如果搭建私有链，因为不存在验证节点的信任问题，就可以采用 PoS、DPoS；而联盟链由于存在不可信局部节点，因此采用 PBFT 类的协调一致性算法比较合适。当然，最终算法的取舍取决于具体需求与应用场景。

以上主要是目前主流的共识算法。但说起哪种共识机制更好或更具替代作用，编者认为由 DPoS 单独替代 PoW、PoS 或者 PoW＋PoS 不太可能，毕竟存在即合理。无论是技术上，还是业务上，每种算法都在特定的时间段、场景下具有各自的意义。如果跳出技术者的角度，结合政治与经济的思考方式，或许还会不断出现更多的共识机制。

在区块链网络中，由于应用场景的不同，所设计的目标各异，不同的区块链系统采用了不同的共识算法。对于共识算法的选择，这里做一个总结如下：

一般来说，在私有链和联盟链情况下，对一致性、正确性有很强的要求。一般来说要采用强一致性的共识算法。

而在公有链情况下，对一致性和正确性通常没法做到百分之百，通常采用最终一致性的共识算法。

通俗点就是共识算法的选择与应用场景高度相关，可信环境使用 Paxos 或者 Raft，带许可的联盟可使用 PBFT，非许可链可以是 PoW、PoS、Ripple 共识等，根据对手方信任度分级，自由选择共识机制。

根据前面对各种共识机制优点与缺点的对比分析，可以根据链的类型选择适合的区块链算法，开发者也可以自己创造一种共识机制。

共识算法是影响区块链发展的关键技术。近 10 年来，通过不断努力和创新，区块链共识算法进入快速发展、百花齐放的时期。目前的共识算法还有很多需要改进的空间，业界和学术界也在积极地探索和改进。根据当前研究进展，未来区块链共识算法的研究方向主要集中在以下几个方面：

- 提高联盟链交易处理性能。区块链技术发展的重点是设计具有高吞吐量、低时延性能的共识算法，而联盟链作为目前备受企业等组织机构青睐的应用场景，在溯源、供应链等领域已落地，其交易处理能力亟须提高。长远来看，可大幅提高交易性能的多链架构(包括同构或者异构区块链)的跨链共识将会是今后的研究方向。
- 共识算法的性能评估标准与测试方法。区块链共识算法评估标准可以从一致性、安全性、扩展性、资源消耗等维度综合考量。在测试方法上，可借助网络中间件和交易回放工具对拜占庭节点、复杂网络、可扩展性、压力等方面进行测试，其中压力测试的测试场景可包括常规交易、远程处理性能、复杂交易、不同网络时延等。另外，可以降级共识算法的复杂度，进一步完善和使其透明简单化。
- 基于隐私保护的共识算法。区块链的数据隐私和访问控制可以借助设计基于隐私保护的共识算法来改善，例如，联盟链中可以借助基于节点权限管理的共识算法来保障区块链数据和网络安全。

早期，PBFT 的改进算法方向包括使用 P2P 网络、动态调整节点的数量，减少协议使用的消息数量等。近来，随着联盟链网络的普遍应用，联盟链的共识机制算法不断融合创新，吸收了部分公链的共识思路。例如 DPoS 和 PBFT 的混合，可以将 DPoS 的授权机制应用于 PBFT 中实现动态授权，该算法据称 TPS 可以达到 10 000～12 000 ms，时延控制在 100～200 ms。

5.7 本章小结

本章在梳理传统分布式系统与一致性算法的发展脉络和重要结论的基础上，选取当前最具代表性的多种共识算法进行了分类综述。根据区块链分类不同，本章将公有链、私有链、联盟链中常见的共识算法进行了分析和总结，重点介绍了比特币使用的 PoW 共识算法、以太坊使用的 PoS 共识算法、比特股采用的 DPoS 共识算法、Ripple 共识算法、联盟链中使用的 PBFT 和 DBFT 共识算法以及私有链中常用的 Paxos、Raft 算法等，另外还简要介绍了一些其他不太常用的共识算法，最后还介绍了共识机制在不同场景下的应用以及未来的发展方向。

本章主要介绍了区块链共识机制中的一些核心问题和经典算法，重点需要掌握PoW、PoS、PBFT、Raft 等最常用的共识算法，明白其原理，熟悉其优、缺点，并掌握在不同应用场景下选取合适的共识算法。

5.8 课后练习题

一、选择题

1. 下列不属于共识机制必须具备的基本要求的是(　　)。

A. 一致性　　B. 终局性　　C. 完整性　　D. 容错性

2. 下列不是 PoW 算法的优点的是(　　)。

A. 区块的确认时间可以缩短

B. 破坏系统需要投入极大的成本

C. 算法简单，容易实现

D. 节点间无须交换额外的信息即可达成共识

3. 下列不是公有链常用的共识算法的是(　　)。

A. Pow　　B. PoS　　C. PBFT　　D. DPoS

4. 下列不属于 Paxos 系统中的角色的是(　　)。

A. 提议者　　B. 管理员　　C. 决策者　　D. 最终决策学习者

二、填空题

1. 工作量证明最核心的技术原理是________。

2. 一致性协议至少包含若干个阶段：________、________和________。根据协议设计的不同，可能包含________、________等阶段。

3. 拜占庭容错技术(BFT)是一类分布式计算领域的________技术。

4. 区块链的共识机制包括基于________的共识机制、基于________的共识机制、基于________的共识机制和其他共识机制等。

5. PBFT 是一类状态机拜占庭系统，要求共同维护一个状态，所有节点采取的行动一致。为此，需要运行三类基本协议，包括________、________和________。我们主要关注支持系统日常运行的一致性协议。

6. 共识算法的选择与应用场景高度相关，可信环境使用________或者________，带许可的联盟可使用________，非许可链可以是________、________、________共识等，根据对手方信任度分级，自由选择共识机制。

三、问答题

1. 简述公有链共识机制的常用算法。

2. 简述联盟链共识机制的常用算法。

3. 简述私有链共识机制的常用算法。

4. 简述区块链共识算法的研究方向。

5. 简述在不同场景对于共识算法选择的依据。

第6章　区块链交易机制

本章导读

现在不少人认为区块链的交易过程神秘而烦琐，其实真正说起来也没有那么难。实际上区块链中的交易与平常我们说的交易是有一些区别的，区块链中的交易不一定操作资金，还可用以保存各种信息。区块链系统设计精巧的数据结构、链接关系、共识机制等，都是用来支撑交易的可靠、可信、可追溯。交易这一环节是整个区块链系统当中的关键一环，并且区块链唯一的目的就是通过安全的、可信的方式来存储交易信息，防止它们创建之后被人恶意篡改。这一章就开始揭开“区块链交易”的神秘面纱。

通过本章的学习，可以达到以下目标要求：

- 理解什么是区块链交易。
- 熟悉区块链交易模型，重点介绍以太坊、比特币的记账模型及交易模型分析对比。
- 熟悉区块链交易机制，包括交易生命周期、交易数据结构、交易输入/输出等。
- 熟悉区块链账户与密钥、账户私钥、账户公钥以及私钥、公钥和地址三者的关系。
- 熟悉区块链钱包的分类、比特币钱包、以太坊钱包的概念及使用等。

6.1　区块链交易概述

现实中交易的场景如下：假设你计划给朋友转账100元，首先你需要让朋友给你银行卡号，随后你登录手机银行，找到转账菜单，输入你朋友的卡号，然后再输入金额100元，屏幕上可能会显示手续费2元(如果是跨行转账)，这时候你单击“确定”，然后提交给银行后台处理，银行处理完毕，你的账户会减少102元，你朋友的银行卡里会增加100元。对比这种转账方式和行为，其实和使用比特币转账的过程体验是差不多的。假设你手里有非常多的比特币，你想转给你的朋友。

- 第一步：你需要登录你的钱包，类似登录手机银行；选择你要转出币的钱包地址，就相当于你朋友的银行卡号。钱包地址就相当于你实体钱包里的一张张银行卡，这个地址符号是由30位包括大小写字母和数字等组成的字符串，它有点像我们的银行卡账号。
- 第二步：你要先选好从自己哪个比特币地址转币给你的朋友，相当于你自己的银行卡号。

- 第三步：填写朋友收币的比特币钱包地址，写入转给朋友的数额，比如 1 万个，然后写下你想付出的交易手续费金额，签上你的比特币签名，提交给比特币网络，然后就等矿工来打包处理了。

和我们使用银行转账不一样的地方是，你可以自己选择转账手续费是多少，也可以不给转账手续费。不过不给手续费可能不会被矿工记账确认，或者比较晚被矿工记账确认，这就是比特币的转账机制。

理解区块链的交易，需要深入了解以下内容：

- 区块链交易模型。
- 交易的生命周期。
- 交易数据结构。
- 交易的输出和输入。
- 交易账号与密钥。
- 区块链钱包。

6.2　区块链交易模型

区块链目前的交易模型主要分为两种：以以太坊为代表的账户/余额的记账模式以及以比特币为代表的 UTXO 模型。

6.2.1　以太坊记账模型

以以太坊为代表的记账模式是账户/余额模型（Account 模型）。以太坊所使用的账户余额模型比较容易理解，就好像我们每个人都拥有一个银行账户一样。在以太坊的世界中，每个地址就像是一个账户，每一次的扣款、交易过后，都会将账户的余额记录在区块链当中。因此在认证交易时只要检查账户是否有足够的余额就可以了。这个方法简单、直观，较利于智能合约的开发。如果你曾经上过 Etherscan 观察你的交易记录，也会发现一切都简单易懂。输入你的交易 ID 之后你会看到如图 6-1 所示的页面。

TxHash:	0xc3a201600b76ae020ea91ee6a20bed7c13688490be4c2e0f0bb7f226b2efad68
TxReceipt Status:	Success
Block Height:	5064490 (6 block confirmations)
TimeStamp:	56 secs ago (Feb-10-2018 10:53:52 AM +UTC)
From:	0x9aa4b42c26f19244d4682684d3ab73a6d7f4d69a
To:	Contract 0x82d3a142ddd44d2bd29a683f0691fbead3bccc44 Transfer 799,200 ERC20 (Gram) TOKEN From 0x9aa4b42c26f1... to → 0x835a191d1ea2...

图 6-1　以太坊交易记录页面

以太坊记账模型的优点：

- 合约以代码形式保存在账户中，并且账户拥有自身状态。这种模型具有更好的可编程性，开发人员容易理解，场景更广泛。
- 批量交易的成本较低。账户模型可以通过合约的方式极大地降低成本。

以太坊记账模型的缺点：

- Account 模型交易之间没有依赖性，需要解决重放问题。
- 对于实现闪电、网络、雷电网络、Plasma 等，用户举证需要更复杂的工作量证明机制，子链向主链进行状态迁移需要更复杂的协议。

6.2.2 比特币记账模型

在比特币系统中，是没有"比特币"的，只有 UTXO。UTXO 的全称是"Unspent Transaction Output"，即未花费交易输出。它是比特币交易生成及验证的一个核心概念。比特币的每一笔有效交易都由交易输入(Input)和交易输出(Output)组成，每一笔交易都要花费一笔或多笔曾经的交易输入，同时会产生一笔或多笔交易输出。其所产生的输出，就是 UTXO。

在比特币中，所有的有效交易都是前后关联的。每一笔有效交易都可以追溯到前向一个或多个交易输出。

比如，用户 A 的比特币钱包中原本余额为 0，一个偶然的机会他挖到了 12.5 枚比特币，这 12.5 枚比特币会以一笔交易的形式发到他的钱包中，这 12.5 枚比特币的交易就是他得到的一笔 UTXO，这时他的钱包余额就变为 12.5。接下来他把其中的 5 枚比特币转账给用户 B，整个过程是这样处理的：系统将他钱包中的这 12.5 枚比特币的 UTXO 分为两笔交易，一笔为 5 枚比特币的交易，另一笔为 7.5 枚比特币的交易。5 枚比特币的那笔交易发送给了用户 B，而 7.5 枚比特币的这笔交易发送给了他自己。这 7.5 枚比特币就是用户 A 再次得到的一笔 UTXO，5 枚比特币就是用户 B 得到的一笔 UTXO。一个比特币钱包中存在的全部金额都是这样的 UTXO，但可能不止一笔，所有这些 UTXO 加起来的金额就是这个钱包中总的比特币余额。

从上面这个例子我们可以看出，系统中每进行一笔交易，都要消耗一笔或多笔 UTXO，同时也会生成一笔或多笔 UTXO。比特币的 UTXO 账本遵循两个规则：

- 除了 Coinbase 交易外，所有交易需要的资金都源自前面一个或者多个 UTXO。
- 任何一笔交易的交易输入总量必须等于交易输出总量。

UTXO 是比特币交易过程中的基本单位。除创世区块以外，所有区块中的交易(Tx)会存在若干个输入(Tx_in，也称资金来源)和若干个输出(Tx_out，也称资金去向)，创世区块和后来挖矿产生的区块中给矿工奖励的交易没有输入。除此之外，在比特币系统中，某笔交易的输入必须是另一笔交易未被使用的输出，同时这笔输入也需要上一笔输出地址所对应的私钥进行签名(这里是之前讲过的内容，交易一般使用收款方的公钥进行加密，用打款方的私钥进行签名)。当前整个区块链网络中的 UTXO 会被储存在每个节点中，只有满足了来源于 UTXO 和数字签名条件的交易才是合法的。所以区块链系统中的新交易并不需要追溯整个交易历史，就可以确认当前交易是否合法。UTXO 模型如图 6-2 所示。

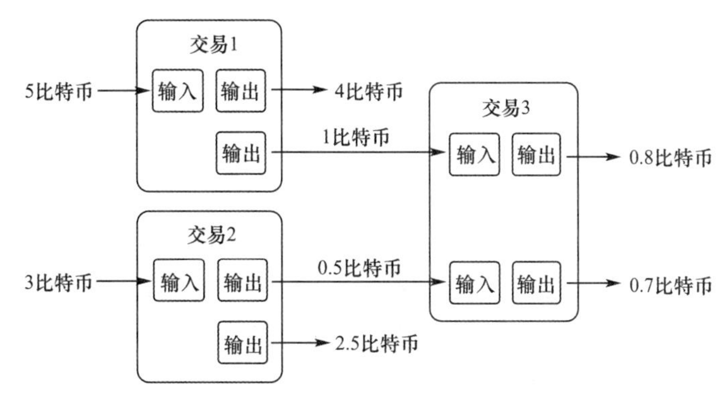

图 6-2　UTXO 模型

UTXO 的弱点是非常有可能出现双花问题，也就是指利用货币的数字特性用"同一笔钱"完成两次或者多次支付。在传统的金融和货币体系中，由于金钱货币是物理实体，比如我们的人民币，具有客观唯一存在的属性，所以可以避免双重支付的情况。但在其他的电子货币系统中，则需要可信的第三方管理机构提供保证，比如支付宝或者微信支付等。区块链技术则在去中心化的系统中不借助任何第三方机构而只通过分布式节点之间的相互验证和共识机制，同样有效地解决了双重支付问题，在信息传输的同时完成了价值转移。区块链技术通过区块链接形成的时间戳技术加上验证比特币是否满足 UTXO(未花费交易)和数字签名，有效避免了双重支付的问题。如果有人用同一笔 UTXO 构造了两笔付给不同交易方的交易，则比特币客户端只会转发最先被侦听到的那个。矿工会选择将那笔交易包入未来区块，当其中一笔交易所在的区块后有 5 个链接的区块，这笔交易已经得到了 6 次确认。在比特币区块链网络上，6 次确认后可以保证在技术上比特币被双花的概率极低。在公有链技术比特币章节，我们将详细讨论其实现方式。

UTXO 技术是区块链账本最为不同的地方，也是理解其钱包技术的关键。究竟比特币是存在于什么地方？分叉的时候是否同时拥有两个币种？这些问题都需要深刻完整地理解 UTXO 这种记账方式。

UTXO 模型的优点：

- 计算是在链外的，交易本身既是结果也是证明。节点只做验证即可，不需要对交易进行额外的计算，也没有额外的状态存储。交易本身的输出 UTXO 的计算是在钱包完成的，这样交易的计算负担完全由钱包来承担，一定程度上减少了链的负担。
- 除 Coinbase 交易外，交易的输入始终是链接在某个 UTXO 后面。交易无法被重放，并且交易的先后顺序和依赖关系容易被验证，交易是否被消费也容易被举证。
- UTXO 模型是无状态的，更容易并发处理。
- 对于 P2SH 类型的交易，具有更好的隐私性。交易中的输入是相互不关联的，可以使用 CoinJoin 这样的技术来增加一定的隐私性。

UTXO 模型的缺点：

- 无法实现一些比较复杂的逻辑，可编程性差。对于复杂逻辑，或者需要状态保存的合约实现难度大，且状态空间利用率比较低。
- 当输入较多时，见证脚本也会增多。而签名本身是比较消耗 CPU 和存储空间的。

6.2.3 交易模型分析对比

1. 关于计算的问题

UTXO交易本身对于区块链并没有复杂的计算，这样简单地讲其实并不完全准确，原因有两个：一是Bitcoin本身的交易多为P2SH，且Witness script是非图灵完备的，不存在循环语句；二是对于Account模型，例如Ethereum，由于计算多在链上，且为图灵完备，一般计算较为复杂，同时合约安全性较容易成为一个比较大的问题。当然是否图灵完备与是不是账户模型并没有直接关联。但是引入账户模型之后，合约可以作为一个不受任何人控制的独立实体存在，这一点意义重大。

2. 关于UTXO模型更易并发的问题

在UTXO模型中，世界状态即为UTXO的集合，节点为了更快地验证交易，需要在内存中存储所有的UTXO的索引，因此UTXO是非常昂贵的。长期不消费的UTXO，会一直占用节点的内存。所以对于此种模型，理论上应该鼓励用户减少生产UTXO，多消耗UTXO。但是如果要使用UTXO进行并行交易则需要更多的UTXO作为输入，同时要产生更多的UTXO来保证并发性，这本质上是对网络进行了粉尘攻击。并且由于交易是在钱包内构造的，所以需要钱包更复杂的设计。反观Account模型，每个账户可以看成单独的互不影响的状态机，账户之间通过消息进行通信，所以理论上当用户发起多笔交易时，这些交易之间不会互相调用同一Account，交易是完全可以并发执行的。

3. 关于Account模型的交易重放问题

Ethereum使用了在Account中增加Nonce的方式，每笔交易对应一个Nonce，Nonce每次递增。这种方式虽然意在解决重放的问题，但是同时引入了顺序性问题，同时使得交易无法并行。例如在Ethereum中，用户发送多笔交易，如果第一笔交易打包失败，将引起后续多笔交易都打包不成功。在CITA中我们使用了随机Nonce的方案，这样用户的交易之间没有顺序性依赖，不会引起串联性失败，同时使得交易有并行处理的可能。

4. 存储问题

由于UTXO模型只能在交易中保存状态。而Account模型的状态是在节点保存，在Ethereum中使用MPT的方式存储，Block中只需要共识StateRoot等即可。因此对于链上数据，Account模型实际更小，网络传输的量更小，同时状态在节点本地使用MPT方式保存，在空间使用上也更有效率。例如A向B转账，如果在UTXO中存在2个输入和2个输出，则需要2个Witness script和2个Locking script；在Account模型中则只需要一个签名，交易内容只包含金额即可。在最新的隔离见证实现后，Bitcoin的交易数据量也大大减少，但是实际上对于验证节点和全节点仍然需要针对Witness script进行传输和验证。

5. 对于轻节点获取某一地址状态，UTXO更复杂

例如钱包中，需要向全节点请求所有关于某个地址的所有UTXO，全节点可以发送部分UTXO，钱包要验证该笔UTXO是否已经被消费，有一定的难度，而且钱包很难去证明UTXO是全集而不是部分集合。而对于Account模型则简单很多，根据地址找到

State中对应状态，当前状态的State Proof则可以证明合约数据的真伪。当然对于UTXO也可以在每个区块中对UTXO的Root进行验证，这一点与当前Bitcoin的实现有关，并非UTXO的特点。

6.3 交易机制

6.3.1 区块链交易生命周期

大体上说，一个交易的生命周期要经历以下几个过程(以以太坊为例)：

- 构造一笔交易：这里的交易要包含交易双方的地址、以太币数量、时间戳、签名等信息，且不含任何私密信息的合法交易数据。
- 对交易进行签名：这里需要使用交易发送者账号的私钥对交易进行签名。
- 本地对交易进行验证：签名后的交易会首先提交至本地以太坊的节点，本地节点会首先对该笔交易进行验证，并会验证签名是否有效。
- 将交易消息广播到网络：网络中的所有节点都会收到这笔交易数据，在广播之后会返回一个交易id，可以通过该id查看和追踪该交易的状态和相关信息。
- 矿工节点接收交易，并验证交易的合法性(生成交易的节点要首先进行验证，其他节点也要进行验证，没有经过验证的交易是不能进入区块链网络的)。
- 将交易写入区块链：生成的交易需要被区块链网络中的矿工打包到区块，才能写入区块链。矿工会有一个待处理的交易列表，其中的交易是按交易的Gas Price进行排序的，交易的Gas Price越高，处理的优先级就越高。如果交易的Gas Price过低，有可能一直得不到矿工的处理，从而被忽略。
- 新产生的区块向全网广播：以太坊大概13秒出一个块，基本上能够全网广播。
- 其他节点同步新的区块数据：由于新的区块已经产生，所有的节点都需要对区块进行同步，因此交易会随着区块的同步被同步至所有节点上。至此，一笔交易的生命周期就结束了，它被写入区块链，不可篡改。

6.3.2 区块链交易数据结构

这里以以太坊为例具体讲述区块链交易数据结构。

以太坊区块头不是只包括一棵MPT树，针对三种对象，以太坊设计了三种树：交易树(Transaction Tree)、状态树(State Tree)和收据树(Receipt Tree)。

在以太坊中，区块链客户端需要具备以下功能：

- 验证某笔交易是否包含在特定区块中。
- 查询曾经某个地址(账户)发出某种类型时间的所有实例(比如，判断一个众筹合约是否达成目标)。
- 查询目前某个账户的余额。
- 判断一个账户是否存在。

- 查询在某个合约中进行的一笔交易的交易输出。

使用三种 MPT 树即可完成上述功能，其中交易树处理上面第一种功能，收据树处理上面第二种功能，状态树负责处理上面后三种功能。

1. 交易树

每个区块都有一棵独立的交易树。区块中交易的顺序主要由矿工决定，在这个块被挖出前这些数据都是未知的。不过矿工一般会根据交易的 Gas Price 和 Nonce（该账户地址交易的次数，用于保障每笔交易只能被处理一次的计数器，进而避免 Replay 攻击）对交易进行排序。首先会将交易列表中的交易划分到各个发送账户，每个账户的交易根据这些交易的 Nonce 来排序。每个账户的交易排序完成后，再通过比较每个账户的第一条交易选出最高价格的交易，这些是通过一个堆（Heap）来实现的。每挖出一个新块，更新一次交易树。在交易树包含的键值对中，每个键是交易的编号，值是交易内容。

2. 状态树

以太坊中的状态树基本上包含了一个键值映射，其中的键是地址，而值是账户内容，包括账户的声明、账户余额、Nonce、代码以及每一个账户的存储（其中存储本身就是一棵树），即{nonce，balance，codeHash，storageRoot}。其中，“nonce”是账户交易的序数，“balance”是账户余额，“codeHash”是代码的散列值，“storageRoot”是另一棵树的根节点。状态树代表访问区块后的整个状态。

以太坊是一个以账户为基础的区块链应用平台，账户的状态不是直接存储在每个区块中，而是以“状态数据”的形式存储在以太坊的节点中。

状态数据是一种隐式数据，需要从实际的区块链数据中计算出来。状态树记录了各个账户的状态，需要经常进行更新：一方面，账户余额和账户的随机数 Nonce 经常会变更；另一方面，新的账户会频繁地插入，存储的键（Key）也会经常被插入以及删除。

3. 收据树

每个区块都有自己的收据树，收据树不需要更新，其代表每笔交易相应的收据。

收据树也包含一个键值映射，其中键是索引编号，用来指引这条收据相关交易的位置，值是收据的内容。

交易的收据是一个 RLP 编码的数据结构：[medstate，Gas_ used，logbloom，logs]。其中，“medstate”是交易处理后树根的状态；“Gas_used”是交易处理后 Gas 的使用量；“logs”是表格 [address，[topicl，topic2，...]，data] 元素的列表，表格由交易执行期间调用的操作码 LOGO...LOGO 4 生成（包含主调用和子调用），“address”是生成日志的合约地址，“topicn”是最多 4 个 32 字节的值，“data”是任意字节大小的数组；“logbloom”是交易中所有 logs 的 address 和 topic 组成的布隆过滤器（由 Howard Bloom 在 1970 年提出的二进制向量数据结构，它具有很好的空间和时间效率，被用来检测一个元素是不是集合中的一个成员）。区块头中也存在一个布隆过滤器，使用布隆过滤器可以减少查询的工作量，这样的构造使得以太坊协议对轻客户端尽可能友好。

4. 交易

交易通俗来讲就是一个账户向另外一个账户发送一笔被签名的消息数据包的过程，区块链会记录并存储相应的数据。延伸一下，调用智能合约改变一个合约账户的数据状态，也是一笔交易，同样需要花费手续费。

在以太坊中，交易主要指某一外部账户（由人创建，可以存储以太币，由公钥和私钥控制的账户，区别于“合约账户”）发送到区块链上另一账户的消息的签名数据包，其中主要包含发送者的签名、接收者的地址以及发送者转移给接收者的以太币数量等内容。

交易包括：

- 消息的发送者。
- 消息的接收者。
- 签名信息，用来证明发送者有意向通过区块链向接收者发送消息。
- 价值域，从发送者转移到接收者的以太币的数量。
- 可选的数据域，用来存储智能合约或调用智能合约的代码。
- Gas Limit，该交易在执行时使用 Gas 的上限。
- Gas Price，交易发送者愿意支付的 Gas 价格的费用。一个单位的 Gas 表示了执行一个基本指令，例如一个计算步骤。

交易数据通常是包含以下数据的序列化二进制消息：

- Nonce：由发起人 EOA 发出的序列号，用于防止交易消息重播。
- Gas Price：交易发起人愿意支付的 Gas 单价（wei）。
- Start Gas：交易发起人愿意支付的最大 Gas 量。
- To：目的以太坊地址。
- Value：要发送到目的地的以太数量。
- Data：可变长度二进制数据负载（Payload）。
- v，r，s：发起人 EOA 的 ECDSA 签名的三个组成部分。

交易消息的结构使用递归长度前缀（RLP）编码方案进行序列化，该方案专为在以太坊中准确数据序列化而创建。

（1）消息

合约具有发送消息到其他合约的能力。消息是一个永不串行且只在以太坊执行环境中存在的虚拟对象。它们可以被理解为函数调用（Function Calls）。曾有人咨询，智能合约是否可以调用比特币转账，这里的解释已经给出了明确的答复。

消息包括：

- 消息发送者；
- 消息接收者；
- 可选的数据域，合约实际上的输入数据；
- Gas Limit，同交易。

总体来说，一个消息就是一笔交易，它不是由外部账户生成的，而是合约账户生成的。当合约正在执行的代码中运行了 Call 或者 Delegatecall 这两个命令时，就会生成一个消息。消息有的时候也被称为“内部交易”。与一个交易类似，一个消息会引导接收的账户运行它的代码。因此，合约账户可以与其他合约账户发生关系。

（2）交易费用

为了防止用户在区块链公有链中发送过多无意义交易，浪费矿工资源，例如转账金额为 0 的转账交易，因此以太坊中每一笔交易都需要支付一定的费用，即交易的发送方需要为每笔交易付出一定的代价，也就是交易费。这笔费用用于支付交易执行所需要的计算开销，由将交易打包进主链的矿工收取。

(3)Gas

以太坊的运行环境，也被称为以太坊虚拟机(EVM)。每个参与到网络的节点都会运行 EVM 作为区块验证协议的一部分。每个网络中的全节点都会进行相同的计算并储存相同的值。合约执行会在所有节点中被多次重复，而且任何人都可以发布执行合约，这使得合约执行的消耗非常昂贵，所以为防止以太坊网络发生蓄意攻击或滥用的现象，以太坊协议规定交易或合约调用的每个运算步骤都需要收费。这笔费用以 Gas 作为单位计数，也就是俗称的燃料。

(4)Gas Price

Gas 只衡量了计算资源，而以太坊中流通的数字货币是以太币(ETH)，因此 Gas 需要换算成 ETH 进行支付。Gas Price(Gas 的价格)就是一个单位 Gas 所需的手续费(以太币 Ether)。例如一笔转账交易消耗了 21 000 Gas，假设 Gas Price 为 1 Gwei/Gas，那么这笔交易的手续费为 0.000 021 Ether。

显然，对用户来说 Gas Price 越低越好，甚至是 0。而对于矿工来说则相反，为了协调这种矛盾，以太坊钱包客户端默认的 Gas Price 是 0.000 000 001 Ether/Gas(1 Gwei/Gas=1 G wei Gas)。但这个价格依然可以根据需求进行浮动。因为矿工有选择收纳交易和收取费用的权利，他们都希望将收益最大化，所以一般来说，矿工会对接收到的交易按照 Gas Price 或者 Gas•Gas Price 进行排序，优先选择收益高的纳入区块。当某个时间段交易量激增时，为了尽早让矿工接受交易，可以提高这笔交易的 Gas Price 以激励矿工。

(5)Gas Limit

因为在某些场景下，交易完成前并不能准确获知交易将消耗的 Gas，例如调用智能合约的交易会根据不同的执行时间触发不同的操作，因此恶意用户可以发送一个数十亿步骤的交易，没有人能够处理它，而矿工对此事不知情，一旦接受交易将导致拒绝服务攻击。为了解决这一问题，以太坊设置了 Gas Limit，对于单个交易，Gas Limit 也称为 Start Gas，表示交易发送者愿意为这笔交易执行所支付的最大 Gas 数量，需要发送者在发送交易时设置，一方面可以避免拒绝服务攻击，另一方面也可以保护用户的资产，避免错误代码影响而消耗过多的交易费。当交易的实际消耗小于 Gas Limit 时，矿工将按照实际计算开销收取手续费；而如果实际消耗大于 Gas Limit，那么矿工执行过程中发现 Gas 已经被耗尽而交易没有执行完成，此时矿工会回滚到程序执行前的状态并收取 Gas Limit 作为手续费。因此，每笔交易无论是否成功，其消耗的最高金额将不会超过 Gas Limit。

对于区块，同样也有 Gas Limit 的概念，它表示一个区块所包含的所有交易消耗的 Gas 上限，由矿工决定。例如，若区块的 Gas Limit 是 100，有五个没有添加到区块的交易，其 Gas Limit 为 10、20、30、40、50，互不相同，此时矿工的打包策略可以是前四个交易，即 10+20+30+40=100，进而放弃第五个，也可以打包第一个、第四个和第五个，即 10+40+50=100，这完全取决于矿工的意愿，但打包交易的 Gas Limit 数量之和不能超过区块的 Gas Limit。区块的 Gas Limit 设置越大，矿工可以获取的交易费越多，但也需要更大的带宽,同时也会增加出现大区块的频率,造成挖出的区块无法形成最长的交易链。因此 Gas Limit 不能随意更改,根据以太坊协议,当前区块的 Gas Limit 只能基于上一个区块的 Gas Limit 上下波动 1/1 024。

(6)Gas 和交易消耗的 gas

每笔交易都包含 Gas Limit 和 Gas Price。矿工可以有选择地打包这些交易并收取这些费用。Gas Price 会影响到该笔交易被打包所需等待的时间。如果该交易的操作所使用的 gas 数量小于或等于所设置的 Gas Limit,交易会被处理。但如果 gas 总消耗超过 Gas Limit,所有的操作都会被重置,但手续费依旧会被收取。区块链会显示这笔交易完成尝试,但因为没有提供足够的 gas 导致所有的合约命令都被复原。交易完成之后没有被使用的 gas 会以以太币的形式返还给发起者。gas 消耗只是一个预估值,所以许多用户会超额支付 gas 来保证他们的交易会被接受。

交易费由两部分组成:

- gasUsed:该交易消耗的总 gas 数量;
- gasPrice:该交易中单位 gas 的价格(用以太币计算)。

估算交易消耗(交易费) = gasUsed•gasPrice

6.3.3 区块链交易输入/输出

前面已经讲过比特币的交易模型为 UTXO,这一节将深入讲述交易的输入与输出。

1. 比特币 UTXO 实例

为了更好地理解什么是 UTXO,我们借用一个例子:在现实世界中的支付系统是基于账户模型的,也就是说每一个人都有一个账户,支付就是在不同的账户中加加减减,如图 6-3 所示。

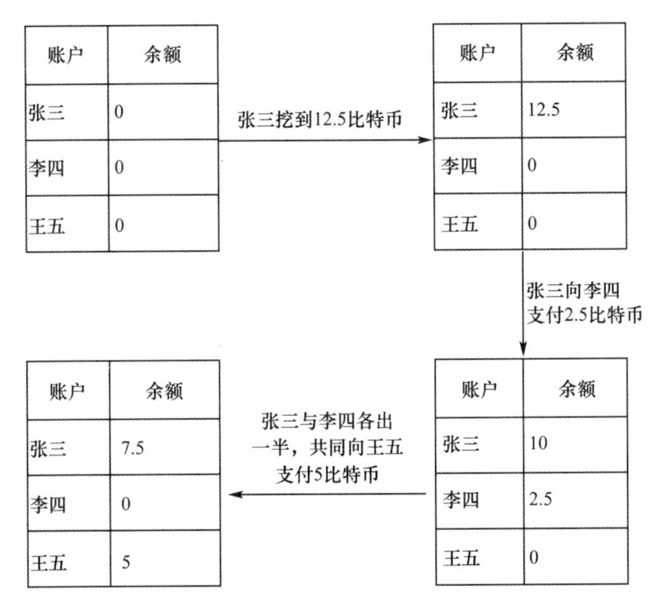

图 6-3 UTXO 交易示例 1

UTXO 的实现,如图 6-4 所示。

CoinBase 交易 交易号：#1001			
交易输入	交易输出（UTXO）		
挖矿所得	第几项	数额	收款人地址
	(1)	12.5	(张三的地址)

普通交易 交易号：#2001			
交易输入	交易输出（UTXO）		
资金来源	第几项	数额	收款人地址
#1001(1)	(1)	2.5	(李四的地址)
	(2)	10	(张三的地址)

普通交易 交易号：#3001			
交易输入	交易输出（UTXO）		
资金来源	第几项	数额	收款人地址
#2001(1)	(1)	5.00	(王五的地址)
#2002(1)	(2)	7.50	(张三的地址)

图 6-4　UTXO 交易示例 2

从上面的图中可以看出,比特币存储的实际是一笔又一笔的交易,最后永远只有未花费过的交易输出,也就是 UTXO。

这种设计由中本聪原创,相对于传统的账户模型,具有以下好处:

- 账户数据库会不断膨胀,因为账户不会被删除,而 UTXO 数据库体积会小很多;
- 由于只有未花费的输出会被保留,所以每一个比特币用户可以拥有几乎无限多的地址,提高了匿名性;
- UTXO 为高并发的交易带来可能,试想传统的账户模型,每个人的账户交易必须是线性的,无法并发。而现在每个人可能拥有多个 UTXO,可同时发起多笔交易,实现了并发。

另外有一种特殊的交易,称为 CoinBase 交易,即矿工挖出的比特币,该交易没有输入,只有输出。(CoinBase 交易我们将在挖矿章节讨论,本节内容均以非 CoinBase 交易举例。)

2. 比特币交易解码后的内容

比特币的交易是由输入与输出组成的,而不是账户地址。以下是解码的内容:

```
{
    "version": 1,
    "locktime": 0,
    #交易输入(input)部分
```

```
  "vin": [
    {
      #输入引用的交易(transaction)HASH
      "txid": "7957a35fe64f80d234d76d83a2a8f1a0d8149a41d81de548f0a65a8a999f6f18",

      #引用交易中的 UTXO 索引(第一个为 0,此处代表上述 txid 交易中的第一个 UTXO)
      "vout": 0,

      #解锁脚本,用于解锁 UTXO 的脚本(这是可以花费这笔 UTXO 的关键信息)
      "scriptSig": "3045022100884d142d86652a3f47ba4746ec719bbfbd040a570b1deccbb6498c75c4ae
24cb02204b9f039ff08df09cbe9f6addac960298cad530a863ea8f53982c09db8f6e3813
      [ALL] 0484ecc0d46f1918b30928fa0e4ed99f16a0fb4fde0735e7ade8416ab9fe423cc54123363767
89d172787ec3457eee41c04f4938de5cc17b4a10fa336a8d752adf",
      "sequence": 4294967295
    }
  ],
  #交易输出(output)部分
  "vout": [
    {
      #第一个输出的比特币数量
      "value": 0.01500000,
      #锁定脚本,后续的交易如要使用该输出,必须解锁锁定脚本
      "scriptPubKey": "OP_DUP OP_HASH160 ab68025513c3dbd2f7b92a94e0581f5d50f654e7 OP_
EQUALVERIFY OP_CHECKSIG"
    },
    {
      #第二个输出的比特币数量
      "value": 0.08450000,
      "scriptPubKey": "OP_DUP OP_HASH160 7f9b1a7fb68d60c536c2fd8aeaa53a8f3cc025a8 OP_
EQUALVERIFY OP_CHECKSIG",
    }
  ]
}
```

可以从以上内容看出,比特币的交易中实际没有账户余额信息,只有输入(Input)与输出(Output)两部分信息。说得更直白一点,比特币的交易类似于现实世界中直接用支票进行交易。如 A 写给 B 一张 100 元的支票,其中 A 是输入,B 是输出。当 B 需要给 C 付 50 元时,B 不是去银行兑现支票然后付款给 C,而是直接写两张新支票,一张 50 元给 C,一张 50 元给自己,再将原来 100 元的支票作废,即完成一次非基于账户模型的支付。

3. 交易费

比特币每次交易需要支付交易费给矿工,比特币早期交易费基本为 0,但随着交易增多,交易费逐步升高。交易费是除产生新比特币外对矿工的另一种激励,在全部比特币被

挖出后,矿工的收入将全部来自交易费。交易费的特点如下:

- 交易费是一种激励,同时也是一种安全机制,使攻击者无法通过大量交易来淹没网络。
- 交易费是通过字节大小来计算的,而不是花费比特币的多少。
- 目前交易均使用动态交易费,交易费的高低会影响交易被矿工处理(加入区块链)的优先级,交易费过低或为0的交易极少会被处理,甚至不会在网络上广播。
- 交易费不在交易信息中存储,而是通过输出(Output)与输入(Input)的差值来替代(如果你要自己创建交易必须注意输出的金额大小,因为交易的差值无论大小全部会被矿工获得),交易费=SUM(所有输入)-SUM(所有输出)。
- 预估当前合适的交易费。

4. 比特币输入/输出数据

如果你开发过Web应用程序,为了实现支付系统,你可能会在数据库中创建一些数据库表:账户和交易记录。账户用于存储用户的个人信息以及账户余额等信息,交易记录用于存储资金从一个账户转移到另一个账户的记录。但是在比特币中,支付系统是以一种完全不一样的方式实现的,在这里:

- 没有账户。
- 没有余额。
- 没有地址。
- 没有Coins(币)。
- 没有发送者和接收者。

由于区块链是一个公开的数据库,我们不希望存储有关钱包所有者的敏感信息。Coins不会汇总到钱包中,交易不会将资金从一个地址转移到另一个地址,没有可保存账户余额的字段或属性,只有交易信息。那么比特币的交易信息里面到底存储的是什么呢?一笔比特币的交易由交易输入和交易输出组成,数据结构如下:

```
/**
 * 交易
 */@Data@AllArgsConstructor@NoArgsConstructorpublicclassTransaction {
    /**
     * 交易的Hash
     */
    privatebyte[] txId;
    /**
     * 交易输入
     */
    private TXInput[] inputs;
    /**
     * 交易输出
     */
    private TXOutput[] outputs;
}
```

一笔交易的交易输入其实指向上一笔交易的交易输出。我们钱包里面的 Coins(币)实际是存储在这些交易输出里的。

注意:

- 有些交易输出并不是由交易输入产生,而是凭空产生的(后面会详细介绍);
- 交易输入必须指向某个交易输出,它不能凭空产生;
- 在一笔交易里面,交易输入可能会来自多笔交易所产生的交易输出。

6.4　区块链账户与密钥

6.4.1　区块链账户

1. 比特币账户

比特币用户在谈及比特币交易时经常会说比特币"账户",但实际上,比特币系统中是没有账户的,只有"地址"。比特币系统中的每一笔金额都记录在区块链上,系统使用脚本会把每一笔金额锁定到某一个地址上。一个地址上的比特币总金额就是区块链上所有锁定到这个地址上的金额总和。当用户打开自己的钱包时,会看到钱包中有一个或若干个地址,每个地址中有若干个比特币。所有这些地址锁定的比特币总数就是这个钱包中比特币的总金额。

在比特币交易中,交易双方的转账都是从一方的地址发送到另一方的地址。地址可以公开,地址的公开不会对该地址持有的比特币造成安全隐患。但地址公开后,任何人都可以在比特币系统中查询到该地址所拥有的比特币余额。

比特币地址生成的过程如图 6-5 所示。

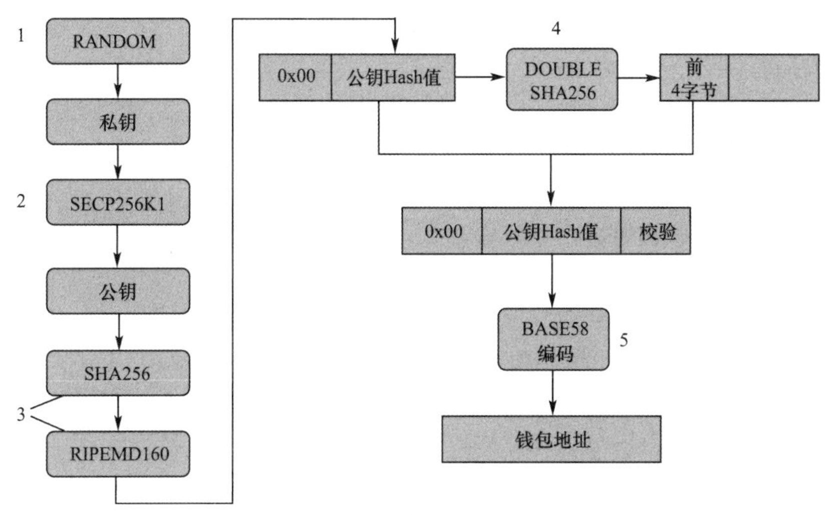

图 6-5　比特币地址生成的过程

2. 以太坊账户

以太坊账户与我们所知的账户概念有一定相似之处，却又有很大的区别，更不同于比特币中的 UTXO。以太坊账户分为两类：外部账户（EOA），也就是普通账户；内部账户，也就是合约账户。以太坊账户如图 6-6 所示。

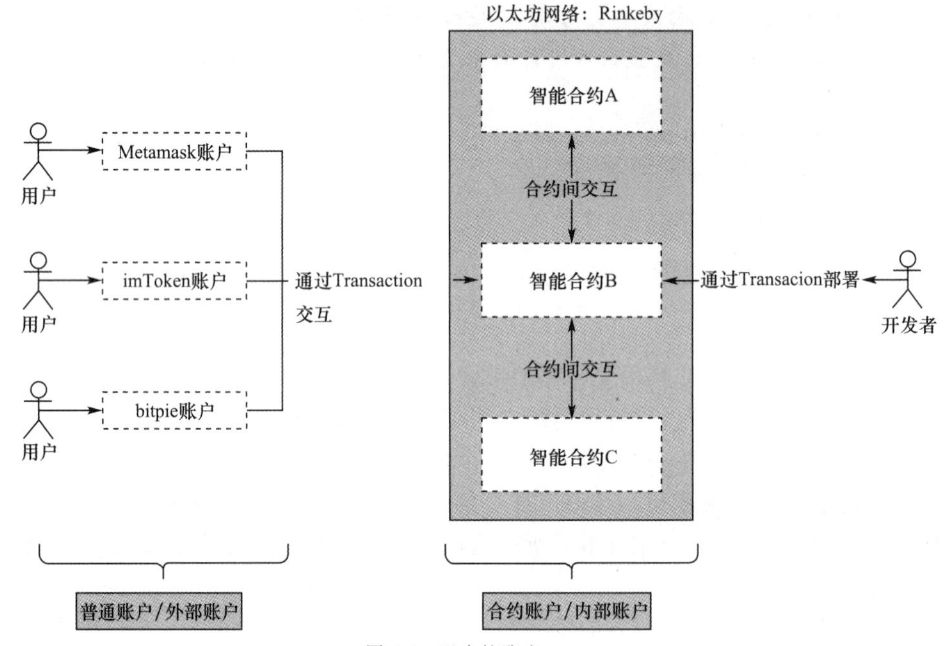

图 6-6 以太坊账户

以太坊地址是一个十六进制字符串，每个地址都有对应的私钥。与以太坊互动时需要使用地址和私钥。以太坊地址是公开的，可以与任何人分享，但是私钥不能与他人分享。

以太坊私钥是一个 256 位长的数字，一般由两种方式生成，一种是通过随机算法生成，另一种是通过助记词生成。有了私钥之后，可以通过算法生成公钥，私钥和公钥是一一对应的关系，任何人都可以通过私钥计算出对应的公钥。但反之，通过公钥无法计算得到私钥。得到公钥以后，通过“凯卡克算法”计算出 Hash 值，取 Hash 值的最后 2 个字节就是以太坊地址。

以太坊地址及其私钥组合在一起称为账户。以太坊有两种账户类型：

- 外部账户（EOA）：该类型账户是地址和私钥的组合。可以使用该类型账户收发以太币或者将交易发送到智能合约。
- 合约账户：该类型账户没有相应的私钥。这些账户是在将合约部署到区块链时生成的。

合约账户是激动人心的概念和底层代码实现，它是功能和数据的集合，存在于以太坊的特定地址（发布智能合约的地址）上，拥有以下特性：

- 它们可以像 EOA 一样发送和接收以太币。
- 与 EOA 不同，它们具有与之关联的代码。
- 交易必须由 EOA 或其他合约触发。

- 通过交易或消息调用的方式触发并由以太坊虚拟机(EVM)解释执行。
- 当被执行时：
  - 运行的随机复杂度(图灵完备性)；
  - 只能操作其拥有的特定储存，例如可以拥有其永久 state；
  - 可以 call 其他合约。

所有以太坊区块链上的操作都是由各账户发起的交易来触发的。智能合约账户收到一笔交易，交易所带的参数都会成为代码的入参。合约代码会被以太坊虚拟机(EVM)在每一个参与网络的节点上运行，以作为它们新区块的验证。

外部账户(EOA)就是普通账户，所谓的普通账户，就是我们存放以太币的账户，可以随意生成，它具有以下特性：

- 拥有以太币余额(以太币存放的地方，与比特币的 UTXO 模式不同)的 balance。
- 用于确定每笔交易只能被处理一次的计数器(nonce)。
- 发送交易(以太币转账、发布合约、调用智能合约)。
- 通过私钥控制。
- 没有相关联的代码。

6.4.2 账户私钥

在比特币的早期阶段，当用户使用钱包时，是没有助记词的，只有私钥。私钥的作用和助记词一样，它是由一串 64 位十六进制数组成的字符串，如下所示：

```
7E72F6B89E6E226A36B68DFE333C7BE5E55D83249D3D2CD6332671FA445C4DD3
```

私钥是用户在比特币网络的通行证，它用来花费 bitcoins，具体来说就是在交易时对交易脚本进行签名。它一个 256 位的随机数，一般随机生成，范围在 0x01 到 0xFFFF FFFF FFFF FFFF FFFF FFFF FFFF FFFE BAAE DCE6 AF48 A03B BFD2 5E8C D036 4140(这是由 ECDSA spec256k1 算法限定的)。

比如下面的随机数就是一个合法的比特币私钥：

```
0C28FCA386C7A227600B2FE50B7CAE11EC86D3BF1FBE471BE89827E19D72AA1D
```

私钥才是比特币以及所有数字货币钱包最终的安全保障。和助记词一样，私钥遗失也无法借助第三方找回，私钥被盗也意味着钱包中的数字货币可能被盗。

但是私钥这一串 64 位的十六进制数对用户而言实在太难记，而且在操作过程中很容易弄错，因此比特币团队在比特币改进协议 BIP39 中提出用英文单词组成的助记词替代私钥在人机交互中操作。

那么助记词和私钥之间是什么关系呢？助记词可以生成私钥，一个钱包有一个助记词，这个助记词可以在钱包中生成无数个私钥，这无数个私钥都可以由这个助记词来管理。

钱包助记词是利用了分层确定性技术，这种钱包也称为 HD 钱包。分层确定性(Hierarchical Deterministic)，简单解释来说就是当 HD 钱包生成私钥后，不直接使用这个私钥存储货币，而是再用一种确定的、不可逆的算法分层演算出更多的子私钥，这样只需要随机生成一个主私钥，就能获得无数个子私钥。其最大的特性就是，可以通过主密钥派生任意数量的子账户(也就是子密钥),所有的子账户都被主密钥所控制，而且可以无限扩展。所以用户只需要管理一个主私钥，就能集中管理账户中的数字货币。

为使复制比特币私钥不容易出错,通常使用 WIF(Wallet Import Format)格式的私钥。下面介绍这种格式私钥的生成算法。

1. 随机生成一个 256 bit 的数,用十六进制表示如下：

```
0C28FCA386C7A227600B2FE50B7CAE11EC86D3BF1FBE471BE89827E19D72AA1D
```

2. 在 1 结果前面增加网络标识,0x80 表示 mainnet 网络,0xef 表示测试网络(testnet)。

```
800C28FCA386C7A227600B2FE50B7CAE11EC86D3BF1FBE471BE89827E19D72AA1D
```

3. 如果使用压缩公钥,在 2 的结果后面增加 0x01;若使用非压缩公钥,则不追加 0x01。(本次不使用压缩公钥)

```
800C28FCA386C7A227600B2FE50B7CAE11EC86D3BF1FBE471BE89827E19D72AA1D
```

4. 对 3 的结果执行 SHA-56Hash 算法。

```
8147786C4D15106333BF278D71DADAF1079EF2D2440A4DDE37D747DED5403592
```

5. 对 4 的结果再次执行 SHA-256 Hash 算法。

```
507A5B8DFED0FC6FE8801743720CEDEC06AA5C6FCA72B07C49964492FB98A714
```

6. 取 5 结果的前 4 个字节,作为校验和。

```
507A5B8D
```

7. 将 6 的结果追加到 3 的后面。

```
800C28FCA386C7A227600B2FE50B7CAE11EC86D3BF1FBE471BE89827E19D72AA1D507A5B8D
```

8. 对 7 的结果执行 Base58Check 编码算法,得到 WIF 格式的私钥。

```
5HueCGU8rMjxEXxiPuD5BDku4MkFqeZyd4dZ1jvhTVqvbTLvyTJ
```

由上面的步骤可以看到,WIF 格式的私钥很容易转换成 256 位的符合 ECDSA 规范的私钥,而且很容易校验 WIF 格式的私钥是否合法。

6.4.3 账户公钥

比特币的公钥是和私钥是一一配对的,比特币以及所有的数字货币中每一个私钥都有一个公钥。私钥一定要安全保存并且不能对外公开,公钥可以对外公开。当用户要进行比特币交易时,私钥用于对交易进行签名,公钥会被用来验证签名的有效性。以比特币转账过程中的数字签名为例,私钥和公钥在交易过程中所起的作用如下:当用户 A 要向用户 B 转账 5 个比特币时,用户 A 首先会构造这笔交易,然后用自己的私钥给这笔交易签名并把交易向比特币全网广播。当用户 B 接收到这笔交易后,会用 A 的公钥来验证这笔交易是否发自 A。

因此,私钥和公钥在区块链技术中的应用是密不可分的。

公钥是将私钥通过一个椭圆曲线乘法($K=k \cdot G$,其中 k 是私钥,G 是被称为生成点的常数点,而 K 是所得公钥)的算法计算得来,是真正的比特币地址。在比特币系统中,一个密钥对包括一个私钥,和由其衍生出的唯一的公钥。公钥用于接收比特币,而私钥用于比特币支付时的交易签名。公钥和私钥的特性如图 6-7 所示。

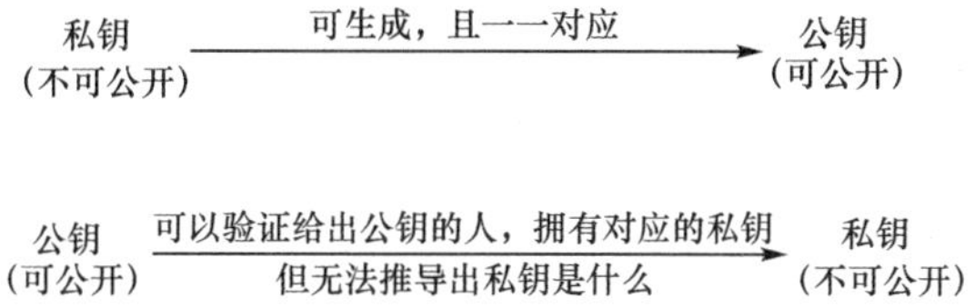

私钥（不可公开） —可生成，且一一对应→ 公钥（可公开）

公钥（可公开） —可以验证给出公钥的人，拥有对应的私钥 但无法推导出私钥是什么→ 私钥（不可公开）

图 6-7　公钥和私钥的特性

公钥和私钥之间的数学关系，使得私钥可用于生成特定消息的签名。此签名可以在不泄露私钥的同时对公钥进行验证。

6.4.4　私钥、公钥和地址的关系

比特币的私钥、公钥和地址之间有着严格的数学关系，通过一定的算法可以计算得出。这三者的关系如图 6-8 所示。

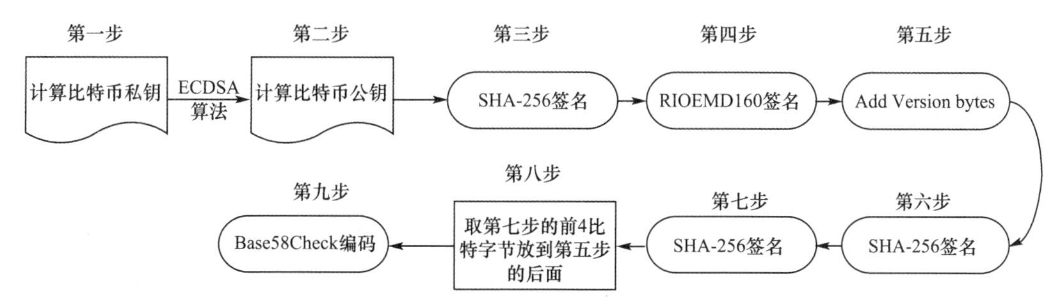

图 6-8　比特币私钥、公钥和地址的关系

比特币地址是由一个数字和字母组成的字符串，可以与任何想给你比特币的人分享。由公钥生成的比特币地址以数字"1"开头。比特币地址可由公钥经过单向的加密哈希算法得到，通常用户见到的比特币地址是经过 Base58Check 编码的。

从公钥到比特币地址的过程如图 6-9 所示。

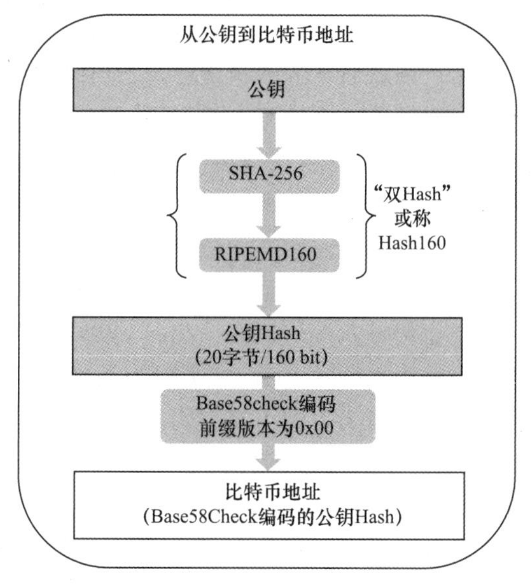

图 6-9　从公钥到比特币地址的过程

6.5 区块链钱包

6.5.1 钱包分类

常见的区块链钱包分为硬件钱包(冷钱包)、软件钱包(热钱包)以及本地钱包(冷钱包)等。

1. 硬件钱包(冷钱包)

硬件钱包就和它的起名一样,是一个硬件,就类似于U盘,存储你的比特币、私钥等重要数据。使用硬件钱包的人群大多数都是用来囤币的。它的安全系数较高。它能离线存储私钥,因此免受黑客攻击或者恶意插件的盗取。这意味着你可以在装有恶意软件的电脑上使用它。

2. 软件钱包(热钱包)

软件钱包指的是运行在互联网上的第三方软件,私钥是一串加密代码。因为热钱包是在联网设备上生成私钥,所以这些私钥不能被认为是百分之百的安全。它较为适合频繁交易,不适合长期囤币。

如今的软件钱包其实是与"交易所"钱包有所关联,如网站注册、手机App下载、电脑端安装。目前市场上都有相对安全的比特币交易所(火币、币安、币印等)。虽然这类钱包注册成本低、方便且快捷,但是这类钱包的劣势在于安全性较低。因为你的私钥存在云端,你必须信任云端运营者(host)的安全措施,并且也相信对方不会卷款逃跑,或者关停运营以及拒绝你的访问。

3. 本地钱包(冷钱包)

本地钱包(冷钱包)的英文名为Local Wallet,也是较为常用的一种。

本地钱包是指将私钥、交易数据存储在本地端,如电脑、手机或是其他本地设备中,也是指密钥的存储位置,其概念独立于在线钱包、离线钱包(后面会讲到此内容)。但个人的电脑有可能被植入木马,黑客可能盗取你的钱包文件,记录你的钱包口令。想要加强本地钱包和在线钱包的安全性,最好设置一个较复杂的密码,并且千万不要忘记。本地钱包和在线钱包使用都比较方便,易用性强,在线钱包由于不受客户端限制,易用性比本地钱包能好一点。Bitcoin Core、比太钱包、比特派钱包都属于此类。

4. 如何选择钱包

最安全的选择是硬件钱包,你可以在安全的地方保持离线状态。该方式下,你不会面临账号被攻击、密钥失窃以及比特币消失的风险。但是,如果你丢失了该钱包,你的比特币就会消失,除非你有一个克隆版本(clone)和/或者对密钥进行了可靠的备份。

最不安全的选项是在线钱包,因为密钥由第三方持有。它也正巧是最易设置和使用的钱包,因此所有人都要做选择,是选便捷还是选安全。

许多认真的比特币投资者使用一种混合的方式:他们将自己核心的、长线持有的比特币离线存储,而同时出于流动性的考虑在移动账户中有一个支出余额。你的选择取决于你的比特币策略,以及你是否愿意变得"技术化"。

总结归纳一下：

- 硬件钱包能够线下保存加密资产，非常安全。
- 想从任何地方访问资金，选择手机应用。
- 想要通过浏览器操作账户，选择网页版钱包。
- 如果更喜欢在 MacOS、Windows 或者 Linux 系统上管理资金，选择桌面版应用。

6.5.2　比特币钱包

在日常生活中，我们会用钱包存放纸币和硬币。按道理讲，一个人拥有的比特币是存在网络中的，无论有没有钱包，数字货币都在那里。在比特币系统中，我们只是借用钱包的概念，实际上里面并非存储比特币，而是存储私钥或私钥管理工具，并提供简单快捷的转账功能，它实际上是一类软件或者 App，这些软件或者 App 运行在我们的电脑或者手机上。虽然数字货币并非存在钱包中，但私钥丢失，私钥代表的数字货币就没有人能够操作，也就丢失了。

1. 比特币钱包概念

为什么需要比特币钱包？如果没有比特币钱包，用户就不能接收、存储或者消费比特币。可以把比特币钱包理解为对接比特币网络的个人接口，就像网上银行账户是对接正规货币系统的接口一样。比特币钱包包含私人密钥，通过密码指令可以消费比特币。实际上，需要被储存或者需要受到保护的不是比特币，而是私钥，它给了用户管理比特币的权限。

简而言之，比特币钱包是一个简单的 App、网站或者设备，它为用户管理了比特币私钥。常用的比特币钱包类型有：

- 硬件钱包（冷钱包），大量储存。
- 软件钱包（热钱包、App），频繁交易。

比特币钱包如图 6-10 所示。

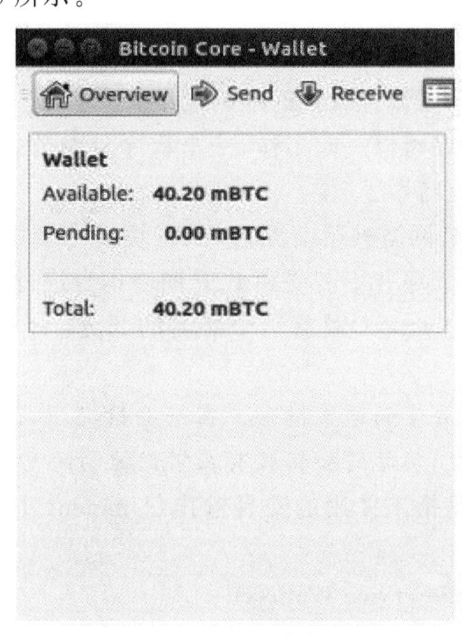

图 6-10　比特币钱包

每一个比特币全节点客户端软件实际上也是一个钱包软件，但运行一个全节点客户端太耗资源，操作起来也不方便，因此后来很多开源软件团队开发了功能简单、操作容易的各种轻钱包软件。目前，比较流行的比特币钱包软件有(钱包的排列顺序随机)：Bitcoin Core、Bitcoin Knots、Multibit HD、Armory、Electum、mSIGNA、Bitcoin Wallet、Breadwallet、Bither、GreenBits 等。各种钱包软件尽管在界面和操作上稍有不同，但本质上都是一样的，用户可以根据自己的偏好选择钱包软件。

尚未接触比特币但正准备入手的用户要做的第一件事就是下载一款钱包软件。当用户第一次运行一个钱包软件时，通常会被软件提示要记录一个"助记词"(Mnemonic/SeedPhrase)。典型的助记词如：maple、cake、honey、sugar、pudding、candy、cream、rich、smooth、crumble 等。

通常，这个助记词由英文单词组成，助记词对用户来说极为关键，它相当于我们银行存款的取款密码。但与人们在现实生活中忘记银行取款密码不同的是，我们忘记了银行的取款密码可以凭身份证到银行重新设置密码，拿回我们在银行的存款；但在比特币以及所有数字货币系统中，一旦我们忘记了助记词则没有人帮我们找回它，这也意味着我们将永远丢失这些数字货币。此外，我们也无法对同一钱包重置助记词，因此如果有人盗取了我们的助记词，则他人也可以盗取我们钱包中的数字货币，我们无法通过重置助记词来保护钱包中的资产。

因此，所有的钱包软件在显示助记词时，会提示用户要注意使用环境的安全，避免助记词被盗取。同时，要用笔和纸记录下助记词，存放在安全保密的地方。

钱包是私钥的容器，通常通过有序文件或者简单的数据库实现。比特币钱包只包含私钥而不是比特币。

比特币钱包涉及钱包程序和钱包文件。钱包程序创建公钥来接受比特币(Satoshis)付款，并使用对应的私钥来花掉比特币。钱包文件保存私钥和其他与钱包程序相关的交易信息(可选)。

2. 钱包程序(Wallet Programs)

允许接收和支付比特币是钱包软件的唯一功能，但是一个特定的钱包程序不需要同时做这两件事，两个钱包程序可以一起工作，一个程序分发公钥来接收比特币，一个程序进行交易签名来支付这些比特币。

钱包程序也需要和 P2P 网络进行交互，以从区块链中获得信息并广播出新的交易。当然，分发公钥和交易签名程序并不需要和 P2P 网络本身进行交互。

因此钱包系统(Wallet System)就有三个必需的部分：一个公钥分发程序，一个签名程序，一个联网程序。

注意：这里说的是公钥分发的通常情形。在一些情况下，P2PKH 和 P2SH 的散列值将被分发来代替公钥的分发，实际的公钥只有在它们控制的 Outputs 被支付时才分发。

输出 Outputs 通常就是指未使用的交易输出(Unspent Transaction Outputs)，缩写是 UTXO，就是比特币。

3. 完整功能的钱包(Full-Service Wallets)

最简单的钱包是一个执行三个功能的程序：

- 生成私钥，派生对应的公钥，并在需要时分发这些公钥。
- 监控支付给这个公钥的 Outputs，在支付 Outputs 时，创建交易和进行交易签名。
- 广播已经完成签名的交易。

现在几乎所有流行的 BTC 钱包都是 Full-Service Wallets。Full-Service Wallets 的优点是容易使用，单独的一个程序可以完成用户支付和接收比特币的全部工作。Full-Service Wallets 的缺点是，它们把私钥保存在可以连接到 Internet 的设备上，这使得设备中的私钥很容易被攻击。

4. 签名钱包(Signing-Only Wallets)

私钥可以保存在一个安全环境中的单独的钱包程序中来提高安全性，这些签名钱包和可以与 P2P 网络交互的联网钱包配合使用。签名钱包通常由确定性密钥(Deterministic Key)创建，用来创建可以生成子公、私钥的父公、私钥。

当第一次运行时，签名钱包创建一个父私钥，并将对应的公钥传输给联网钱包。联网钱包使用父公钥派生出子公钥，帮助分发它们(可选的)，监控支付给这些公钥的 Outputs，创建没有签名的支付交易，并把没有签名的支付交易传输给签名钱包。通常用户有机会使用签名钱包查看未签名交易的详情(尤其是 Outputs 的详情)。在用户查看步骤(可选的)之后，签名钱包使用父私钥派生相应的子私钥并进行交易签名，将签名的交易传回给联网钱包。联网钱包把签名的交易广播到 P2P 网络上。

5. 离线钱包(Offline Wallets)

几个 Full-Service Wallets 也可以当作两个独立的钱包使用：一个程序实例当作签名钱包(通常称为"离线钱包")，另一个程序实例当作联网钱包(通常称作在线钱包或者监控钱包)。

离线钱包在不联网的设备上运行，可以减少供给量。这种情况通常由用户来掌握所有数据的传输和使用可移动设备，比如 USB 驱动器。用户的工作流是：

- (离线)关闭设备上所有网络连接，并安装钱包软件。以脱机模式启动软件，创建父私钥和父公钥，并赋值父公钥到可移动介质上。
- (在线)在另一台设备上安装钱包软件。这台设备联网，从可移动介质上导入父公钥。下面的过程就像使用 Full-Service Wallet 一样，分发公钥来接收支付。当准备消费比特币时，填写 Outputs 详情并把钱包生成的未签名的交易保存到可移动介质上。
- (离线)在脱机实例中打开未签名的交易，审查交易的详情，确保支付金额和地址正确。这个可以阻止恶意软件(malware)欺骗用户签署交易，从而支付给攻击者。审查后，签署交易并保存到可移动介质。
- (在线)打开在线实例中已签名的交易，以便广播到 P2P 网络。

离线钱包的主要优点在于同完整功能的钱包相比，大大提高了安全性。只要脱机钱包没有被破坏(或者有缺陷)，用户在签名之前会检查所有支付的交易，即使在线钱包被破坏，用户的比特币也是安全的。

离线钱包的主要缺点是麻烦，为了得到最高的安全性，要求用户必须离线操作。任何时候要支付比特币，都必须启动离线设备，用户必须从在线设备物理拷贝数据到离线设备并再从离线设备拷贝数据回到在线设备。

6. 硬件钱包(Hardware Wallets)

硬件钱包是专门用于签名的钱包设备，一般是用智能卡等安全芯片开发的设备。它们可以安全地与其他联网设备通信，用户也不需要手动传输数据了。硬件钱包的工作流程是：

- (硬件)生成父私钥和公钥，将硬件钱包连接到一个联网设备上，这样联网设备就可以获得父公钥。
- (联网)像使用完整功能钱包一样，分发公钥来接收支付，当准备支付比特币时，填写交易详情，连接硬件钱包，然后选择消费，联网钱包会将交易详情发送给硬件钱包。
- (硬件)查看硬件钱包屏幕上的交易详情，一些硬件钱包可能会提示输入 PIN。硬件钱包对交易进行签名，并将交易签名返回给联网钱包。

7. 分发钱包(Distributing-Only Wallets)

在很难保证安全的环境中(比如 Web 服务器)运行钱包程序，只能设计成分发公钥而不能有其他功能。这种简单的钱包有两种常见的设计方法：

- 把大量的公钥或者地址保存到数据库中，然后根据请求分发一条数据库内的条目，比如一个公钥或者地址。为了避免重复使用密钥，Web 服务器应该追踪使用过的密钥，并且永远不要用尽数据库中的公钥。
- 使用父公钥创建子公钥。为了避免重复使用密钥，必须使用一种方法确保一个公钥不会被分发两次。

这两种方法都不会增加大量的开销。

8. 钱包文件(Wallet Files)

比特币钱包的核心是一组私钥。这些私钥集合被数字化地保存在一个文件中，甚至可以保存在一张纸上。

9. 私钥格式(Private Key Formats)

私钥是用来解锁对应公钥地址的比特币的。在比特币中，标准格式的私钥是一个 256 bit 的数字，值在下列范围内：

0x01 ～ 0xFFFF FFFF FFFF FFFF FFFF FFFF FFFF FFFE BAAE DCE6 AF48 A03B BFD2 5E8C D036 4140

这个范围是由比特币使用的 ECDSA secp256k1 加密标准管理。

10. 钱包导入格式(Wallet Import Format，WIF)

为了使得私钥复制不容易出错，可以使用 WIF。WIF 使用 Base58Check 对私钥进行编码，大大地降低了复制出错的机会，就像标准比特币地址一样。

①使用一个私钥。

②在前面添加一个 0x80 作为 mainnet 地址，或者添加一个 0xEF 作为 testnet 地址。

③如果它应该和压缩公钥一起使用，在后面追加一个 0x01；如果与未压缩的公钥一起使用，则不会追加任何数据。

④对扩展后的密钥进行 SHA-256 哈希。

⑤对 SHA-256 的结果进行 SHA-256 哈希。

⑥取第二个哈希结果的前 4 字节作为校验和。

⑦把从第 5 步获得的校验和添加到第 2 步扩展密钥的末尾。

⑧使用 Base58Check 编码把第 7 步的数据转换为 Base58 字符串。

11. 迷你私钥格式(Mini Private Key Format)

迷你私钥格式是一种将私钥编码到 30 个字符以内的方法,可以将密钥嵌入较小的物理空间,比如物理比特币 Token 或者 QR Code 中。

- 迷你密钥的第一个字符是“S”。
- 为了确定私钥格式良好,在私钥上添加一个问号。
- 计算 SHA-256 哈希,如果产生的第一个字节是“00”,它是格式良好的。密钥的限制规则是一种输入检查 type-checking 方法,用户使用随机数生成密钥,直到生成格式良好的密钥。
- 为了生成完整私钥,用户需要获取原始迷你私钥的单个 SHA-256Hash 值。这个过程是单向的,很难从生成密钥计算出迷你私钥格式。
- 在很多实现中不允许字符“1”出现在迷你私钥中,因为它与“l”在视觉上相似。

12. 松散密钥钱包(Loose-Key Wallets)

松散密钥钱包也叫零型非确定钱包,被称作 Just a Bunch Of Keys(JBOK),是一种 Bitcoin Core 客户端早期的钱包形式,已经被弃用。Bitcoin Core 客户端钱包通过伪随机数发生器自动创建 100 个公私钥对供以后使用。这些没有使用的私钥存储在一个虚拟的密钥池(Key Pool)中,之前生成的密钥被使用后,就会生成新的密钥放到池中,保证池中有 100 个未使用的密钥。

注意:桌面和移动钱包可以从互联网上免费下载,而硬件钱包可以在线购买并派送。

6.5.3 以太坊钱包

什么是以太坊钱包呢?简单来说,它就是一个加密的数字钱包,用于个人登录、存放、交易数字货币的一个账户,就像国际版的支付宝一样。

以太坊钱包的功能是储存、接收和发送(转账)用户的以太坊加密货币资产。在去中心化交易所中,用户可以直接用钱包去交易。使用以太坊钱包,相当于自己拿着银行卡+密码。使用钱包前,需要了解这些概念:地址、助记词、私钥、Keystore。

1.【地址】=银行卡号

我们说以太坊钱包,其实大部分就指的是以太坊地址。

你在转账、提币的时候会用到这个地址,和银行汇款、提现的道理一样。以太坊地址是 0x 开头的 42 位字符串,Etherscan 网站可以查看所有以太坊地址、交易和区块链的信息。输入任何一个钱包地址,可以查看它的余额以及在以太坊区块链上的转账/交易记录。Etherscan 还提供了收藏地址功能,用于固定查看某些地址的动态,比如自己的地址或者某些大户的地址(比如会影响币价的疑似庄家的地址)。

2.【助记词】= 银行卡+密码

助记词:12 个英文单词。

用户在创建钱包地址的时候,会提示用户备份助记词。12 个单词有固定顺序,每个单词之间有一个空格,这就是助记词。有助记词就能随时进入对应的钱包,一个钱包只有一个助记词且不能修改。助记词只能在创建钱包的时候备份一次，最好将助记词抄写下来，谨慎保存。如果小纸条丢了，也没有找回的功能。但是，毕竟小纸条还是挺容易找不着的，万一真找不着了怎么办？为此，钱包还提供了另外两种备份的方法：私钥、Keystore。

3.【私钥】＝银行卡＋密码

私钥（明文私钥）：是 64 位的十六进制字符串。

私钥格式：53fc37dksl98789ksi40b0……f147af058snskb783hskslab4a5。一个钱包只对应一个私钥且不能修改。备份钱包时，可导出私钥。同样，也可以采用物理备份，抄写到纸上。

4.【Keystore】＝加密算法加密过的（银行卡＋密码）

Keystore 加密是明文私钥通过加密算法加密过后的字符串，一般以文件形式存储。

当你备份钱包时，可导出 Keystore。此时，会要求你输入一个密码，然后生成的 Keystore＝加密算法加密过的（私钥＋你刚刚输入的密码）字符串。当你下次导入钱包的时候，需要复制并粘贴 Keystore＋对应的密码，才能把钱包成功导入。

5. 钱包分类

钱包现在主要是 PC 端，也就是在电脑端可以使用。在 PC 端一般首推使用 MetaMask，它是一个谷歌浏览器的一个插件。

以太坊钱包可以存储和管理以太坊账户。钱包可以提供多个管理账户，提供签名交易、跟踪余额等功能。钱包大致可分为两种类型：

- 非确定性钱包：这是一种使用随机私钥的钱包。用户可以生成尽可能多的公私钥对，但是每对密钥之间没有关系。
- 确定性钱包：在这种钱包中，私钥是从称为种子的单个起点派生的。种子使用户可以轻松备份和还原钱包，而无须任何其他信息，使用这种钱包的优点是无须记录和管理很多的私钥，只需要保管好种子就可以了。种子通常是一串助记词，如果您使用了诸如 MetaMask 之类的钱包，则在首次安装时会要求您保存 12 个单词来作为种子。

6. MetaMask 钱包

以太坊钱包目前有很多种，主要有 Mist、Parity、MyEtherWallet、imToken、MetaMask、Legder 等。这里只介绍其中一种：MetaMask 钱包。

MetaMask 是一款浏览器插件钱包，无须下载安装客户端，只需添加至浏览器扩展程序即可使用。用 Firefox 打开网址，单击“Install MetaMask for Chrome”后，在弹出页面中选择“ADD TOCHROME”，如弹出新窗口，则选择“ADD EXTENSION”。安装成功后，浏览器右上角将出现一个狐狸图标（MetaMask 插件图标）。安装 MetaMask 钱包界面如图 6-11 所示。

安装成功后，第一次登录使用 MetaMask，需要设定一个密码，之后系统会自动为其分配 12 个助记词。请注意，这 12 个助记词非常重要！在保存助记词的页面，会有一个提示：“任何人知道你的助记词，都可以随时转走以太坊钱包内的全部资产。”这可不是危言耸听，所以一定要保管好自己的助记词。确定这 12 个英文单词都记录好之后，便可以看到在区块链上属于自己的地址了。MetaMask 钱包详情如图 6-12 所示。

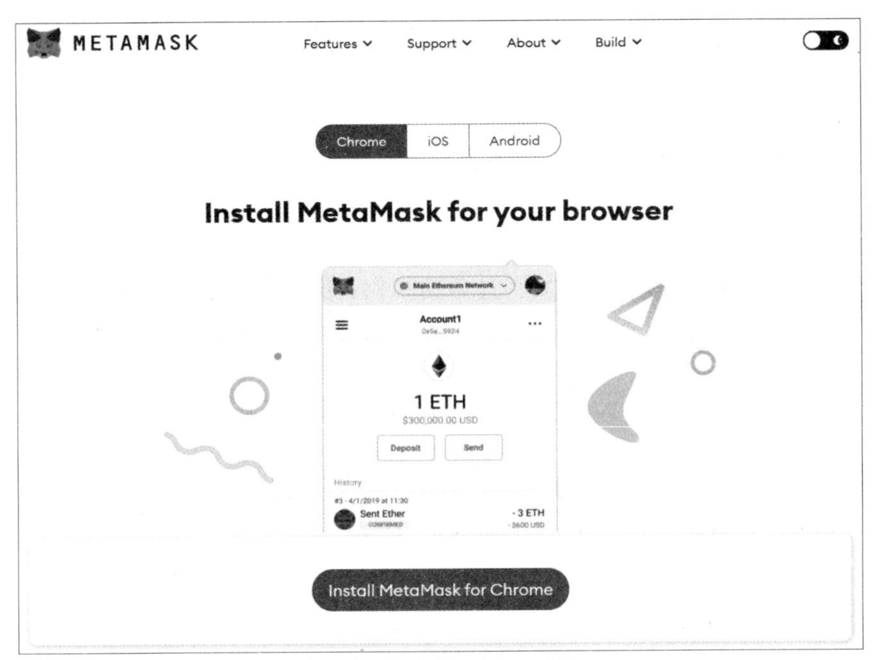

图 6-11 安装 MetaMask 钱包

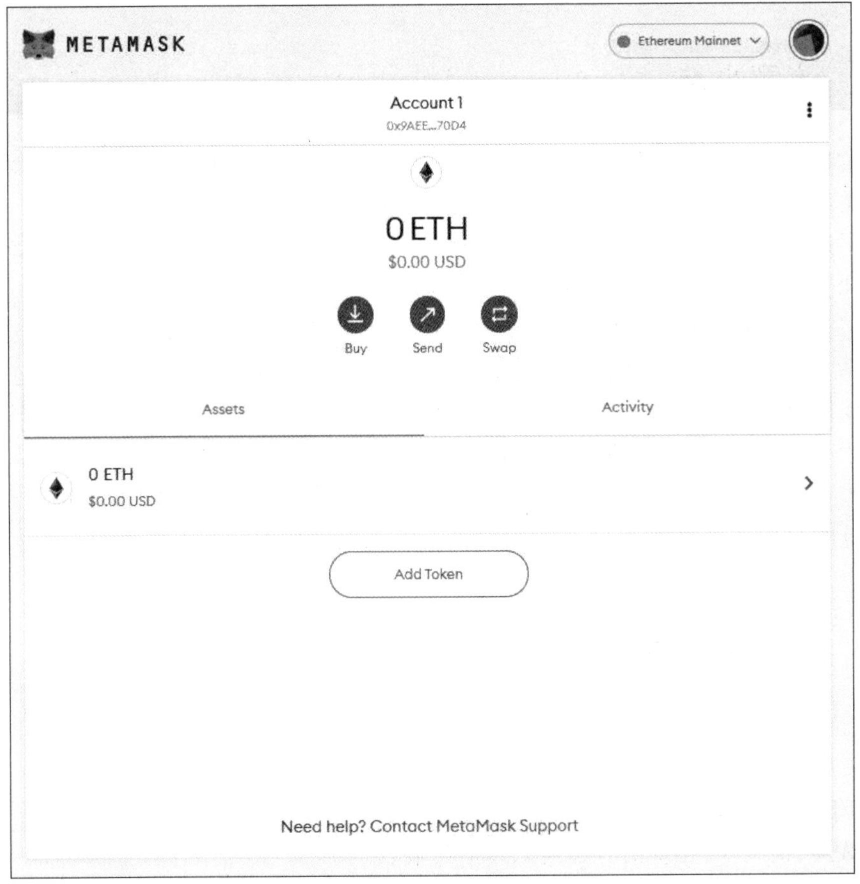

图 6-12 MetaMask 钱包详情

设置好之后，选择“以太坊主网络”(默认网络)登录，即可使用 MetaMask 了。另外，MetaMask 支持的 Token 为 ETH，持有 ETH 即可使用 MetaMask 快速完成想要进行的交易，玩转绝大多数的 DAPP 了。

钱包安装完成后，在部署和运行面板环境下拉列表中选择 Injected Provider。当再次部署合约时，就会弹出钱包页面，选择支付 gas 的账号，完成支付并部署。

7. 总结

总的来说，Keystore 是用算法加密过后的私钥，助记词和明文私钥是未经算法加密的私钥，三者都相当于是银行卡+密码。当导入钱包时，导入 Keystore、私钥、助记词其中任何一个，就拥有了对应的以太坊钱包，掌握了该钱包资产的所有权和支配权。所以一定要好好保管这三个信息，建议多重备份，使用物理介质，比如写在纸上或者是存储在 U 盘里。

- 创建钱包的时候，一定要备份助记词，没有第二次机会。
- 手抄助记词放在安全的地方，不要截屏、拍照。
- 不在网络传输，比如邮箱、聊天工具等。
- 同时将钱包的私钥、Keystore 导出，进行物理备份。
- 有的钱包 App 在导入地址时只支持 Keystore 或私钥备份，比如 MetaMask。

6.6 本章小结

本章在介绍区块链交易概念的基础上，选取当前最具代表性的平台比特币、以太坊进行了分类综述，重点介绍了相对应的两种交易记账模型。

为了讲清楚交易机制，本章节从区块链的交易周期、交易数据结构、比特币交易输入/输出等几个维度进行了介绍，力求能够浅显易懂。

为了查看交易信息，本章重点介绍了区块链账户、账户私钥、账户公钥以及这三者之前的关系。通过熟悉区块链账户与密钥，可以更好理解接下来介绍的区块链钱包。

根据区块链钱包分类，针对钱包的功能以及特性进行分析和总结，重点介绍了当前最熟悉的比特币钱包和以太坊钱包，并给出了一些使用钱包的操作示例以及注意事项。

通过对本章的学习，需要熟悉并掌握区块链的两种交易模型以及交易机制，还需要熟悉区块链账户与密钥的概念，并能够使用区块链钱包工具。

6.7 课后练习题

一、选择题

1. 下列说法错误的是(　　)。

A. 创建钱包的时候，一定要备份助记词

B. 截屏、拍照，并在微信等通信工具中传输

C. 助记词写在纸上或者是储存在 U 盘里

D. 将钱包的 Keystore 导出，进行物理备份

2. 使用下列(　　)可以登录钱包。

A. 地址　　B. 私钥　　C. 助记词　　D. Keystore

3. 下列不是以太坊中区块链客户端需具备的功能的是(　　)。

A. 验证某笔交易是否包含在特定区块中

B. 查询目前某个账户的余额

C. 判断一个账户是否存在

D. 通过钱包实现一笔交易

4. 下列说法错误的是(　　)。

A. 私钥不能与他人分享

B. 以太坊地址是不公开的

C. 比特币的公钥是和私钥一一配对的

D. 与以太坊互动时需要使用地址和私钥

二、填空题

1. 以太坊设计了三种树：________、________和________。

2. 以太坊私钥是一个________位长的数字，一般由两种方式生成，一种是通过________生成，另一种是通过________生成。

3. ________是比特币以及所有数字货币钱包最终的安全保障。

4. 比特币系统中是没有账户的，只有________。

5. 钱包助记词是利用了________技术，这种钱包也称为________钱包。

6. 为使复制比特币私钥不容易出错，通常使用________格式的私钥。

7. 区块链目前的交易模型主要分为两种：________为代表的账户/余额的记账模式以及以________为代表的 UTXO 模型。

三、问答题

1. 简述 UTXO 模型设计的优、缺点。

2. 简述账户/余额的记账模式的优、缺点。

3. 简述一个交易的生命周期要经历的过程。

4. 简述你对区块链账户、账户私钥、账户公钥的理解。

5. 简述常用的钱包类型以及其特性。

第7章 区块链网络

本章导读

区块链系统是建立在IP通信协议和分布式网络的基础上的，是完全通过互联网去交换信息的。区块链网络中所有的节点具有同等的地位，不存在任何特殊化的中心节点和层级结构，每个节点均会承担网络路由、验证数据区块等功能。由此可以看出，区块链网络是区块链系统运行的基础载体，其对保障系统的稳定性、连通性、实时性、安全性都起到至关重要的作用。

通过本章的学习，可以达到以下目标要求：

- 理解区块链网络的概念。
- 熟悉P2P网络架构的概念、节点特征、网络结构模型以及发展历程等。
- 熟悉区块链节点的分类，以及比特币、以太坊、联盟链网络的节点分类。
- 了解并熟悉区块链节点发现的技术原理。
- 了解并熟悉区块链节点间区块同步技术原理。

7.1 区块链网络概述

去中心化或分布式区块链网络有四种主要类型，分别是：公有区块链网络、私有区块链网络、混合区块链网络、联盟区块链网络。

1. 公有区块链网络

公有区块链网络无须权限，任何人均可加入它们。此类区块链的所有成员享有读取、编辑和验证区块链的平等权限。人们主要用公有区块链交换和挖掘加密货币，如比特币、以太坊和莱特币。

2. 私有区块链网络

一个组织可以控制多个私有区块链，又称为托管式区块链。该机构决定谁能成为成员，以及它们在该网络中拥有哪些权限。私有区块链只是部分去中心化，因为它们具有访问限制。Ripple就是一个私有区块链的示例，它是一个面向企业的数字货币交换网络。

3. 混合区块链网络

混合区块链网络结合了公有区块链网络和私有区块链网络的元素。例如，公司可随公有系统一起建立私有、基于权限的系统。通过这种方法，公司可以控制对区块链中存储的特定数据的访问，同时保持其余数据处于公开状态。公司使用智能合约允许公有成员检查私有交易是否已经完成。例如，混合区块链可以授予对数字货币的公有访问权限，同时保持银行拥有的货币处于私有状态。

4. 联盟区块链网络

联盟区块链网络由一组组织负责监管，多家预先选择的组织共同承担维护区块链及确定数据访问权限的职责。对于其中很多组织拥有共同目标并可通过共担责任而获益的行业，通常更喜欢联盟区块链网络。例如，全球航运业务网络联盟(Global Shipping Business Network，GSBN)是一个非营利性区块链联盟，该联盟致力于实现航运业数字化，以及加强海运业运营商之间的合作。

区块链网络由一个加密的分布式共享账本和点对点网络实现，其本质是在一个没有信任的互联网上构建一个去中心的、可信任的网络。该网络具备以下三个特点：

- 所有的网络参与者都是对等的，都以相同的方式参与交易的审核，并且审核人身份不可抵赖。
- 以大家达成共识的方式见证、封存交易记录。
- 封存的交易记录按时间排列，分布式地存储共享，但不可篡改。

7.2 P2P网络架构

7.2.1 P2P网络概述

在区块链白皮书中，中本聪就已经说明了这个系统的网络结构是peer-to-peer，也就是P2P网络。

从字面上看，P2P网络(peer-to-peer network，对等网络)可以理解为对等计算或对等网络。P2P网络是一种在对等peer之间分配任务和工作负载的分布式应用架构，是对等计算模型在应用层形成的一种组网或网络形式。

在P2P网络环境中，彼此连接的多台计算机处于对等的地位，各台计算机有相同的功能，无主从之分，网络中的每一台计算机既能充当网络服务的请求者，又能对其他计算机的请求做出响应，提供资源、服务和内容。通常这些资源和服务包括信息的共享和互换、计算机资源(如CPU计算能力共享)、存储共享(如缓存和磁盘空间的使用)、网络共享、打印机共享等。

P2P网络最早来自Napster，这是一个为用户提供免费MP3下载的网络服务。Napster服务器上不存储MP3文件，但是它有一个索引服务器记录各个用户的MP3歌单信息，这样当用户有下载需求时，可以直接找到对应主机并下载文件，这种模式为后来者提供了很多的启发。

网络的节点根据存储数据量的不同可以分为全节点和轻量级节点。全节点存储了从创世区块以来的所有区块链数据(举例来讲,时至2020年底,比特币网络完整节点近400 GB,而且还在不断增长)。全节点的优点是进行数据校验时不需要依靠别的节点,仅依靠自身就可以完成校验更新等操作;缺点是硬件成本较高。而轻量级节点只需要存储部分数据信息,当需要别的数据时可以通过简易支付验证方式(Simplified Payment Verification,SPV)向邻近节点请求所需数据来完成验证更新。

P2P是区块链的底层网络实现方式,一般会采用成熟的开源软件实现。对于大部分区块链应用来讲,往往不关心这个层面的实现。但对于区块链底层开发人员来讲,P2P网络的稳定性至关重要,尤其是各个区块链开发早期,不稳定的情况往往都是发生在P2P层面。

1. 对等模式

P2P系统中的服务器能够同时扮演客户端和服务器的角色,使两台计算机之间能够不通过服务器直接进行信息分享。也就是说信息的传输分散在各个节点,无须经过某个中心服务器,用户的隐私信息被窃听和泄露的可能性大大降低。

2. 网络资源的分布式存储

在C/S架构中,所有客户端都直接从服务器下载所有数据资源,这样势必会加重服务器的负担,而P2P则改变了以服务器为中心的状态,使每个节点可以先从服务器上下载一部分,然后再相互从对方或者其他节点下载其余部分。采用这种方式,当大量客户端同时下载时,就不会形成网络堵塞现象了。

从技术方面来分析,区块链技术就是P2P+共识机制+密码学。具体来说,区块链就是P2P的网络架构,通过密码学来保证数据的安全,通过共识算法来保证数据的一致性。对于其他架构来说,故障是不可避免的。但是对于区块链的分布式P2P网络来说,其基本不存在单点故障,就算节点频繁的进退也不会对整个系统产生影响。

P2P网络如图7-1所示。

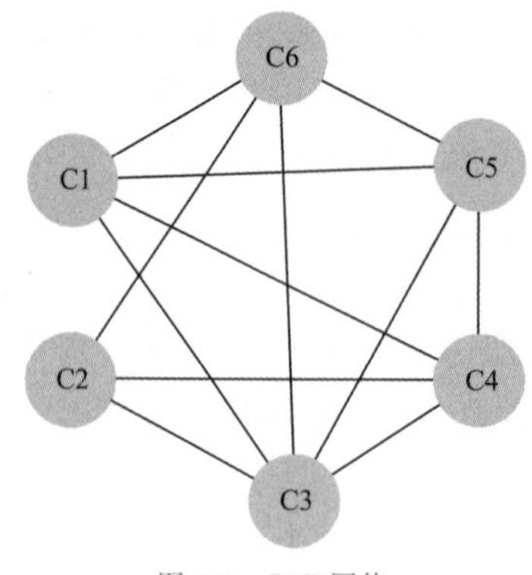

图7-1 P2P网络

7.2.2　P2P 节点特征

1. 去中心化

网络中的资源和服务分布在所有的节点上，每一个节点保存着所有的数据，信息的传输可以直接在节点之间，不需要中间环节的介入。

2. 可扩展性

用户可以随时加入该网络，系统的资源和服务能力也同步扩充。理论上其可扩展性几乎可以是无限的。

3. 健壮性

因为服务是分散在各个节点之间的，部分节点或网络遭到破坏对其他部分的影响很小，故 P2P 网络具有耐攻击、高容错的特点。P2P 网络一般在部分节点失效时能够自动调整整体拓扑，保持其他节点的连通性。

4. 高性价比

P2P 网络架构可以有效地利用互联网中散布的大量普通节点，将计算任务或存储资料分布到所有节点上。利用其中闲置的计算能力或存储空间，达到高性能计算和海量存储的目的。

5. 隐私保护

在 P2P 网络中，由于信息的传输分散在各节点之间进行而无须经过某个集中环节，用户的隐私信息被窃听和泄露的可能性大大降低。

6. 负载均衡

由于每个节点既是服务器又是客户端，减少了传统 C/S 模型中对服务器计算能力、存储能力的要求，同时因为资源分布在多个节点，更好地实现了整个网络的负载均衡。

7.2.3　P2P 网络结构模型

P2P 网络中，每个新加入的节点，都通过节点内置的 DNS 种子节点查询网络 IP 列表。

某些种子节点返回一组静态可靠的比特币节点 IP，某些种子节点返回动态的比特币节点 IP 集。新节点选择 8 个节点进行链接并对比，同步区块链数据。

如果有新交易产生，节点向自己所有相邻节点发送交易广播，后续再向邻居广播，直至全网都收到交易信息。

在 P2P 网络中，每台计算机每个节点都是对等的，它们共同为全网提供服务。而且，没有任何中心化的服务端，每台主机都可以作为服务器响应请求，也可以作为客户端使用其他节点所提供的服务。

P2P 通信不需要从其他实体或 CA 获取地址验证，因此有效消除了篡改的可能性和第三方欺骗。所以 P2P 网络是去中心化和开放的，这也正符合区块链技术的理念。

P2P 系统一般要构造一个拓扑结构，在这个结构中需要解决节点命名、出错恢复和数据查询等问题，现有的 P2P 网络结构有以下几种：

1. 混合型 P2P 结构

混合型 P2P 结构并不是完全的分布式 P2P，这种结构中仍然有服务器的存在，不过服务器的作用发生了改变，和传统的 C/S 架构相比，此时服务器仅具有促成各种节点协调和扩展的功能，一般我们称这种服务器为索引服务器。在这种结构下，资源并不存储在服务器上，而是存储在各台计算机上，这样一来可以大大降低服务器的负载压力，但是对服务器的依赖性依然存在。

2. 纯分布式 P2P 结构

纯分布式 P2P 结构又分为非结构化模型和结构化模型两种。其中非结构化模型采用随机图的组织方式，各个计算机间的关系以及数据的存放方式没有严格的控制，采用泛洪方式来定位数据，该模型的主要优点是稳定性好，主要缺点是查询效率比较低。结构化模型中主要基于分布式哈希表来控制计算机的分布和数据的存放，该模型的优点是查询效率高，主要缺点是稳定性比较低。

7.2.4 P2P 网络发展历程

从技术角度来看，P2P 网络的发展可分为以下三个阶段：

1. 第一阶段：集中式对等网络

这种网络采用的是中心化的拓扑结构，文件的索引信息都是存储在中央服务器上，每个子节点都需要连接中央服务器才可以找到资源。它最大的优点是维护简单、索引速度快。但是由于整个网络严重依赖于中央服务器，容易造成性能瓶颈和单点故障。

2. 第二阶段：非结构化的分布式网络

这种网络采用 Flooding 搜索算法，每次搜索都要把查询的消息广播给网络上的所有节点。当一个节点要下载某个文件的时候，这个节点会以文件名或者关键字生成一个查询，并把查询发送给所有跟它相连的节点。如果这些节点存在文件，则跟这个节点建立连接，如果不存在，则继续向相邻的节点转发这个查询，直到找到文件位置。

可以发现，当网络规模变大以后，这种搜索方式会引发“广播风暴”，严重消耗网络带宽和节点的系统资源。虽然避免了集中式对等网络的“单点故障”问题，但是效率却很低。

3. 第三阶段：结构化的分布式网络

目前采用最广泛的就是结构化的分布式网络，也就是基于分布式哈希表(Distributed Hash Table，DHT)的网络。

DHT 为了达到 Napster 的效率和正确性，以及 Gnutella 的分散性，使用了较为结构化的基于键值对的路由方法。DHT 是一种交换密钥的方式。在私钥加密体系中，密钥是非公开的，加密和解密使用的是同一个密钥，DHT 提供了在公共 Channel 传递密钥(存储)的功能。

DHT 算法有以下主要特点：

- 关联规则算法生成候选集的个数，从而提高查找每个事务中候选项目集的速度，在很大程度上优化了 Apriori 算法的性能瓶颈问题。

- 减少事务数据库的内容。DHT 算法生成的更小的候选集在生成 2 个以下项目集的时候，就可以通过剪枝技术逐渐减少事务数据库的内容，包括减少整个数据库中事务的数量（行数）和每个事务项中的个数（每行包含的项目数量），从而显著地减少后面迭代的计算量。
- 减少数据库扫描次数，降低对磁盘的 I/O 访问。经过剪枝，要处理的候选集小了，更多的内容可以在内存中进行，而且由于 DHT 算法在每趟扫描数据库的时候没有得到项目集，这样可以节省某些数据库在扫描时把频繁项目集的确定推迟到后一趟中，从而减少对磁盘 I/O 的访问。

DHT 算法减少了处理的候选集，以附加一个 Hash 表的计算和数据库表的存储空间（为了进行数据库的修剪）为代价，换取执行时间的减少。

另外，从目前底层技术角度来看，没有一条公有链能在广域网环境实测达到 100 KB/s，这是为什么呢？让我们来做几个最简单的算术计算：

无论是以太坊最常用的 Token 转账交易，还是 Solana 的最小装载量，每笔交易都需要至少 170 字节，100 KB/s 所需网络带宽至少为：170 Bytes×100 KB/s＝17 MB/s＝136 Mbit/s。这么大的数据量，而且它还需要广播到所有共识节点，其工作量是不可想象的。如果使用通常的 Gossip 协议，节点发出的数据量至少是这个数据量 10 倍，而且共识节点数量也多，广播所需网络数量也就更大。

可以对比下，BTC 15 分钟 1 个块，区块大小是 1 MB，平均 9.1 Kbit/s；以太坊最大区块大小由 1.865 MB 增加至 10 MB，出块时间为 15～12 s（ETH2.0），平均为 1～6.67 Mbit/s。

所以，工程上设计运行指标达到 10 KB/s 以上的区块链，都必须考虑网络问题，并提供相应的解决方法。

P2P 网络模型除应用于比特币网络外，也用于使用广泛的 BT 下载。P2P 网络不仅仅去除了中心化带来的风险，还可以提高传输的效率。

P2P 网络架构可以被开发运用到许多不同的方面，它在区块链中的核心地位也促成了数字货币的诞生。通过在一个大的节点网络中分发交易账本，点对点架构提供了安全性、去中心化和防范监管等优势。而除了在区块链技术中的优势之外，P2P 系统还可以应用于其他分布式计算应用领域，范围包括文件共享网络到能源交易平台等。

7.3　网络节点分类

7.3.1　网络节点分类概述

分布式网络是由分布在不同地点且具有多个终端的节点机互连而成的。网络中任一点均至少与两条线路相连，当任意一条线路发生故障时，通信可转经其他链路完成，具有较高的可靠性。同时，网络易于扩充。而运行底层服务的设备称为节点，节点之间通过对等协议相互通信，连接到任意节点。

节点通常按作用可分为三种类型：验证节点、追踪节点和应用节点。验证节点参与区块链账本和交易的投票共识。因需参与共识，故其服务器对网络通信要求较高，需要更大的带宽。追踪节点用于存储和同步区块链中的账本信息，不参与共识验证。由于存储了大量的账本信息，用作追踪节点的服务器需要较大的存储空间。追踪节点可以配置为全量节点或非全量节点。全量节点是指存储了当前所有区块账本数据的节点；非全量节点默认存储了 2 000 个最新区块的账本数据，存储的区块数量可更改。一般建议用户将追踪节点配置为非全量节点，这样不仅可以减轻服务器的存储压力，而且仍能通过区块链网络中的其他节点获取全量数据。应用节点是对外提供服务的节点。一个节点可以单独作为验证节点或追踪节点，也可以同时作为验证节点、追踪节点和应用节点。一般来说，应用节点同时是一个追踪节点。

7.3.2 比特币节点分类

比特币网络指的是运行比特币 P2P 协议的很多节点的集合，每个节点在地位上都是平等的，但是由于侧重的功能不同，因此比特币节点可以分成不同角色。

1. 普通全节点

普通全节点具有路由、链数据功能。一个节点只要是下载了完整且最新的区块链数据，那它就是一个全节点了。只有全节点才能真正自己去验证交易。

2. Bitcoin Core 全节点

Bitcoin Core 全节点具有钱包、挖矿、路由、链数据功能，是功能较为全面的节点。Bitcoin Core 是比特币的参考实现，是比特币网络上最为流行的客户端软件。

3. SPV 钱包节点

SPV 钱包节点具有路由、钱包功能。这种节点通常只关心和自己钱包中的地址相关的交易，不会下载完整的区块链，所以也被称为轻节点。钱包通常都是安装在移动设备上，资源有限所以适合使用轻节点。轻节点可以发起简单支付验证（SPV），然后向全节点请求数据来验证交易。轻节点不能看到所有的交易历史。

4. 挖矿节点

挖矿节点具有挖矿、路由、链数据功能。挖矿节点的主要工作当然是挖矿，它是独立的，也就是不加入矿池的节点如果要挖矿，是需要下载完整区块链的，所以独立挖矿节点也是全节点。

比特币 P2P 节点的类型如图 7-2 所示。

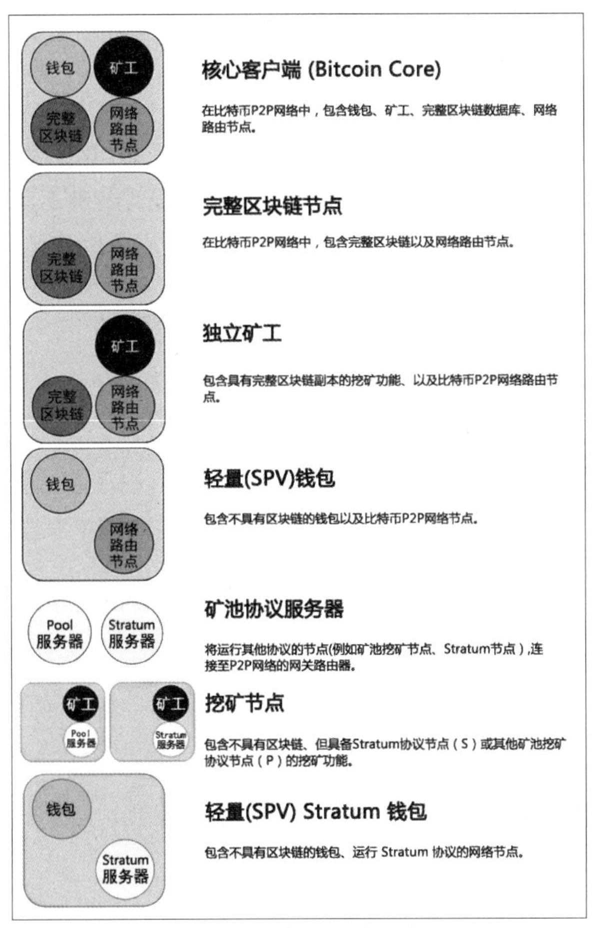

图 7-2　比特币 P2P 节点的类型

7.3.3　以太坊节点分类

以太坊(Ethereum)是由分散式节点所组成的网络架构，这些节点称为以太坊网络节点(Ethereum Nodes)或以太坊客户端(Ethereum Clients)。任何人只要有足够的满足规格的电脑硬件设备都能够加入以太坊网络中成为节点，贡献算力来赚取区块挖矿奖励。截至 2021 年 8 月，分布在世界各地的以太坊节点约有 10 000 个。

在当前的以太坊网络中，每个节点都是相互平等的，彼此间即时沟通同步区块资料及打包待出块的交易(挖矿)来维持以太坊区块链的运作，以太坊节点所做的工作如下：

- Receive Transactions：接收来自 DApp、钱包或其他节点的交易资讯。
- Receive Blocks：从其他节点接收区块资讯，将当前节点同步至最新的区块高度。
- Validating：验证新的区块的正确性，验证待处理交易的有效性。
- Executing：处理交易，进行运算并更改状态值，打包成新区块。
- Mining：用电脑算力来计算 nonce 值，最先找到 nonce 值出块并广播的矿工可以获得区块奖励与所有交易的手续费(Gas)。

- Consensus：通过共识机制达成全网账本的一致性或区块重组（reorg）。

以上便是以太坊网络节点常态性的工作内容，正是这些分布在全球的数千个节点不间断地工作才维系了以太坊区块链的正常运作。

然而其实节点有许多不同形式，上述参与所有工作内容（包含接收、验证、挖矿）的节点仅是大众普遍认知的其中一种形式，接着我们将介绍现行各种不同形式的节点。

以太坊节点分为四种类型：全节点、轻节点、存档节点、硬件节点。

（1）全节点

全节点的功能：

- 将所有区块链数据存储在磁盘上，可以根据请求为网络提供任何数据。
- 对区块进行验证时接收新交易和新区块。
- 验证所有区块和状态。
- 为了初始同步更为高效，全节点会存储最近的状态。
- 整个区块链的所有状态都可以从全节点导出。
- 一旦完全同步，全节点就会存储所有状态，类似于存档节点。

（2）轻节点

轻节点的功能：

- 存储区块头链并按需请求所有其他信息内容。
- 可以通过检验区块头的状态根，验证数据的有效性。

轻节点适用于低容量设备，比如嵌入式设备或移动电话，这些设备无法存储几十 GB 的区块链数据。

（3）存档节点

存档节点的功能：

- 存储所有全节点保存的内容。
- 创建历史状态的档案。

若用户想要检查任何给定区块高度的账户状态，只能查询存档节点。例如，用户想知道一个账户在区块高度为 4 000 000 时的以太币余额，就要运行并查询一个存档节点。

像 Infura 这样的基础设施作为存档节点时通常只提供服务。存档节点依赖于用例，对区块链的安全性或信任模型没有影响。

（4）硬件节点

一般消费者级别的笔记本电脑性能足以运行全节点，但不能运行存档节点。运行存档节点需要 2 TB 以上的磁盘空间，不能使用硬盘作为磁盘，必须使用能运行完整节点和存档节点的固态硬盘。轻节点在 SD 卡和硬盘上运行情况良好。

如果全节点离线一段时间，数据可能会损坏，需要一段时间才能恢复。若要运行自己的节点，请保持设备持续开机并且联网，从而最大化可靠性，最小化停机时间，获得最佳效果。这在笔记本电脑上是不可能实现的，而使用台式电脑（500w＋）则价格昂贵，所以最好选择一种制造和替换成本低廉，且最好可以免费运行的设备。树莓派的性能足以运行轻节点,而在 ARM 微型计算机上全节点才能运行良好,可以在 Block And Mortar、Ava.do 与 DAppNode 上查看预同步的预制设备。

7.3.4 联盟链节点分类

这里以联盟链中的长安链为例,讲述节点的分类,其他联盟链与长安链不完全一样,但类似。

1. 按照作用分类

- 共识节点(Consensus Node):参与区块链网络中共识投票、交易执行、区块验证和记账的节点。
- 同步节点 (Sync Node):或称见证节点,参与区块和交易同步、区块验证、交易执行,并记录完整账本数据,但不参与共识投票。
- 轻节点 (Light Node):参与同步和校验区块头信息,验证交易存在性的节点。

长安链如图 7-3 所示。

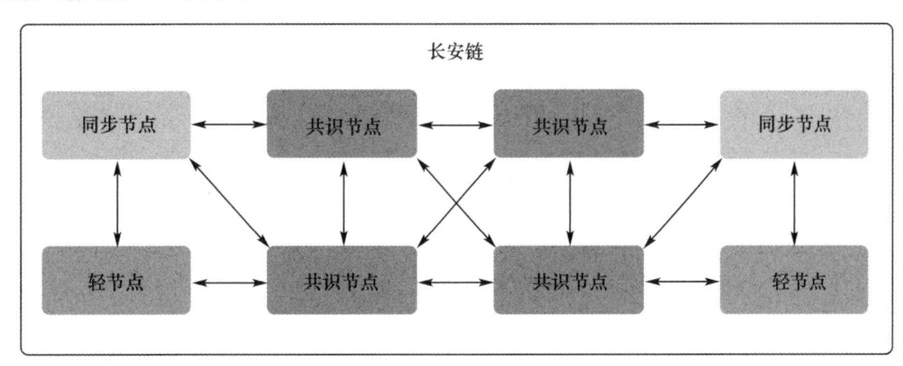

图 7-3 长安链

表 7-1 列出了共识节点、同步节点、轻节点的主要区别。

表 7-1 长安链节点对比

节点类型	同步数据类型	是否参与共识	是否验证区块	是否执行交易	是否可接收执行类交易	是否可接收查询类交易
共识节点	区块	是	是	是	是	是
同步节点	区块	否	是	是	是	是
轻节点	区块、同组织交易	否	是	否	是	是

2. 按照过程分类

- 提议节点(出块节点):区块链网络中负责产生新的候选区块的节点。
- 验证节点:区块链网络中负责验证新的候选区块的节点。对某一候选区块而言,除提议此区块的节点外,其余区块链节点均为验证节点。在不同轮次中提议节点和验证节点身份可互相转换。

长安链的提议节点、验证节点工作流程如图 7-4 所示。

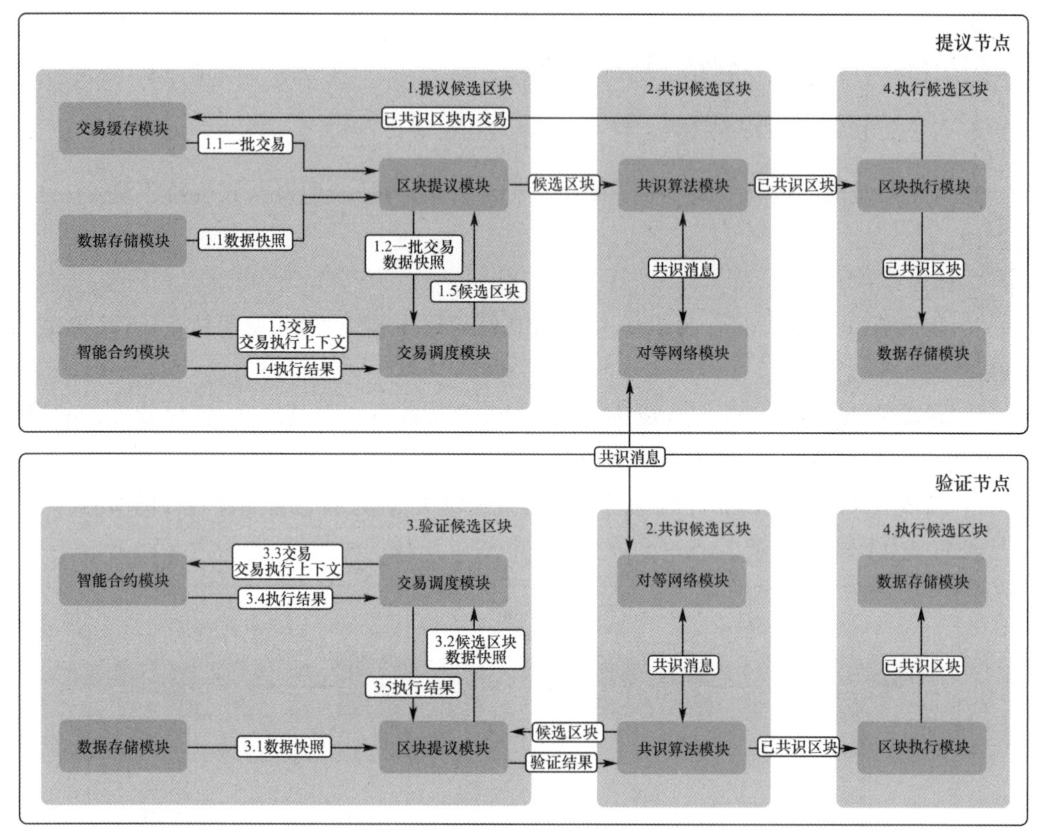

图 7-4　长安链节点工作流程

7.4　网络节点发现

7.4.1　网络节点发现概述

当新的节点启动后，为了能够参与协同运作，它必须发现网络中的其他节点。新的节点必须发现至少一个网络中存在的节点并建立连接。

网络节点发现是任何区块链节点接入区块链 P2P 网络的第一步。这与你孤身一人去陌生地方旅游一样，如果没有地图和导航，你就只能向附近的人问路，“向附近的人问路”这个动作就可以理解成网络节点发现。网络节点发现可分为初始节点发现和启动后节点发现。初始节点发现就是说你的全节点是刚下载的，第一次运行，什么节点数据都没有。启动后节点发现表示正在运行的钱包已经能跟随网络动态维护可用节点。

除去少数支持用户数据报协议(User Datagram Protocol，UDP)的区块链项目外，绝大部分的区块链项目所使用的底层网络协议依然是传输控制协议(Transmission Control Protocol，TCP)。所以从网络协议的角度来看，区块链其实是基于 TCP/IP 网络协议的，这与超文本传输协议(Hyper Text Transfer Protocol，HTTP)、简单邮件传输协议(Simple Mail Transfer Protocol，SMTP)是处在同一层的，也就是应用层。

7.4.2 比特币网络节点发现

新节点通过种子节点发现网络中的对等节点，种子节点是长期稳定运行的节点，存在于比特币客户端维持的一个列表中，或者起始时将至少一个比特币节点的 IP 地址提供给正在启动的节点。

如果已建立的连接没有数据通信，所在的节点会定期发送信息以维持连接。如果节点持续某个连接长达 90 min 没有任何通信，它会被认为已经从网络中断开，网络将开始查找一个新的对等节点。

比特币节点通常采用 TCP 协议，使用 8333 端口与相邻节点建立连接，建立连接时也会有认证“握手”的通信过程，用来确定协议版本、软件版本、节点 IP、区块高度等。

以太坊的 P2P 网络则与比特币不太相同，以太坊 P2P 网络是一个完全加密的网络，提供 UDP 和 TCP 两种连接方式，主网默认 TCP 通信端口是 30303，推荐的 UDP 发现端口为 30301。

当节点连接到相邻节点后，接着就开始跟相邻节点同步区块链数据(轻量级钱包应用其实不会同步所有区块数据)，节点会相互交换 getblocks 消息，它包含本地区块链最顶端的 Hash 值。如果某个节点识别出它接收到的 Hash 值并不属于顶端区块，而是属于一个非顶端区块的旧区块，就说其自身的本地区块链比其他节点的区块链更长，并告诉其他节点需要补充区块，则其他节点发送 getdata 消息来请求区块，验证后更新到本地区块链中。

P2P 网络拓扑结构有很多种，有些是中心化拓扑，有些是半中心化拓扑，有些是全分布式拓扑结构。比特币全节点组成的网络是一种全分布式的拓扑结构，节点与节点之间的传输过程更接近“泛洪算法”，即交易从某个节点产生，接着广播到临近节点，临近节点一传十、十传百，直至传播到全网。

全节点与 SPV 简化支付验证客户端之间的交互模式，更接近于半中心化的拓扑结构，也就是 SPV 节点可以随机选择一个全节点进行连接，这个全节点会成为 SPV 节点的代理，帮助 SPV 节点广播交易。

为了能够加入比特币网络，比特币客户端会做以下几件事情：

- 节点会记住它最近成功连接的节点，当重新启动后它可以迅速与先前的对等节点网络重新建立连接。
- 节点会在失去已有连接时尝试发现新节点。
- 当建立一个或多个连接后，节点将一条包含自身 IP 地址的消息发送给其相邻节点。相邻节点再将此消息依次转发给它们各自的相邻节点，从而保证节点信息被多个节点所接收，保证连接更稳定。
- 新接入的节点可以向它的相邻节点发送获取地址 getaddr 消息，要求它们返回其已知对等节点的 IP 地址列表。节点可以找到需连接到的对等节点。
- 在节点启动时，可以给节点指定一个正活跃的节点 IP，如果没有，客户端也维持一个列表，列出了那些长期稳定运行的节点。这样的节点也被称为种子节点(其实和 BT 下载的种子文件道理是一样的)，可以通过种子节点来快速发现网络中的其他节点。

比特币网络节点发现的主要功能如下：

(1)比特币的核心部分维护一个在启动时可以连接的对等节点列表

当一个完整的节点第一次启动时，它必须被自举(Bootstrapped)到网络。这个过程如今在比特币的核心部分通过一个短名单上的DNS种子自动执行。选项-dnsseed可以被用来定义这种行为，默认的设置是1。DNS请求返回一个可连接的IP地址列表。比特币客户端从那里可以连接到整个比特币网络。

自举的一种方法是使用参数-seednode＝＜ip＞。通过这个参数，用户可以预先定义连接到哪个服务器，并在建立对等节点列表之后断开连接。另一种方法是在启动比特币核心时配置-connect＝＜ip＞参数来选择连接到哪些对等节点(未被配置的IP将不会被连接)。添加对等节点的最后一种方法是通过参数-addnode＝＜ip＞添加一个单独的节点到对等节点列表中。

自举过程完成后，节点向其对等节点发送一个包含其自身IP地址的addr消息。其对等的每个节点向它们自己的对等节点转发这个信息，以便进一步扩大连接池。通过getpeerinfo命令可以查看某个节点所连接的对等节点及相关的数据。

(2)连接到对等节点

节点通过发送version消息连接到一个对等节点。消息version包含了节点的版本信息、块信息和距离远程节点的时间，一旦这个消息被对等节点收到，它必须回复一个verack。如果它愿意建立对等关系，它将发送自己的version消息。

一旦建立对等关系，节点可以向远程节点发送getaddr和addr消息来获得其他的对等节点信息。为了维持与对等节点的连接，节点默认情况下每30 min内会给对等节点至少发送一次信息。如果超过90 min没有收到回复，节点会认为连接已经断开。

(3)块广播

在与对等节点建立连接后，双方互发包含最新块Hash值的getblocks消息。如果某个节点坚信其拥有最新的块信息或者有更长的链，它将发送一个inv消息，其中包含至多500个最新块的Hash值，以此来表明它的链更长。收到的节点使用getdata来请求块的详细信息，而远程的节点通过命令block来发送这些信息。在500个块的信息被处理完之后，节点可以通过getblocks请求更多的块信息。这些块在被接收节点认证之后得到确认。

新块的确认也可通过矿工挖到并发布的块来发现，其扩散过程和上述类似。通过之前的连接，新块以inv消息发布出去，而接收节点可以通过getdata请求这些块的详细信息。

(4)交易的广播

和对等节点的交易通过inv消息来实现。如果收到了getdata信息，那么交易通过发送tx实现。对等节点收到有效的交易信息后会通过类似的方式将其扩散。如果交易信息在一段时间内没有被放进块中，那么交易将被从内存池中清除，而原节点将重新发送交易信息。

(5)行为不端的节点

对于所有的广播，那些行为不端的节点(占用带宽和通过发布错误信息来浪费计算资源的节点)将受到惩罚。如果一个节点惩罚分数超过门限值-banscore=＜n＞,它将被禁止加入网络若干秒。这个时间由参数-bantime=＜n＞定义,默认值是86 400 s,即24 h。

(6)警告

为了应对可能出现的bug和攻击,比特币开发者提供了比特币警告服务RSS。比特币用户通过命令getinfo可以查看针对其特定客户端版本的错误信息。这些信息通过allert消息尽可能多地扩散出去给每一个连接的对等节点。错误信息采用特定的ECDSA私有密钥签名,只被极少数的开发者控制。

补充资源:如果你想了解各种消息的详细结构和所有的消息类别,可以参考比特币Wiki上的协议说明。

7.4.3　Fabric节点发现

一个新节点通过已知的节点加入网络,此时,它所知的节点信息是非常有限的,需要通过节点发现获知更多的节点,建立起足够的连接。另外,当一个新节点加入网络时,原有节点也需要通过节点发现感知到新节点的加入。

这里以Hyperledge Fabric为例进行说明。分布在各地的节点总是会有上线、离线的变化,因此需要Fabric网络必须动态维护一个节点成员列表,即节点成员管理。

1. 节点发现流程

一个节点要加入Fabric网络,必须知道至少一个已知Fabric节点并将其作为启动节点。流程核心内容简要归纳如下:

- 节点会定时广播Alive,标明自己在线。
- 新节点连接后会与对方交换各自节点信息。
- 所有节点会周期性地进行节点信息同步。

2. 网络连接层次的节点成员管理(在线、离线)

在线节点(Peer)通过持续不断广播"活着"的消息,来表明它们的可用性。这一部分相当于心跳检测,如果节点离线,就在channel成员列表中删除节点。

3. 节点间消息传播(Gossip)

(1)消息发送方式

- 点对点发送(end to end)。
- Gossip方式,发送消息时会根据消息类型对节点进行过滤筛选(另外还会去除掉发送节点),再随机(具体实现上是随机就近原则)选择kkk个节点发送消息。

这里采用的是push和pull方式。

(2)push

节点有了新消息后,随机选择kkk个节点(例如3),向它们发送新消息。kkk个节点收到后,继续随机选择kkk个节点发送新信息,直到所有节点都知道该新信息。

(3)pull

所有节点周期性的随机选取kkk(默认配置=3)个节点,向它们获取数据。Fabric中gossip协议pull操作如图7-5所示。

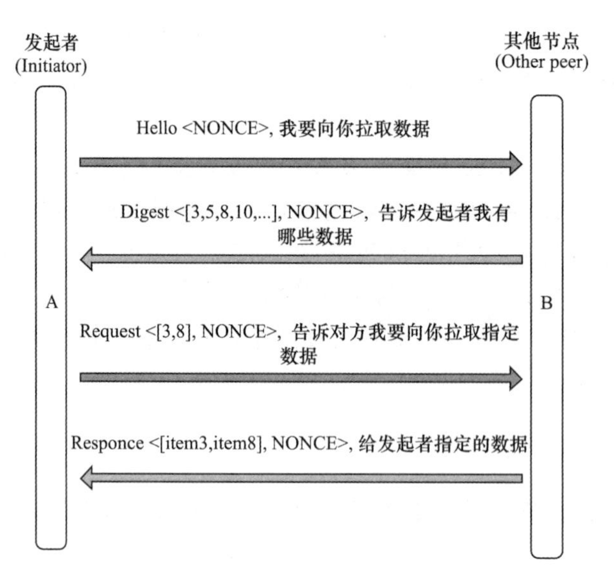

图 7-5 Fabric 中 gossip 协议 pull 操作

7.5 节点间区块同步

当节点连接到相邻节点后，就开始跟相邻节点同步区块链数据(轻量级钱包应用其实不会同步所有区块数据)，所有节点会交换一个 getblocks 消息，它包含本地区块链最顶端的 Hash 值。如果某个节点识别出它接收到的 Hash 值并不属于顶端区块，而是属于一个非顶端区块的旧区块，就说其自身的本地区块链比其他节点的区块链更长，并告诉其他节点需要补充区块，其他节点发送 getdata 消息来请求区块，验证后更新到本地区块链中。

7.5.1 比特币区块同步

1. 应用程序启动

比特币区块读写、同步、挖矿的执行过程如下：

- 解析命令行参数及配置文件加载配置。
- 加载区块及状态数据，数据目录不存在则创建。
- 启动 P2P 端口监听。
- 与指定节点建立连接。
- 监听 RPC server 端口。
- 开启地址管理模块 addrManager，加载已有地址，定时对已有地址保存。
- 开启同步管理模块 syncManager，处理新节点、交易、区块等消息。
- 开启连接管理模块 connManager，先进行 DNSSeed 并从种子域名获取解析地址加入地址管理。
- 开启请求连接处理。
- 接受 P2P 端口进来的连接并开启通信。

- 建立默认 8 个随机地址的出口连接并开启通信。
- 维护每个连接是否在线可用 stallHandler，接收数据处理 inHandler，发送数据处理 outHandler 发送数据队列 queueHandler 定时 Ping 处理。
- server 处理 newpeer donepeer 等。

2. 建立连接后的通信过程(FromP→ToP)

- FromP Dial 到 ToP Listen 的端口，双方已建立连接。
- FromP 发送 version 消息到 ToP，等待处理 ToP 的 version 消息。
- ToP 处理 version 消息后，再发送 version 到 FromP，如收到的 version 消息版本或服务与自己不匹配，则发送 reject 消息，version 协商成功，10 s 定时发送 inv 消息。
- FromP 处理 version 消息，如收到的 version 消息版本或服务与自己不匹配则发送 reject 消息，判断是否需要更多节点地址(＜1000)，需要则发送 getaddr 消息到 ToP，version 协商成功将节点标记为候选同步节点。若此时没有正在同步的节点，则开启同步，发送 getheaders 或 getblocks 消息到 ToP。
- 从 FromP 发送 verack 到 ToP。
- ToP 收到 getaddr 后调用地址管理模块，从所有地址里获取比例不超过 23%、数量不超过 2 500 个打乱顺序的地址，过滤已发送的地址，构造包含这些地址的 addr 消息发送到 FromP，并记录发送地址的记录。
- FromP 收到 addr 消息，循环地址，添加到地址管理模块。
- ToP 收到 getheaders 消息，取相应的头信息封装成 headers 消息发送给 FromP。
- FromP 收到 headers 消息，通知同步模块。
- FromP 收到 inv 消息，会发送 getdata 消息获取最新的区块 Hash。

3. 交易广播过程

- 钱包或客户端调用 createrawtransaction 传入 input/output/locktime/sequence，获得原生交易。
- 离线签名或调用 signrawtransactionwithkey 传入 rawtx/privkey/preutxo/signtype，进行签名。
- 签名后调用 sendrawtransaction 发送 signedtx 到节点机。
- 节点机通过 rpc server 获取到签名后的交易，先进行验证有效性，比如输入/输出是否合法、签名是否正确等。
- 节点机将合法的交易存放到 mempool 中，并通过 P2P 广播到其他节点。
- 矿工节点对交易进行打包，生成新区块，最后再广播区块。

7.5.2　FISCO BCOS 区块同步

同步是区块链节点非常重要的功能，它是共识的辅助，给共识提供必需的运行条件。这里以 FISCO BCOS 联盟链为例，FISCO BCOS 同步分为交易同步和状态同步。

- 交易同步，确保了每笔交易能正确到达每个节点上。
- 状态同步，确保区块落后的节点能正确回到最新的状态。只有持有最新区块状态的节点，才能参与共识。

1. 交易同步

交易同步是指让区块链上的交易尽可能地到达所有的节点，为共识中将交易打包成区块提供基础。

一笔交易(tx1)从客户端上发往某个节点，节点在接收到交易后，会将交易放入自身的交易池(Tx Pool)供共识打包。与此同时，节点会将交易广播给其他的节点，其他节点收到交易后，也会将交易放到自身的交易池中。交易在发送的过程中，会有丢失的情况，为了能让交易尽可能地到达所有的节点，收到广播过来交易的节点会根据一定的策略选择其他的节点，再进行一次广播。

交易同步如图 7-6 所示。

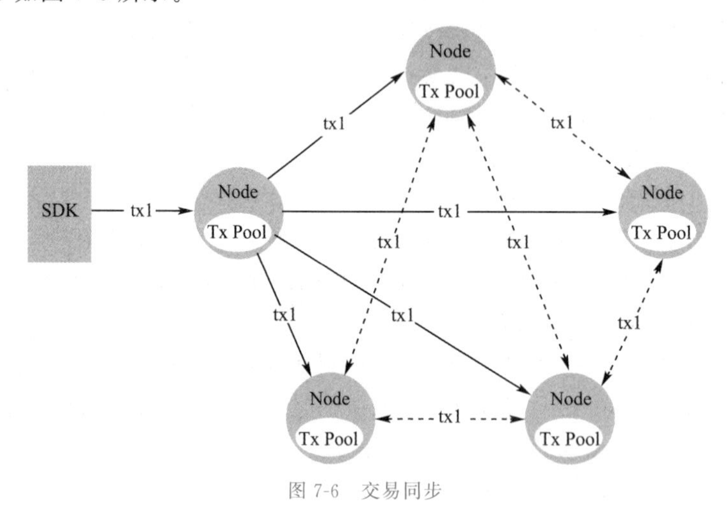

图 7-6　交易同步

2. 状态同步

状态同步是指让区块链节点的状态保持在最新。区块链状态的新旧是指区块链节点当前持有数据的新旧，即节点持有的当前区块块高的高低。若一个节点的块高是区块链的最高块高，则此节点就拥有区块链的最新状态。只有拥有最新状态的节点，才能参与共识，进行下一个新区块的共识。

在一个全新的节点加入区块链上，或当一个已经断网的节点恢复网络时，此节点的区块落后于其他节点，状态不是最新的，此时就需要进行状态同步。例如需要状态同步的节点(Node1)会主动向其他节点请求下载区块，整个下载的过程会将下载的负载分散到多个节点上。

区块链节点在运行时，会定时向其他节点广播自身的最高块高。节点收到其他节点广播过来的块高后，会和自身的块高进行比较，若自身的块高落后于此块高，就会启动区块下载流程。

区块的下载通过请求的方式完成。进入下载流程的节点，会随机地挑选满足要求的节点，发送需要下载的区块区间。收到下载请求的节点，会根据请求的内容，回复相应的区块。状态同步如图 7-7 所示。

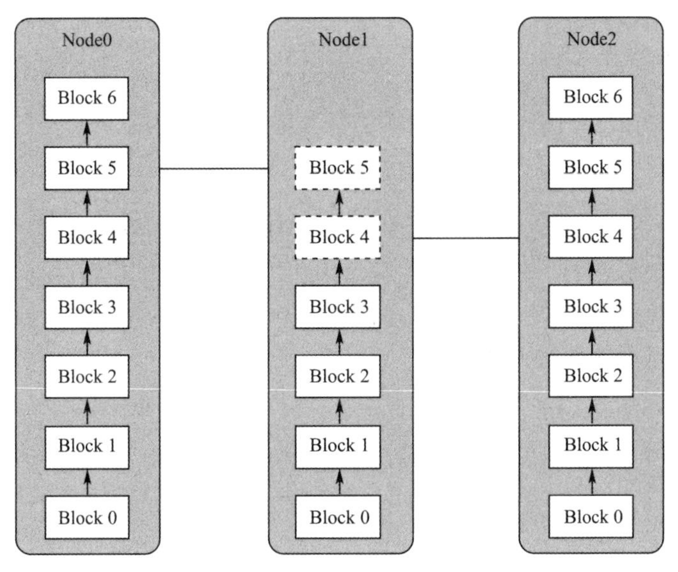

图 7-7　状态同步

7.6　本章小结

本章首先介绍了四种主要类型的去中心化或分布式区块链网络，分别是：公有区块链网络、私有区块链网络、混合区块链网络、联盟区块链网络。其次介绍了区块链使用最普遍的 P2P 网络架构，分别介绍了 P2P 节点的特征、结构模型以及 P2P 网络发展的不同阶段的技术特性。再次总结了区块链节点的分类，对比特币、以太坊、联盟链的节点分类进行了总结归纳。节点发现是任何区块链节点接入区块链 P2P 网络的第一步，因此最后又介绍了节点发现的技术原理以及以比特币、Fabric 为例介绍节点发现的技术特性。当节点连接到相邻节点后，接着就开始跟相邻节点同步区块链数据，因此又分别以比特币、FISCO BCOS 为例介绍了区块同步的技术原理。

学生通过对本章的学习，基本上能够了解或者熟悉区块链网络各个环节的技术原理。对于区块链网络的概念以及 P2P 网络需要重点掌握，对于节点分类、节点发现、区块同步等技术原理需要了解并熟悉。

7.7　课后练习题

一、选择题

1. 下列不是现有的 P2P 网络结构的是(　　)。

A. 混合型的 P2P 结构　　B. 纯分布式的 P2P 结构

C. 集中式的 P2P 结构　　D. 结构化 P2P 模型

2. 下列不是节点特征的是(　　)。

A. 去中心化　　B. 可扩展性　　C. 隐私保护　　D. 智能化

3. 下列不是比特币节点角色的是(　　)。

A. 普通全节点　　B. 存档节点　　C. SPV 钱包节点　　D. 挖矿节点

二、填空题

1. P2P 网络是一种在对等 peer 之间分配任务和工作负载的________应用架构，是________在应用层形成的一种________形式。

2. 对比中心化网络，在 P2P 网络中不存在任何________、________的服务。

3. 以太坊节点分为四种类型：________、________、________、________。

4. 有四种主要类型的去中心化或分布式区块链网络，分别是________、________、________、________。

5. 节点通常按作用可分为三种类型：________、________和________。

6. 网络的节点根据存储数据量的不同可以分为________和________节点。

三、问答题

1. 简述 P2P 节点的特征。

2. 简述以太坊节点的分类以及相对应的功能。

3. 简述比特币节点发现的技术原理与流程。

4. 简述比特币区块同步的技术原理与流程。

5. 简述 FISCO BCOS 区块同步的分类以及各自的作用。

第8章 智能合约

本章导读

智能合约是存储在区块链上的程序，智能合约是一种旨在以信息化方式传播、验证或执行合同的计算机协议。智能合约允许在没有第三方的情况下进行可信交易，这些交易可追踪且不可逆转。智能合约概念于1995年由Nick Szabo首次提出，目的是提供优于传统合约的安全方法，并减少与合约相关的其他交易成本。

智能合约是区块链落地应用的核心模块，是学习区块链必须掌握的技能。通过本章的学习，可以达到以下目标要求：

- 理解智能合约的概念。
- 了解智能合约的优、缺点。
- 了解智能合约风险。
- 了解智能合约标准。
- 熟悉并掌握智能合约的开发。
- 熟悉智能合约的应用场景。

8.1 智能合约概述

智能合约是20世纪90年代加密学者尼克萨博(Nick Szabo)首次提出的。尼克萨博是博客作者和前乔治华盛顿大学的法学教授，早在1995年，几乎与互联网World Wide Web同时，发表了关于合同法在网络安全实现的论文，提出了智能合约的概念。

“一套以数字形式定义的承诺(Promise)及合约参与方可以在上面执行这些承诺的协议”其中的承诺定义了合约的本质和目的，具体指：合约参与方同意的(经常是相互的)权利和义务。以一个销售合约为例，卖家承诺发送货物，买家承诺支付合理的货款。大家都知道太坊的问世使智能合约有了一个落地环境。在比特币中，相对来说智能合约用法比较有限，只是币的转让。比特币中应用的智能合约比较简单，不够智能。以太坊出现以后，人们可针对每一个交易需求创设一些相应的代码来实现交易，所以真正实现了一定程度的智能处理，这个时候智能合约开始得到广泛应用。智能合约广泛应用对现有法律一些概念、一些制度也提出了一定挑战，所以我们在这里与大家一起共同探讨一下，关于智能合约本质、法律性质、智能合约应用以及怎么在合同法角度进行制度完善的思考。

第一，智能合约定义。智能合约依靠数字形式定义承诺，包括合约参与方可以在上面进行智能合约定义。智能合约构成要素要有合约主体，有主体才能自动锁定、解开智能合约中的相关商品服务。第二，智能合约涉及条款所有的操作程序，需要有参与者共同认可签署才可以执行。第三，要形成协议，需要有数字签名，通过电子形式实现，所以需要有参与者通过他们的私钥进行认证，智能合约才会被启动。第四，智能合约是数字形式，建立在去中心化区块链平台上，分布于各个节点，等待执行的一段代码。

2019 年，美国统一法委员会（简称 ULC）对智能合约做了定义。ULC 认为智能合约是预设条件满足的时候，区块链内状态发生改变的计算机代码。根据之前定义分析智能合约是把传统合同条款通过一套计算机代码，经过编程然后形成的一套代码，代码可以组合不同代码，把智能合约形成的代码部署于区块链上，交易各方签署以后在区块链上自动运行。这样满足条件的时候，智能合约可以自动抓取链上或者是链外信息，预设条件满足，计算机代码就会相应做一些执行，这个执行是自动执行，是必然会发生，而且是不可逆转。根据智能合约设置来运行，所以一旦计算机代码编制好上链，客观情况发生变化也不会做相应修改。

智能合约致力于将已有的合约法律法规以及相关的商业实践转移到互联网上来，使得陌生人通过互联网就可以实现以前只能在线下进行的商业活动，并实现真正的完全的电子商务。1994 年，尼克萨博对智能合约做出以下描述：“智能合约是一个由计算机处理的、可执行合约条款的交易协议。其总体目标是能够满足普通的合约条件，例如支付、抵押、保密甚至强制执行，并最小化恶意或意外事件发生的可能性，以及最小化对信任中介的需求。智能合约所要达到的相关经济目标包括降低合约欺诈所造成的损失，降低仲裁和强制执行所产生的成本以及其他交易成本等。”

尼克萨博和其他研究者希望借助密码学协议以及其他数字化安全机制，实现逻辑清楚、检验容易、责任明确和追责简单的合约，这将极大地改进传统的合约制定和履行方式，并降低相关的成本，将所有的合约条款以及操作置于计算机协议的掌控之下。但那时，互联网本身很多技术还不成熟，无法完全实现研究者的想法，这一局面在比特币和以太坊的出现之后得到很大改观。借由区块链技术，智能合约得以飞速发展，有许多研究机构已将区块链上的智能合约作为未来互联网合约的重要研究方向，很多智能合约项目已经初步得以实现，并吸引大量的资金投入其中。

智能合约是一组情景应对型的程序化规则和逻辑，是通过部署在区块链上的去中心化、可信共享的脚本代码实现的。通常情况下，智能合约经各方签署后，以程序代码的形式附着在区块链数据上，经 P2P 网络传播和节点验证后记入区块链的特定区块中。智能合约封装了预定义的若干状态及转换规则、触发合约执行的情景、特定情景下的应对行动等。区块链可实时监控智能合约的状态，并通过核查外部数据源，确认满足特定触发条件后激活并执行合约。

虽然在法律范畴上来说，智能合约是否是一个真正意义上的合约还有待研究确认，但在计算机科学领域，智能合约是指一种计算机协议，这类协议一旦制定和部署就能实现自我执行(Self-executing)和自我验证(Self-verifying),而且不再需要人为干预。从技术角度来说,智能合约可以被看作一种计算机程序,这种程序可以自主执行全部或部分和合约相关的操作,并产生相应的可以被验证的证据,来说明执行合约操作的有效性。在部署智能合约之前,与合约相关的所有条款的逻辑流程就已经被制定好了。

智能合约通常具有一个用户接口(Interface),以供用户与已制定的合约进行交互,这些交互行为都严格遵守此前制定的逻辑。得益于密码学技术,这些交互行为能够被严格验证,以确保合约能够按照此前制定的规则顺利执行,从而防止出现违约行为。

智能合约如图 8-1 所示。

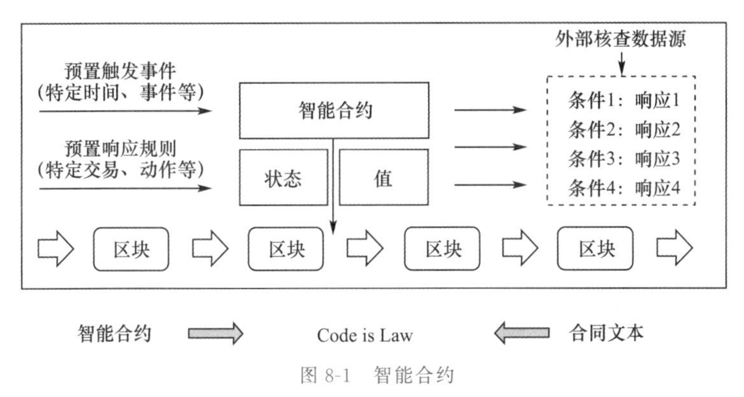

图 8-1　智能合约

举个例子来说,对银行账户的管理就可以看成一组智能合约的应用。在传统方式中,对账户内存款的操作需要中心化的银行进行授权,离开银行的监管,用户就连最简单的存取款都无法进行。智能合约能够完全代替中心化的银行职能,所有账户操作都可以预先通过严密的逻辑运算制定好,在操作执行时,并不需要银行的参与,只要正确地调用合约即可。再比如说,用户的信息登记系统完全可以由智能合约实现,从而完全抛开需要人为维护的中心化数据管理方式,用户可以通过预先定义好的合约实现信息登记、修改、注销等功能。此外,通过设计更复杂的合约,智能合约几乎可以应用于任何需要记录信息状态的场合,例如各种信息记录系统以及金融衍生服务。但这要求合约设计者能够深入了解流程的各个细节,并进行合理设计,因为通常来说,智能合约一旦部署成功,就不会再受到人为的干预,从而无法随时修正合约设计中出现的漏洞。

智能合约是 1990 年代由尼克萨博提出的理念,几乎与互联网同龄。由于缺少可信的执行环境,智能合约并没有被应用到实际产业中,自比特币诞生后,人们认识到比特币的底层技术区块链天生可以为智能合约提供可信的执行环境,以太坊首先看到了区块链和智能合约的契合,发布了白皮书《以太坊:下一代智能合约和去中心化应用平台》,并一直致力于将以太坊打造成最佳智能合约平台,所以比特币引领区块链,以太坊复活智能合约。

以太坊和比特币有一个重要区别就是以太坊引入了图灵完备的智能合约功能,我们通常所说的合约一般指的是由两方或多方之间达成的书面协议,这种书面协议由法律保证强制执行。如果我们将书面合约翻译为代码并部署在区块链上,我们将得到一个数字合约。在区块链上此代码可以强制参与的各方之间达成协议,我们给这段代码起一个名字,叫作智能合约。

以太坊的智能合约并非现实中常见的合同,而是存在区块链上,可以被触发执行的一段程序代码,这些代码实现了某种预定的规则,是存在于以太坊执行环境中的"自治代理"。

以太坊的智能合约设计很简明:

任何人都可以在以太坊区块链上开发智能合约,这些智能合约的代码是存在于以太坊的账户中的,这类存有代码的账户叫合约账户。对应地,由密钥控制的账户可称为外部账户。

- 以太坊的智能合约程序,是在以太坊虚拟机(Ethereum Virtual Machine,EVM)上运行的。

- 合约账户不能自己启动运行自己的智能合约。要运行一个智能合约,需要由外部账户对合约账户发起交易,从而启动其中的代码执行。

以太坊的智能合约被广泛应用的一个用途是创建通证,通证对应的大多是以太坊区块链之外的资产。

8.2 智能合约的优、缺点

现今,虽然智能合约还未被广泛应用和实践,但其跨时代的构想必将成为未来经济新动能的前景已得到研究人员和业内人士的广泛认可。总体来说,智能合约具有以下优点:

(1)高效实时更新

由于智能合约地执行不需要人为的第三方权威或中心化代理服务的参与,其能够在任何时候响应用户的请求,大大提升了交易进行的效率。用户不需要等待某个中心化机构批准就可以自己授权办理相关的业务,只要通过身份验证一切都可以自行解决。

(2)准确无误执行

智能合约的所有条款和执行过程是提前制定好的,并在计算机的绝对控制下进行,因此所有执行的结果都是准确无误的,不会出现不可预料的结果,这也是传统合约制定和执行过程中所期望的。现今,智能合约的准确执行得益于密码学的发展和区块链技术的发明。

(3)极低的人为干预风险

在智能合约部署之后,合约的所有内容都将无法修改,合约中的任何一方都不能干预合约的执行,也就是说任何合约人都不能为了自己的利益恶意毁约。即使发生毁约事件,事件的责任人也会受到相应的处罚,这种处罚也是在合约制定之初就已经决定好的,在合约生效之后无法更改。

(4)去中心化

一般来说,智能合约不需要中心化的证明来批准合约是否按规定执行,合约的监督和裁定都由计算机来完成。在区块链上的智能合约更具有这一特性,在一个区块链网络中一般不存在一个绝对的权威来监督合约的执行,而是由该网络中绝大部分的用户共识来判断合约是否按规定执行，这种大多数人监督的方式就是我们前面提到的共识机制，由PoW或PoS等技术来实现。

(5)较低的运行成本

因为智能合约具有去人为干预的特点，其能够大大减少合约履行、裁决和强制执行所产生的人力成本。智能合约要求合约制定人在合约建立之初能够将合约的各个细节就确定下来，长期来看，将大幅度降低运营的人工成本。我们回顾一下电脑辅助人类来进行计算的历史。在萌芽阶段，计算必然是属于高智商人群才能做的事情，早先的人类能看懂结绳记事就算是有文化了，能用手指头进行点数的那就可以做小型的狩猎团队领导人，而会用算盘就已经是会计类的技术性人才。随着技术的发展，计算器代替了人脑计算的大部分工作，效率已经大幅度提升。而计算机的出现就能够更加智能地完成电子表格文档的自动计算，软件工程的出现推动了会计软件到ERP企业资源管理的发展。但这个阶段计算机还是某种技术工作的辅助性工具，智能合约的出现，可能会直接导致这种技术工作岗位的消失。既然计算机自己能够完成账务的核算与转移，或许人工就应该去处理更为高级的事务。从这点来讲，智能合约将进一步解放人类的生产力。

(6)信任

由于智能合约没有自己的自主权，因此用户可以放心，一切都会完全按照它所写的那样发生。

(7)安全性

密码学是构建区块链(以及扩展的智能合约)的概念，它比许多其他技术解决方案更加安全。

(8)速度

使用智能合约是手动处理所有可以自动化的事情的重要一步。尤其是对于中间商而言，他们可能会根据自己的做法，花时间将所有内容转移到智能合约，这可能正是您的业务所需的节省时间。

(9)节省

按照与速度方面相同的逻辑，消除第三方干扰也可以节省用户为他们的服务支付的费用。

(10)自主性

不依赖中介让用户有更多权力自行或与其他相关方一起决定用户的智能合约应该做什么。此外，随着参与者的减少，某人犯错(或者操纵)的机会会显著减少。

(11)准确性

除非错误被预先编程到智能合约中，否则它实际上无法执行代码中所写内容之外的任何操作。

(12)透明度

用户不仅可以阅读智能合约并查看它是否按照自己想要或需要的方式编写，而且它存储在区块链上的事实意味着所有相关数据也将是可见的后人。对于企业而言，这可以加快审计流程。

(13)易于理解(和使用)

确实可以以令人难以置信的混乱方式编写代码。然而,高质量的代码可以易于理解和使用,这意味着它比阅读冗长、密集的法律文件要容易得多。

当然,没有任何技术是“灵丹妙药”。对于区块链和智能合约来说尤其如此。由于它们仍然相对较新,并且解决了许多行业长期存在的问题,因此通常期望它们能够做的比实际做的要多得多。以下是智能合约可能面临的一些问题(缺点):

(1)不具有法律约束力

尽管智能合约有其名称,但不一定是实际合约。它们可能不会在法庭上站得住脚,但这可能会根据具体情况而改变。

(2)监管的不确定性

同样,由于技术如此新颖,通常没有政府法规。根据交易的类型,它们可能不是必需的,但它们也可能很关键,因此处理这些法律问题可能是一件苦差事。

(3)税收

同样,用户如何对智能合约交易征税?虽然有些人可能在传统金融领域有先例,但加密货币的兴起带来了一些新因素。

(4)解决错误

没有代码是完美的,错误会发生,即使是最好的编码人员也是如此。其中一些可能直到为时已晚才被注意到,并且区块链上的交易是不可逆的。

(5)撤销合同

由于智能合同是非常真实的,因此即使在法庭上也没有办法像传统合同那样撤销它们。

(6)不是每个人都可以阅读代码

简单地说,不是每个人都知道编码的基础知识。虽然从理论上讲,智能合约应该比纸质文件更直接,因为它们不允许打印。但是,如果用户无法阅读代码,就任何人都可以与其一起编写任何他们想要的东西。

(7)无法获得真实世界的信息

智能合约无法从区块链外部访问信息,因为这可能会危及共识。所谓的预言机就是用来克服这个障碍的。

这些缺点中的每一个的重要性,就像我们列出的优点一样,取决于用户实际使用智能合约的目的。尽管如此,如果您正在考虑使用智能合约,了解这些利弊就可以做出明智的决定。

8.3 智能合约的风险

虽然智能合约具有许多优点,但对智能合约的深入研究才刚刚开始,其广泛应用还面临着潜在的甚至是毁灭性的各类风险。其中最可能发生的风险恰恰是来自智能合约的去人为干预的特性。

2016年4月，史上最大的一个众筹项目The DAO正式上线，总共募集到超过价值1.5亿美元的以太币用于建立该项目。但就在短短一个多月之后，The DAO所在的平台以太坊的创始人之一布特林在发了一篇帖子："DAO遭到攻击，请交易平台暂停ETH/DAO的交易、充值以及提现，等待进一步的通知。新消息会尽快更新。"

原因很清楚，The DAO存在巨大的漏洞，在其上的大量的以太币已经被"偷"，甚至未来或许还会有大量的以太币被偷，而The DAO的智能合约设计执行者对此攻击却无能为力。这一攻击的出现，就是因为The DAO的智能合约在设计之初就存在漏洞，由于基于区块的智能合约的去人为干预特性，这一漏洞无法被线上修复，只能眼睁睁地看着黑客把更多的以太币从项目中偷走。

虽然在后续的对策研究中，以太坊的设计者们想出了让以太坊分叉的解决办法来挽回损失(从根本上就是区块回滚，将丢失以太币的交易作废)，但很多分叉的反对者认为，人为分叉完全背离了去中心化以及"CodeisLaw"的思想，会大大降低以太坊在人们心目中的信用。这个巨大的分歧直接导致以太坊社区的分裂。2016年7月20日晚，备受瞩目的硬分叉成功实施，分叉之后，形成了两条链，一条为原链(以太坊经典，ETC)，另一条为新的分叉链(ETH)，各自代表不同的社区共识以及价值观。The DAO事件对未来的智能合约发展产生深远的影响，迫使合约的设计者将工作重点从尽情放飞转移到讨论合约的安全性上来。

此外，由于智能合约具有自我验证的特性，其上的数据隐私保护也面临着巨大的风险。智能合约的弱点是由于区块链其公认的优点，这很值得业内人士反思，技术的应用要有坚实的理论基础做支撑，那么完全去中心化的智能合约是否已经成熟以及面临攻击该如何应对都将成为未来主要探讨的课题。但不管怎样，业内人员普遍认为，区块链技术和智能合约都将成为未来互联网发展的重要方向，现在面临的挫折是新技术成熟的必然过程。

8.4　智能合约的标准

以太坊是一个分布式的智能合约平台，可以分发代币(Token)。如果代币的标准不统一，众筹的人无法检查代币分发得是否合理，也没办法做到多种钱包的兼容。

为了防止出现各种不规范的Token和合约，以太坊有一系列自己的标准，这个标准就是ERC。ERC全称是Ethereum Request for Comments以太坊意见征求。"Request for Comments"并不是真的征求意见，而是始于1969年的非正式文档，进而演变为用来记录互联网规范、协议、过程的标准文件。还有一类标准是EIP，全称是Ethereum Improvement Proposal以太坊优化提案。EIP这类标准是被社区完全通过应用前的提案，一般分为4种状态：

- Draft：初始提案阶段，社区可对提案进行讨论。
- Accepted：EIP进入中期采纳阶段。
- Final：已被采纳的协议应用提案，也到达了最后的阶段，此时的EIP即ERC

标准。

- Deferred：被搁浅的/不通过的 EIP。

以前面谈到的银行智能合约为例，它会具备以下几个功能和须知：

- 需要记录每一个客户的余额。
- 需要具备转钱的功能，即包含存钱与取钱。
- 要保证每个客户能够查询自己的余额。

以上这些功能和须知仔细一思考，好像是每个“银行”合约都需要具备的，也是代币合约所需要具备的，因此为了更好地兼容钱包、兼容交易所，以太坊发行了像 ERC-20、ERC-721 这样的代币协议标准。

比如阿猫币、阿狗币都是基于 ERC20 标准发行的，它们都会提供给用户一些选择按钮（接口函数一致），这些选择按钮供用户查询余额、转移代币等，但是阿猫币、阿狗币底层实现查询余额和转移代币等功能的方式可以不同。

除了代币合约需要规范外，其他的包括但不限于数据包的设计、接口的定义规则等也有 ERC 标准。这些标准协议一部分来自以太坊创团队，另一部分来自以太坊的爱好者、贡献者的提议。总的来说，都是为了共同创建一个更好的以太坊环境。

1. ERC-20 标准

ERC-20 是现下最广为人知的标准之一，诞生于 2015 年，到 2017 年 9 月被正式标准化。协议规定了具有可互换性（fungible）代币的一组基本接口，包括代币符号、发行量、转账、授权等。在 ERC-20 标准里没有价值的区别，代币之间是可以互换的。也就是说，在 ERC-20 标准下，任何单位币的价值都是相同的。ERC-20 标准里规定了代币需要有它的名字、符号、总供应量以及包含转账、汇款等其他功能。这个标准带来的好处是只要代币符合 ERC-20 标准，那么它将兼容以太坊钱包。也就是说，你可以在你的以太坊钱包里加入代币，还可以通过钱包把它发送给别人。正因为 ERC-20 标准的存在，使得发行代币变得很简单。目前，以太坊上 ERC-20 代币的数量超过了 180 000 种。

ERC-20 标准就是以太坊代币的标准，所有以太坊代币都要遵循这个标准发行。ERC-20 标准定义了以太坊通证合约必须要实现的接口，该接口中包含一系列方法和事件，以太坊区块链上的大多数主要通证合约都符合该标准。

ERC-20 是一段代码，主要功能分别是名称、简写、可以支持的最大位数以及定义查询方法等。从 ERC-20 发币的开源代码可以看出，如果你要发币，首先就是要确定名称、代币简称、总量、代币精确小数点后多少位等。

ERC-20 标准在 2015 年 11 月份提出，使用这种规则的代币，表现出一种通用的和可预测的方式。简言之，任何 ERC-20 代币都能立即兼容以太坊钱包（几乎所有支持以太币的钱包，包括 Jaxx、MEW、imToken 等，都支持 ERC-20 的代币），由于交易所已经知道这些代币是如何操作的，因此它们可以很容易地整合这些代币。这就意味着，在很多情况下，这些代币都是可以立即进行交易的，为资金流动提供了极大的方便。

2. ERC-721 标准

ERC-721 标准里规定了符合标准的代币都要有唯一的代币 ID。在 ERC-721 标准里，每个代币都是独一无二的。以区块链游戏迷恋猫来说，每只猫都被赋予拥有基因，是独一无二且不能随意置换的，这种独特性使得某些稀有猫具有收藏价值，被众人追捧，这也就是目前 NFT 深受欢迎的原因之一。

ERC-721 的官方解释是“Non-Fungible Tokens”，英文简写为“NFT”，可以翻译为不可互换的代币。ERC-721 是非同质化通证，也叫不可互换通证，也就意味着每个代币都是不一样的，都有自己的唯一性和独特价值，当然这也就意味着它们是不可分割的，也同时具有了可追踪性。ERC-721 标准可以用来做什么？

以车位为例，两个车位就相当于两个 ERC-721 的代币，不同的车位价值可能不同，但即使是相同价值的车位，它们的资产编号也是不同的，因此在 ERC-721 协议下，每一个车位都是独一无二的、不可互换的。所以基于 ERC-721 协议，能够轻而易举地进行车位溯源，迅速将车位确权，解决行业中车位产权归属的痛点问题。

ERC-721 标准同时要求必须符合 ERC-165 标准。ERC-165 同样是一个合约标准，这个标准要求合约提供其实现了哪些接口，这样再与合约进行交互的时候可以先调用此接口进行查询。

ERC-20 和 ERC-721 都是以太坊代币发行的一种标准协议。但基于 ERC-20 标准发行的代币没有价值区别，可以互换，可以分割。而基于 ERC-721 标准发行的代币不可互换，每个代币都是独一无二的，且是不可以分割的。

3. ERC-809：可租用的 NFT

ERC-809 标准是一种租用 NFT 的标准，通过创建一个 API 来允许用户租用任一“可租赁”的 NFT，简单来说，就是在 ERC-721 协议的基础上增加了租用功能。与其他不同的是，ERC-809 标准具有排他性，当一人完成对某一 NFT 的租赁之后，那么其他用户便无法再去访问或使用该 NFT。

4. ERC-875：可批量转移的 NFT

在 ERC-875 协议中，允许用户在一笔交易过程中批量转移或交易多个 NFT，并且转移或交易的手续费会更便宜。ERC-875 协议中，用户能够通过对包含价格、交易到期日期和签名等信息进行加密签名来下单。这个过程是在链下完成的，只有在结算时才会链上广播，这意味着用户无须支付 Gas 费就能进行交易。而当有买家愿意购买时，他所需要做的就是接受订单并广播带有订单详细信息的情况，再加上买金来完成交易。

5. ERC-998：可拆解的 ERC-721

ERC-998 为可拆解非同质化代币（Composable NFT，CNFT），它的设计可以让任何一个 NFT 拥有其他 NFT 或 FT。转移 CNFT 时，就是转移 CNFT 所拥有的整个层级结构和所属关系。简单来说就是一个 ERC-998 的物品可以包含多个 ERC-721 和 ERC-20 形式的物品。

6. ERC-1155：更适合区块链游戏的 NFT

ERC-1155 可以在一个智能合约中定义多个物品（代币），ERC-1155 还可以把多个物品（代币）合并打包成一个物品（代币包）。ERC-1155 融合了 ERC-20 和 ERC-721 的一些优点，开发者可以很方便地创建海量种类的物品，每个物品可以是 ERC-721 那样独立的，也可以像 ERC-20 一样同质化。

7. EIP-1523:NFT 的保险协议

保险单是一类重要的金融资产,很自然地将这些资产表示为一类遵循既定的 EIP-721 标准的不可替代的代币。因此,我们为唯一定义保险单所需的附带元数据结构提出了一个标准。

8. ERC-1948:可存储动态数据的 NFT

ERC-1948 协议是在 ERC-721 的基础上,为 NFT 添加了一个 32 字节的数据字段,并且允许用户访问该 NFT 的读取功能,而该 NFT 的所有者还拥有更新数据的权限。

9. EIP-2981:专注于 NFT 版税的以太坊协议

EIP-2981 允许数字资产向任何第三方提供简单、标准化和 GAS 高效的解决方案,了解预期支付的合同版税。本质上,EIP-2981 协议专注于简单性,旨在帮助 NFT 更广泛的推广。在 EIP-2981 协议中,开发者为当下的 NFT 交易提供了多种的版税收取方法。比如,固定版税:销售额的 12.5%发送给原作者;动态版税:随着发售时间或者销售额而收取不同比例的版税;阶梯式版税:当售价低于 100 美元时,不产生版税。

除了代币合约需要规范外,其他的一些包括但不限于数据包的设计、接口的定义规则等也有一些 ERC 标准。这些标准协议来自以太坊团队和一些爱好者、贡献者的提议。

8.5 智能合约的开发

8.5.1 以太坊虚拟机

以太坊虚拟机(Ethereum Virtual Machine,EVM)是一个轻量级图灵完备的虚拟机,类似 Java 虚拟机,智能合约编译为字节码后在 EVM 上运行。EVM 是以太坊协议的一部分,在以太坊共识中起着重要的作用。它允许任何人在无信任的环境中执行任意代码,在这种环境中可以确保执行的结果并具有完全确定性。就好像所有区块链技术那样,以太坊会使用在自己计算机上运行的节点,来保证安全性同时也维持信任。每个参与到以太坊协议中的节点都会在各自电脑上运行软件,这就被称为 EVM。首先,EVM 会通过防止 DOS 攻击来确保安全性,这个攻击是数字货币领域的挑战。其次,EVM 会编译以太坊程序语言,并且保证这之间的通信不会有任何的干扰。更详细地来看,EVM 可以很容易就被理解,我们可以当作一个系统用来为以太坊智能合约创建运行环境。我们都知道,智能合约可以让世界各地的人们进行交互和交换价值,并且无须中心化的机构,毫无疑问,这个技术会在不远的未来,颠覆很多产业。同时,我们需要注意到,EVM 是在沙盒中运行,这是和区块链主链完全分开的,并且非常适合作为测试环境。因此,任何想要使用 EVM 创建智能合约的人,都可以在不受到其他区块链操作的影响下完成。当安装并启动 geth 或其他客户端时,EVM 也将启动,并开始同步区块,并验证和执行区块中的事务。

以太坊区块链可以托管三种类型的交易:

- 用户可以将以太坊从一个账户转移到另一个账户。这些转账和比特币转账差不多。例如，你可以转3ETH到房东的账户，作为房租。这些转账记录会包含以下内容：转账生效时的时间戳，转出资金者的地址作为资金的来源，接收者的地址，当然还有资金的数额。

- 用户可以不向特定对象转账。这类转账就是创建智能合约。例如，Jackson和James很聪明，他们打算为特定赌注的条件创建智能合约。这种转账就会包含转出者的账户地址以及时间戳。

- 从外部账户转账到智能合约。每次账户想要执行智能合约，转账就会根据智能合约完成，而且相关的执行规则会记录在数据中，来指导这个合约如何运行。

每次上述的转账发生，网络中的节点就会通过EVM来运行特定的代码。

每次运行智能合约，都需要支付给EVM一定金额来执行。这个费用是支付给特定的节点，它们是用来存储、计算、执行和验证智能合约的。

每个智能合约的费用是基于每个状态的成本来计算的。费用是通过燃料费用(Gas)来支付的，然后会转换成以太坊。因此，为了执行智能合约，用户需要确定想要花费的燃料费用(Gas)。这个执行过程会在完成转账或者当燃料极限达到的时候终止。这会防止智能合约永远无止境地运行下去。

当以太坊区块链上有转账的时候，EVM会按照下面的步骤来执行：

- 确认转账是否有正确的数值，确认签名的有效性以及转账Nonce是否符合特定转账数量的Nonce。如果有误差，转账会被作为错误返回。
- 计算转账需要的费用，并且收取燃料费用。
- 执行数字资产转账到特定地址。

如果EVM检测到转出者没有足够的手续费用，那么转账将被回滚。而且转账费用不会退回，会支付给矿工。但是，如果转账失败是因为接收者地址有问题，EVM会把发出的资金数量以及相关的手续费，退还给发出者(没有矿工收到费用)。

以太坊虚拟机是以太坊区块链中非常重要的部分，它在智能合约存储、执行和验证过程中，都有非常重要的作用。

有了以太坊虚拟机和智能合约，你可以通过简单地点击按键，就可以在全球进行交易，而且还无须任何中介，因此也避免了多余的费用。

总的来说，以太坊虚拟机是以太坊区块链中最重要的作用，同时会在以后，有着颠覆性的影响。

8.5.2　Solidity智能合约开发语言

Solidity智能合约开发语言可以直接在字节码中编写智能合约。但EVM字节码非常笨重，程序员难以阅读和理解。大多数以太坊开发人员使用高级符号语言编写程序和编译器，将它们转换为字节码。

任何高级语言都可以用来编写智能合约，但这是一项非常烦琐的工作。智能合约在高度约束和简约的执行环境中运行，几乎所有通常的用户界面、操作系统界面和硬件界面都是缺失的。从头开始构建一个简约的智能合约语言要比限制通用语言并使其适用于编写智能合约更容易。因此，为编程智能合约出现了一些专用语言。以太坊有几种这样的语言，以及产生 EVM 可执行字节码所需的编译器。

一般来说，编程语言可以分为两种广泛的编程范式，分别是声明式和命令式，也分别称为函数式和过程式。在声明式编程中，我们编写的函数表示程序的逻辑 Logic，而不是流程 Flow。声明式编程用于创建没有副作用 Side Effects 的程序，这意味着在函数之外没有状态变化。声明式编程语言包括 Haskell、SQL 和 HTML 等。相反，命令式编程就是程序员编写一套程序的逻辑和流程结合在一起的程序。命令式编程语言包括 BASIC、C、C++和 Java。有些语言是"混合"的，这意味着它们鼓励声明式编程，但也可以用来表达一个必要的编程范式。这样的混合体包括 Lisp、Erlang、Prolog、JavaScript 和 Python。一般来说，任何命令式语言都可以用来在声明式的范式中编写，但它通常会导致不雅的代码。相比之下，纯粹的声明式语言不能用来写入一个命令式的范例。在纯粹的声明式语言中，没有"变量"。

虽然命令式编程更易于编写和读取，并且程序员更常用，但是编写按预期方式准确执行的程序可能非常困难。程序的任何部分改变状态的能力使得很难推断程序的执行，并引入许多意想不到的副作用和错误。相比之下，声明式编程更难以编写，但避免了副作用，使得更容易理解程序的行为。

智能合约给程序员带来了很大的负担：错误会花费金钱。因此，编写不会产生意想不到的影响的智能合约至关重要。要做到这一点，你必须能够清楚地推断程序的预期行为。因此，声明式语言在智能合约中扮演更重要的角色。不过，最丰富的智能合约语言是命令式的（Solidity）。

智能合约的高级编程语言包括（按大概的年龄排序）：

（1）LLL

一种函数式（声明式）编程语言，其语法类似 Lisp。这是以太坊智能合约的第一个高级语言，但目前很少使用。

（2）Serpent

一种过程式（命令式）编程语言，其语法类似于 Python，也可以用来编写函数式（声明式）代码，尽管它并不完全没有副作用，但很少被使用。最早由 Vitalik Buterin 创建。

（3）Solidity

具有类似于 JavaScript、C ++或 Java 语法的过程式（命令式）编程语言。以太坊智能合约中最流行和最常用的语言之一。最早由 Gavin Wood（本书的合著者）创作。

（4）Vyper

最新开发的语言，类似于 Serpent，并且具有类似 Python 的语法，旨在成为比 Serpent 更接近纯粹函数式的类 Python 语言，但不能取代 Serpent。最早由 Vitalik Buterin 创建。

（5）Bamboo

一种新开发的语言，受 Erlang 影响，具有明确的状态转换并且没有迭代流（循环）。旨在减少副作用并提高可审计性。非常新，很少使用。

综上所述，有很多语言可供选择。然而，在所有这些语言中，Solidity 是迄今为止最受欢迎的，以至于成了以太坊甚至是其他类似 EVM 的区块链的事实上的高级语言。

智能合约编程语言有：Solidity，其语法与 Javascript 类似，文件的后缀名是.sol；

Serpent，与 Python 风格类似的 Serpent，文件的后缀名是.se。不过目前最广泛使用的是 Solidity。

智能合约是存储在区块链上的程序，智能合约允许在没有第三方的情况下进行可信交易，这些交易可追踪且不可逆转。以太坊使用 Solidity 语言实现智能合约，如 Hyperledger Fabric、FISCO BCOS 等都支持 Solidity 语言。

Solidity 是一种面向对象的高级语言。Solidity 受 C ++、Python 和 JavaScript 的影响，编译后的代码将运行在 EVM 上。使用 Solidity 可以创建用于投票、众筹、拍卖和多重签名钱包等用途的合约。但作为一种真正意义上运行在互联网上的去中心化智能合约，它又有很多的不同，所以 Solidity 编程语言是以太坊底层是基于账户，而非 UTXO 的。所以 Solidity 语言提供一个特殊的 Address 类型，用于定位用户账号、智能合约、智能合约的代码(智能合约本身也是一个账户)。Solidity 语言内嵌框架是支持支付的，并且提供了一些关键字，如 payable，可以在 Solidity 语言层面直接支持支付，用起来十分简单。数据存储是使用网络上的区块链，数据的每一个状态都可以永久存储，所以 Solidity 语言在开发时需要确定变量是使用内存，还是区块链。Solidity 运行环境是在一个去中心化的网络上，特别强调以太坊智能合约或函数执行的调用方式。Solidity 语言的异常机制也很不一样，一旦出现异常，所有的执行都将会被撤回，这主要是为了保证以太坊智能合约执行的原子性，以避免中间状态出现的数据不一致。

由于以太坊在智能合约方面处于领先地位，许多替代区块链平台确保它们与 Solidity (或 ERC-20)兼容，从而允许智能合约从以太坊轻松移植到新的区块链网络中。Solidity 是以太坊的首选语言，由于其简单易学以及兼容性，非常适合开发 DApp 应用。

以太坊是一个开源的有智能合约功能的公共区块链平台，通过其专用加密货币以太币(Ether，简称 ETH)提供去中心化的 EVM 来处理点对点合约。以太坊的概念在 2013 至 2014 年间由程序员 Vitalik Buterin 受比特币启发后首次提出，大意为“下一代加密货币与去中心化应用平台”，在 2014 年通过 ICO 众筹开始得以发展。

以太坊并不是一个机构，而是一款能够在区块链上实现智能合约、开源的底层系统。以太坊是一个平台和一种编程语言，使开发人员能够建立和发布下一代分布式应用。以太坊已封装好了区块链底层复杂的事情，并且提供了一个平台，可以利用以太坊平台进行二次开发进行交易或者发行代币。

官方推出了 C++开发版本和 Go 开发版本，要在以太坊平台上开发智能合约，官方建议使用 Solididy 语言，该语言类似 JavaScript。

8.5.3 智能合约开发工具

Remix 是一个 Solidity 语言开发环境，可以帮助开发者进行智能合约的开发、编译、测试和部署。由于 remix.ethereum.org 访问慢，因此也有不少人安装本地的 remix-IDE，本地版本的 Remix 界面与在线版一样，不需要网络就可以在本机上单独运行。需要先下载后安装。安装 remix-IDE 较为复杂，对于初学者来说，一般不建议安装，因为安装过程可能出现很多初学者难以解决的问题。

进入主页面后如图 8-2 所示。

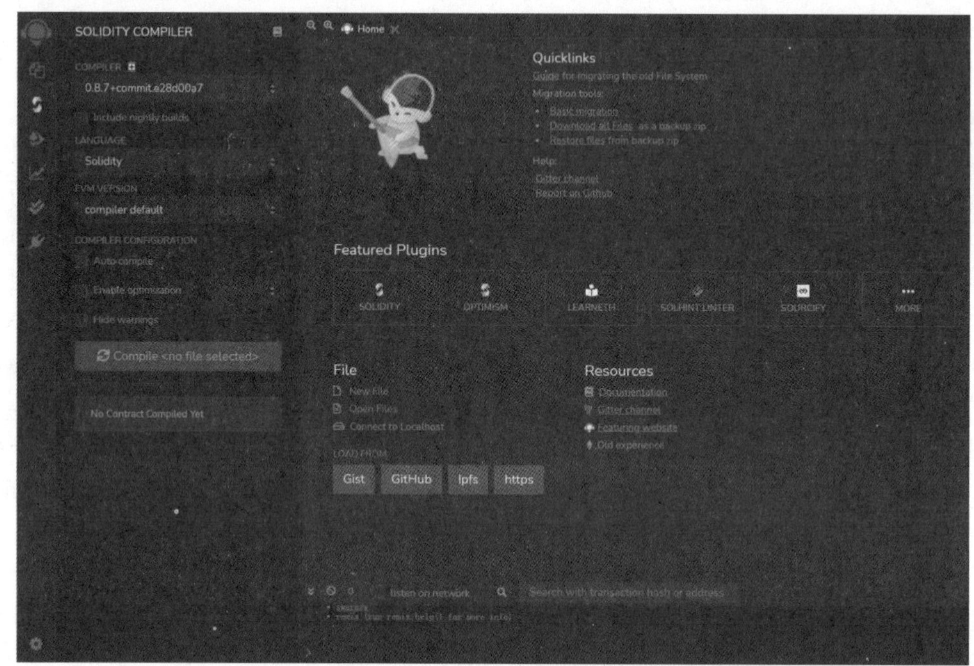

图 8-2　Remix 主界面-compile

SOLIDITY COMPILER：当你已经编写完自己的智能合约代码后选中你的合约进行编译。下图中“COMPILER”一栏需要你选择 Solidity 的版本，Solidity 版本迭代很快，可能同样的代码在上个版本成功运行，这个版本就会报错，其默认为最新版本。在“EVM VERSION”一栏你可以选择从“家园”阶段开始直到现在的以太坊版本，不指定则使用默认的编译器。一切确定后单击最下方的编译按钮。

图 8-2 右侧主要是教程以及代码展示区，主要的工作区域在左侧，如图 8-3 所示。

注意单击图 8-3 框内的图标进入工作区 FILE EXPLORERS，这里 Remix 已经准备了几个经典智能合约供使用者测试。如果需要新建智能合约只需右键文件夹(或者单击图标)后选择“New File”即可创建一个新的合约，如图 8-4 所示。

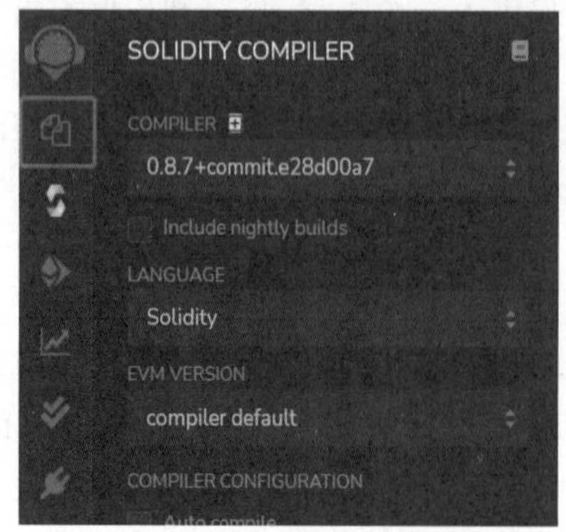

图 8-3　Remix 的 SOLIDITY COMPILER 界面

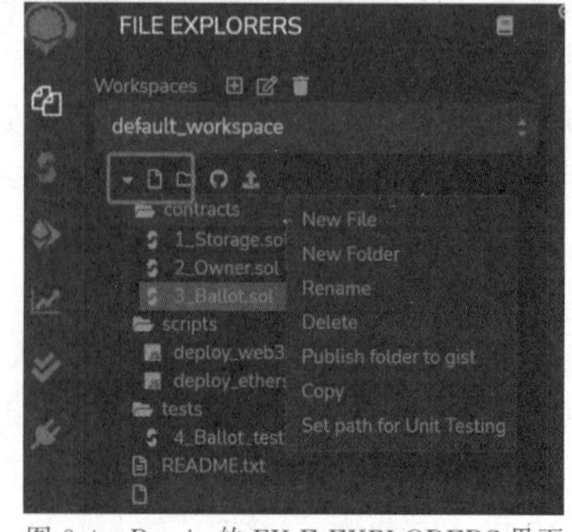

图 8-4　Remix 的 FILE EXPLORERS 界面

DEPLOY & RUN TRANSACTIONS：如果编译没有发生错误，就可以开始部署合约。在“ENVIRONMENT”一栏需要选择部署环境，在“JavaScript VM”环境下，可以将合约部署在本地中不会连接节点，可以用于测试之中；在“Injected Web3”下会启用网页插件部署合约，比如 MetaMask；在“Web3 Provider”环境下部署的合约将会直接连接节点，请确认无误后再部署以免造成损失。在“ACCOUNT”一栏输入要部署的账户 Hash，在“GAS LIMIT”下输入所消耗 Gas 的上限后即可单击下方按钮部署合约，如图 8-5 所示。

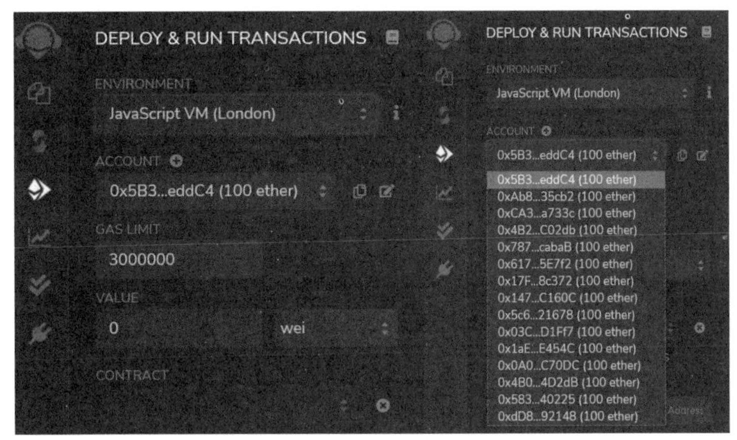

图 8-5　Remix 的“新建”界面

PLUGIN MANAGER：新版 Remix 将许多功能转移到了自订的插件中，可以单击插件管理器来添加需要的组件。其中包括了 DeBug、安全性分析等常用组件，如图 8-6 所示。

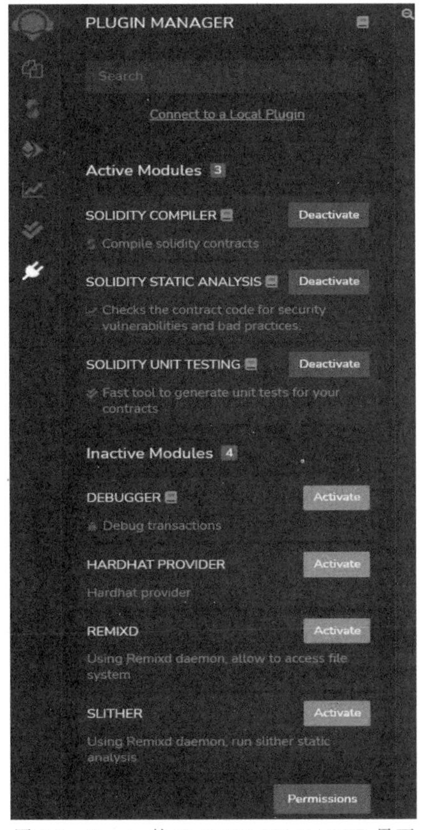

图 8-6　Remix 的 PLUGIN MANAGER 界面

8.5.4 智能合约编写原则

在编写智能合约时，安全是最重要的考虑因素之一。与其他程序一样，智能合约将完全按写入的内容执行，这并不总是程序员所期望的。此外，所有智能合约都是公开的，任何用户都可以通过创建交易来与它们进行交互。任何漏洞都可以被利用，损失几乎总是无法恢复的。

在智能合约编程领域，错误代价高昂且容易被利用。因此，遵循最佳实践并使用经过良好测试的设计模式至关重要。防御性编程（Defensive Programming）是一种编程风格，特别适用于智能合约编程，具有以下特点：

（1）极简/简约

复杂性是安全的敌人，代码越简单、越少，发生错误或无法预料的效果的可能性就越小。当第一次参与智能合约编程时，开发人员试图编写大量代码。相反，你应该仔细查看你的智能合约代码，并尝试找到更少的方法，使用更少的代码行、更少的复杂性和更少的"功能"。如果有人告诉你，他们的项目产生了"数千行代码"，你就应该质疑该项目的安全性，因为更简单更安全。

（2）代码重用

尽可能不要"重新发明轮子"。如果库或合约已经存在，可以满足大部分需求，请重新使用它。如果任何代码片段重复多次，请问是否可以将其作为函数或库进行编写并重新使用，已被广泛使用和测试的代码可能比新编写的任何代码更安全。谨防"Not-Invented-Here"的态度，如果你试图通过从头开始构建"改进"某个功能或组件，安全风险通常大于改进值。

（4）代码质量

智能合约代码是无情的，每个错误都可能导致经济损失，不应该像通用编程一样对待智能合约编程。相反，你应该采用严谨的工程和软件开发方法论，类似于航空航天工程或类似的不容乐观的工程学科。一旦你"启动"代码，就无法解决任何问题。

（5）可读性/可审核性

代码应易于理解和清晰，阅读越容易，审计越容易。智能合约是公开的，因为任何人都可以对字节码进行逆向工程。因此，应该使用协作和开源方法在公开场合开发工作。应编写文档良好、易于阅读的代码，遵循作为以太坊社区一部分的样式约定和命名约定。

（6）测试覆盖

测试可以测试的所有内容。智能合约运行在公共执行环境中，任何人都可以用他们想要的任何输入执行它们。应测试所有参数以确保它们在预期的范围内并且格式正确。

8.5.5 简单智能合约开发

一个 solidity 源文件包含任意数量的合约定义、import 导入指令和 pragma 指令。这里从一个基础例子开始，该示例设置变量的值并将其公开以供其他合约访问，为一个存储实例：

```
pragma solidity >=0.4.0 <0.7.0;
contract SimpleStorage {
    uint storedData;
    function set(uint x) public {
        storedData = x;
    }
    function get() public view returns (uint) {
        return storedData;
    }
}
```

源文件中可以包含任意多个合约定义、import 导入指令和 pragma 指令。

1. pragma 指令

上面第一行源代码是为 Solidity 版本 [0.4.0, 0.7.0) 编写的，不包括 0.7.0。这是为了确保合约不会被不兼容的编译器版本编译，不同版本的编译器行为可能有所不同。

为了避免未来新版本的编译器与当前源文件不兼容，源文件应该通过 pragma 指令注明使用的编译器版本。pragma 指令中的版本语法遵循 npm 版本语法。

2. Contract/智能合约

从可靠性的角度讲，合约是驻留在以太坊区块链上特定地址的代码和数据的集合。uint storedData；这一行定义了一个 uint 类型的状态变量。您可以通过编写函数来查询和更改它。在这个例子中，合约定义 set 和 get 两个方法去修改或查询变量的值。要访问状态变量，不需要 this. 这个其他语言中常见的前缀。该合约除了允许任何人修改 storedData 这个变量外，并没有做太多事情。任何人都可以 set 方法去覆盖你写入的值，但是该值仍存储在区块链的历史录中。

3. import 导入指令

可使用如下格式的导入其他文件：

- import "filename";

此语句将从“filename”中导入所有的全局符号到当前全局作用域中。

- import * as symbolName from "filename";

创建一个新的全局符号 symbolName，其成员均来自 "filename" 中全局符号。

- import {symbol1 as alias, symbol2} from "filename";

创建新的全局符号 alias 和 symbol2，分别从 "filename" 引用 symbol1 和 symbol2 。

- import "filename" as symbolName;

这条语句等同于 import * as symbolName from "filename"。

4. 路径

上文中的 filename 总是会按路径来处理，以“/”作为目录分割符，以“.”标示当前目录，以“..”表示父目录。当“.”或“..”后面跟随的字符是“/”时，它们才能被当作当前目录或父目录。只有路径以当前目录“.”或父目录“..”开头时，才能被视为相对路径。

用 import ″./x″ as x；语句导入当前源文件同目录下的文件 x。如果用 import ″x″ as x；代替，全局 include 目录下有文件名为 x 的文件的话，可能会引入不同的文件。

最终导入哪个文件取决于编译器(见下文)到底是怎样解析路径的。通常，目录层次不必严格映射到本地文件系统，它也可以映射到能通过诸如 ipfs、http 或者 git 发现的资源。

5. 路径重定向

当运行编译器时，可以指定路径重定向。例如：github.com/ethereum/dapp-bin/library 会被重定向到 /usr/local/dapp-bin/library，此时编译器将从重定向位置读取文件。如果重定向到多个路径，就会优先尝试重定向路径最长的一个。

将上述代码加入 Remix 上进行调试编译的步骤如下：

(1)第一步：新建 sol 文件

在 File explorers 选项卡下，新建一个 mytest1.sol 文件，将代码复制粘贴到屏幕右侧编辑区域，如图 8-7 所示。

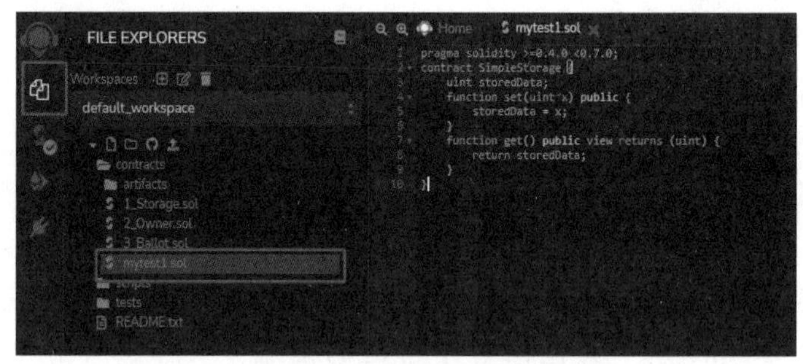

图 8-7　新建 sol 文件

(2)第二步：编译 sol 文件

在 Compiler 选项卡下，单击“Compile”按钮，开始编译，如图 8-8 所示。

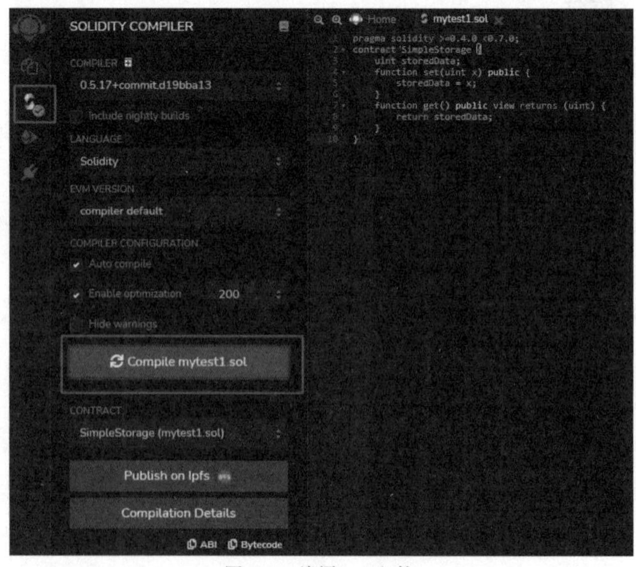

图 8-8　编译 sol 文件

(3)第三步:部署智能合约

在 Run 选项卡下,单击“Deploy”按钮进行部署,如图 8-9 所示。

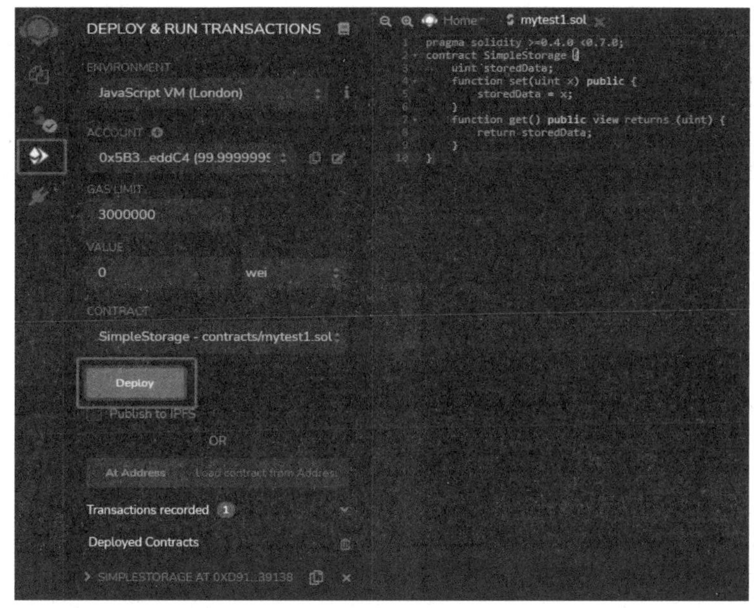

图 8-9　部署智能合约

(4)第四步:测试智能合约

在 Run 选项卡下,已经列出了智能合约的方法接口 set 和 get,可以直接进行测试。在 set 方法后面输入 255,再单击“set”按钮;然后再单击“get”方法按钮,出现结果 255,验证成功。具体如图 8-10 所示。

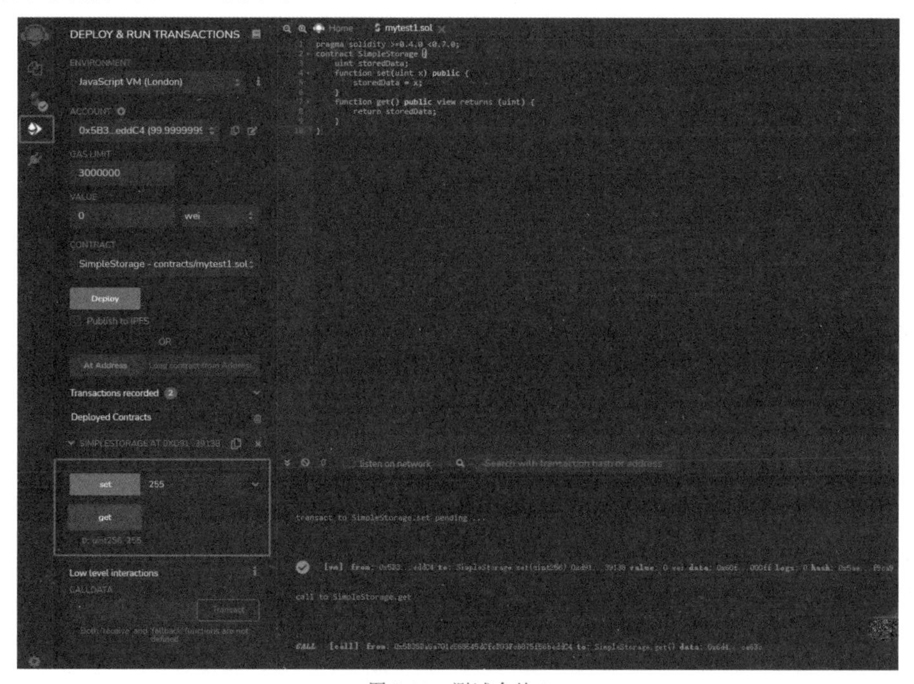

图 8-10　测试合约 1

注意：在测试合约方法的时候，控制台的输出窗口能够看到输出日志信息，还可以通过"Debug"按钮进行调试，如图 8-11 所示。

图 8-11 测试合约 2

至此，一个完整的开发智能合约的流程就完成了。利用在线开发工具 Remix，不用处理各种复杂的配置，只需要关注业务逻辑，非常的方便。之后的示例均可按照这个流程就行开发，后面不再重复。

8.6 智能合约的应用场景

单说智能合约的应用大家可能不太了解，但大家一定在公共场所、景区和学校校园里不止一次见过各种样式的自动无人售货机，最初尼克萨博就是根据自动无人售货机提出的智能合约，所以从某种意义上可以说自动售货机是智能合约的第一次大规模应用。

购买者向售货机投入一定数量的硬币，选择要购买的商品，就在两者间形成一种强制执行的合约。购买者投币硬币并选择商品，而买家通过售货机内置的逻辑提供商品和找零。所以如果投入了硬币但商品没有出来，这就是售货机不遵守合约，可能它还没有识别投进去的硬币，或者投进去的是一枚假币，自然无法出来商品。

自动售货机就是一个我们日常生活中频繁接触的智能合约，它让用户把对人的信任转化成了对程序的信任，因为人是不可控的，而程序是可以信任的。合约 2.0 阶段是中心化的交互程序，它往往受一个机构或个人管制，管制方有修改或删除合约程序的绝对权力。

交易双方合约代码上传到区块链中检查合同的有效性并启用所需的步骤。从初始化开始，智能合约就会自动执行。智能合约与传统合约的主要区别在于智能合约不依赖第三方，加密代码自动执行。

我们一起来想一下实施智能合约的自动售货机。它验证以下属性：

- 交易中没有第三方参与。
- 当您将硬币投入机器并选择商品时，只要您符合条款和条件，即可将产品直接交付(您的硬币与您想购买的产品价值相同或更高)。

智能合约系统在投票、金融、房地产、物联网、供应链、能源、公共服务领域等方面都具有广泛的应用方案。智能合约用例列表远非详尽无遗。但是，它仅用于展示超出许多人在听到该技术时所想到的广泛应用。有了正确的基础设施，智能合约可以远远超出此处概述的用例。

8.7　本章小结

本章首先介绍了智能合约的概念，包括智能合约的起源、定义、技术原理。其次就智能合约的优缺点、风险、标准进行了分类综述，因为以太坊有一系列自己的标准，这里以太坊为例，介绍了多种以太坊代币的标准。再次综合介绍了智能合约的开发相关技术，包括：智能合约的运行环境以太坊虚拟机的技术原理、Solidity智能合约开发语言、智能合约的开发工具、智能合约编写原则以及一个简单的智能合约开发、调试、编译运行。最后总结了智能合约的一些应用场景供参考学习。

学生通过阅读本章内容，相信已经对智能合约技术有了初步了解，能够做一些简单的智能合约的开发。掌握这些知识，对于理解区块链系统如何与业务逻辑结合，应用落地很有好处。

对于智能合约的概念要充分理解，另外对于智能合约的开发，需要重点掌握，其他的了解即可。

8.8　课后练习题

一、选择题

1. 下列(　　)说明以太坊的智能合约设计很简明。

A. 任何人都可以在以太坊区块链上开发智能合约

B. 智能合约能够实现业务逻辑

C. 以太坊的智能合约程序，是在EVM上运行的

D. 合约账户不能自己启动运行自己的智能合约

2. 下列不是以太坊区块链可以托管的交易的是(　　)。

A. 账户转移　　　　B. 不给特定对象转账

C. 批量转账　　　　D. 从外部账户转账到智能合约

3. 下列不是智能合约的编写规则的是(　　)。

A. 极简/简约　　B. 代码质量　　C. 性能　　D. 代码重用

二、填空题

1. 智能合约是一组情景应对型的________，是通过部署在区块链上的去中心化、可信共享的________实现的。

2. 智能合约封装了预定义的________及________、触发合约执行的情景、特定情景下的________等。

3. 从技术角度来说，智能合约可以被看作一种________，这种程序可以自主地执行全部或部分和合约相关的操作，并产生相应的可以被验证的________。

4. 在计算机科学领域，智能合约是指一种________，这类协议一旦制定和部署就能实现________和________，而且不再需要人为的干预。

5. ________的官方解释是“Non-Fungible Tokens”，英文简写为________，可以翻译

为不可互换的 Tokens。

6. Solidity 语言是一种________高级编程语言，运行在________之上。

三、问答题

1. 简述智能合约的优点。

2. 简述智能合约的缺点。

3. 简述智能合约的风险。

4. 简述智能合约标准以及各自的特征。

5. 简述智能合约的应用场景。

6. 使用 Solidity 语言编写计算器智能合约，实现加减功能即可，并使用 Remix 进行调试、编译、运行。

第9章 区块链的价值与应用

本章导读

区块链是新一代信息技术的重要组成部分，已成为我国“十四五”期间七大数字经济重点产业之一。但是大多数人对于区块链，只知道比特币。实际上，区块链除了运行虚拟货币外，在当下已经有很多领域应用，相信不久的将来，我们可以切实体会到区块链带来的便利。虽说当下区块链技术还有不完善的地方，但这和每一次新兴技术变革的早期境况都非常类似。对我们来说，更多的应该思考把区块链的效率、生产及安全等价值特征应用在我们当下的场景中，以及调整自己适应区块链技术变革所带来的思维转变。

通过本章的学习，可以达到以下目标要求：

- 理解区块链应用价值。
- 了解并熟悉区块链应用的发展方向。
- 了解区块链应用场景：区块链＋金融场景、区块链＋政务场景、区块链＋司法存证场景、区块链＋供应链场景、区块链＋医疗场景、区块链＋能源场景、区块链＋农业场景。
- 了解区块链建设路径。

9.1 区块链的应用价值

但凡技术都有自身的价值，区块链技术为何有价值，其价值又在哪里？区块链是通过技术制造信任，技术制造的信任远远比社会制造的信任坚实得多，无数创新都是基于技术的进步而产生崭新的商业模式。

区块链系统是一个分布式的共享账本和数据库，具有去中心化、不可篡改、全程留痕、可以追溯、集体维护、公开透明等特点。这些特点保证了区块链的“诚实”与“透明”，为区块链创造信任奠定基础。而区块链巨大的应用场景，基本上都基于区块链能够解决信息不对称问题，实现多个主体之间的协作信任与一致行动。区块链将极大地拓展人类信任的广度和深度，将发展为下一代合作机制和组织形式。

区块链能够建立新型的价值共识，能够提供基于“价值量化能力”和“价值安全过程”两个能力：首先是“价值量化能力”，能够把一件事通过数字化的方式描述清楚，就是一个价值量化的过程；其次是“价值安全过程”，通过数字化的方式描述清楚后，还要保护数据不被篡改，并可以随时随地地查询。

基于此，区块链的应用场景在不断拓宽，在蚂蚁金服、微众银行、京东、百度等大中型机构均可看见区块链的应用场景，政府机构运用区块链技术的案例也在不断涌现，如中国人民银行表示将积极推进区块链和人工智能等新技术的开发。目前，中国人民银行在试点运用区块链技术搭建流通平台投放法定数字货币，反洗钱、防止行贿受贿等追溯资金来源的应用也在探索中。上述应用一般来讲是基于中央银行提供的信任系统，中央银行在其中担任了支付结算、担保、提供信任等角色，这种探索也印证了区块链可以做到中心化与去中心化协同工作。在各种应用场景中，区块链在金融领域的应用充分利用自信任的特征。金融本身交换的就是信用关系，金融的发展基于信任，信任、信用是所有金融交易的基础，所有价值传输都是希望交易双方达到信任的关系，这是区块链各种应用场景会使用到的核心特征。

区块链的创新性最大的特点不在于单点技术，而在于一揽子技术的组合，在于系统化的创新，在于思维的创新。而正是由于区块链是非常底层的、系统性的创新，区块链技术和云计算、大数据、人工智能、量子计算等新兴技术一起，将成就未来最具变革性的想象空间。我们从不同角度来分析一下区块链的创新性：

(1)技术角度

区块链技术并不是一种单一的技术，而是多种技术整合的结果，包括密码学、数学、经济学、网络科学等。这些技术以特定的方式组合在一起，形成了一种新的去中心化数据记录与存储体系，并给存储数据的区块链打上时间戳使其形成一个连续的、前后关联的、信任的数据系统。区块链的诞生标志着人类社会有可能打造一个基于技术的信任网络。

(2)经济学角度

区块链“弱中心化、分中心化”的特性，并非是让“中心”完全消失，而是其分布式系统弱化了中心的控制。区块链应用所依赖的不一定是区块链的去中心化特征，而是借用了其自信任的特点实现交易、价值转移。这种信用机制是区块链技术的核心价值之一，因此区块链本身又被称为“分布式账本技术”“去中心化价值网络”等。

(3)社会角度

与传统工业社会不同，区块链技术创造了一种全新的信任方式，通过技术的实现，使得价值交互过程中人与人之间的信任关系能够转换为人与技术的信任。区块链技术帮助实现弱控制、多中心、自治机制、网络架构和耦合链接等与工业社会完全不同的信息时代的新型的社会结构、商业模式、人际关系。

那么，区块链技术的价值表现在哪些地方？具体来看，区块链技术的颠覆性价值至少体现在以下几个方面：

- 简化流程，提升效率。由于区块链技术是参与方之间通过共享共识的方式建立的公共账本，形成对网络状态的共识，因此区块链中的信息天然就是参与方认可的、唯一的、可溯源的、不可篡改的信息源，因此许多重复验证的流程和操作就可以简化，甚至消除。例如简化银行间的对账、结算、清算等流程，从而大幅提升操作效率。
- 降低交易对手的信用风险。与传统交易需要信任交易对手不同，区块链技术可以使用智能合约等方式，保证交易多方自动完成相应义务，确保交易安全，从而降低对手的信用风险。

- 减少结算或清算时间。由于参与方的去中心化信任机制，区块链技术可以实现实时的交易结算和清算，实现金融“脱媒”，从而大幅降低结算和清算成本，减少结算和清算时间，提高效率。

- 增加资金流动性，提升资产利用效率。区块链的高效性，以及更短的交易结算和清算时间，使交易中的资金和资产需要锁定的时间减少，从而可以加速资金和资产的流动，提升价值的流动性。

- 提升透明度和监管效率，避免欺诈行为。由于区块链技术可以更好地将所有交易和智能合约进行实时监控，并且以不可撤销、不可抵赖、不可篡改方式留存，方便监管机构实现实时监控和监管，也方便参与方实现自动化合规处理，从而提升透明度，避免欺诈行为，更高效地实现监管。

- 重新定义价值。价值源于人们赋予，价值本身即是一种共识机制。区块链的核心其实不是技术而是模式的重构，它带来的是认知的革命。区块链通过可信账本建立了一种新的强信任关系，基于这种信任关系对资产进行确权，基于可信数据记录资产的流转，从而能够以可靠可追溯账本的方式完整记录资产的所有变化，而价值也不再是一个固定的数字，而是一系列可靠信息的集合。

自人类有交易活动以来，信用和信任机制就是金融和大部分经济活动的基础，随着移动互联网、大数据、物联网、人工智能、云计算等信息技术的广泛应用，以及工业 4.0 等新一代工业革命的开启，网络空间的信用作为数字化社会的基石的作用显得更加重要。传统上，信用机制是中心化的，而中心化的信任和信用机制必然导致中心化机构成为价值链的核心，也容易引发问题。而区块链技术则首先在人类历史上实现了去中心化的大规模信用机制，在消除中心机构“超级信用”的同时，保证信用机制安全、高效地运行。在未来，区块链技术可以实现各种产权登记、产权交易、财产登记、结婚认证等，可以实现版权保护，可以建立完善的征信系统，可以更多地发展价值直接传输交换等。从价值传输这个角度展望，若区块链技术很好地推进，互联网就可以实现价值互联，其将具有革命性意义，只要有信任关系存在的地方都可运用区块链技术。

为何有人会认为，区块链的价值高于互联网，甚至是互联网的十倍呢？科学院院士张首晟曾表示：“互联网时代垄断巨头们重组的就是信息，并不是产生自己的信息，产生的信息完全是我们个人。一旦信息重组，就会出现一个新的垄断巨人，所以就到了分久必合的时代。”

我们可以设想一下未来的数据交易场景：未来社会是数据社会的时代，那么多平台收集到的数据到底是属于谁的？又如何进行交易？如何进行隐私保护？如果技术能够支持数据确权，就能事实上证明，所有个人的数据都属于我们个人，一旦个人数据能够确权并且做到隐私保护，就可以形成海量数据交换的市场，可以做点对点且非中心的数据交换产业，由此产生的经济价值和社会价值将是互联网的十倍或者是一百倍。让个人的数据归属个人，个人来决定数据的应用方式方法，基于这种广泛的信任而产生的交易行为只有区块链能够给出实现的可能。

9.2 区块链的应用发展方向

区块链通过密码学、共识机制、价值交换解决了人与人之间价值交互的信任及公平性问题，是对现有互联网技术的升级补充。所以从这个意义上来说，它会对非常多的行业产生非常大的影响。基于区块链的优、缺点分析，区块链应用有五个重要的目标：促进数据共享、优化业务流程、降低运营成本、提升协同效率、建设可信体系。

但并不是所有行业都适合应用区块链技术。我们可以参照以下的逻辑来分析区块链应用场景：

- 一个好的区块链技术应用场景一定会涉及多个信任主体，需要有去信任中介的方式来合作。
- 一定是主体之间有比较强的合作关系，这是商业的需要。
- 与中心化系统相比，区块链技术效率低下，一般来讲只能用于中低频交易场景，是否可以满足交易需求。
- 激励体制与商业模式一定要完备、可持续发展。

从上述逻辑来看，金融、版权、供应链管理、交通运输、能源管理、电子政务等都是适合区块链融合应用的领域，但对于交易并发要求较高的场景，例如在线支付、交易所和电子商务并不适合，包括比特币等货币的交易所都是由中心化系统承担的。

区块链领域的应用大体上可以分两大类：一类是“＋区块链”，就是用区块链的技术解决现今用其他技术已经解决的一些问题，但区块链技术能更好地降低成本或者提升效率；另一类是“区块链＋”，也就是用区块链解决之前已有技术不能解决的问题。目前的区块链应用还是以第一类为主。

基于多年区块链的业务实践，能够看到，有的业务场景加入区块链系统是刚需，因为在区块链出来之前，找不到更好的解决方案，但也有大量业务可用也可不用区块链技术。区块链技术只是作为一个增信的要素，同时也能看到有些本来就适合中心化系统的业务场景，生搬硬套区块链技术最终走向失败。

基于区块链的特征，结合区块链从业者积极的实践，从区块链创造信任与合作机制的视角，分析适合区块链应用方向如下：

1. 存证

区块链“不可篡改”的特点，为经济社会发展中的“存证”难题提供了解决方案。只要能够确保上链信息和数据的真实性，那么区块链就可以解决信息的“存”和“证”难题。比如在版权领域，区块链可以用于电子证据存证，可以保证不被篡改，并通过分布式账本链接原创平台、版权局、司法机关等各方主体，可以大大提高处理侵权行为的效率。在金融、司法、医疗、版权等对数据真实性要求高的领域，区块链都可以创造安全、高效的应用场景。同时，区块链由于记录了所有的交易信息，因此区块链本身就可以形成征信，为实现社会征信提供全新思路。

2. 共享

区块链"分布式"的特点，可以打通部门间的"数据壁垒"，实现信息和数据共享。与中心化的数据存储不同，区块链上的信息都会通过点对点广播的形式分布于每一个节点，通过"全网见证"实现所有信息的"如实记录"。在公共服务领域，区块链能够实现政务数据跨部门、跨区域共同维护和利用，为人民群众带来更好的政务服务体验。目前已经有一些地方探索把房地产数据上链，在买房的时候，老百姓只需要到银行就可以实现产权过户。可以预见，随着"区块链＋政务"的落地，跨部门的业务协同办理将成为常态，以后再也不需要"证明我是我"了。

3. 信任

区块链形成"共识机制"，能够解决信息不对称问题，真正实现从"信息互联网"到"信任互联网"的转变。信任是市场经济运行的基石，也是一个稀缺品。经济发展中的很多问题难以解决，很大程度是因为缺少信任，交易成本高、违约风险大。比如说，中小企业融资难、融资贵，这里面一个重要原因就是"信任"问题。区块链恰能在供应链金融中弥合信任鸿沟。区块链可以增强供应链上下游的信息可信度，通过链上可拆分的电子凭证实现资金的流转融通，打通信息流、资金流和物流，解决多级供应商的融资难问题。

4. 协作

区块链通过"智能合约"，能够实现多个主体之间的协作信任，从而大大拓展人类相互合作的范围和深度。市场经济是复杂系统，很多行动涉及复杂的行为主体，如何实现多方主体的高效协同，是经济发展的共同难题。尤其是在全球环境下，跨境支付、跨境贸易、跨境物流，更是涉及各个国家出口、进口、运输、监管等各个方面。把区块链运用于全球贸易，各方都可以同时协作管理，保证所有信息电子化实时共享，从而提高协同效率、降低沟通成本，使得各个离散程度高的主体仍能有效合作。

总体而言，区块链通过创造信任来创造价值。区块链创造了信任，因为存储于其中的信息和数据不可篡改并全网见证，从而使得信任不需要第三方机构背书，能够通过点对点自动完成；区块链推动了合作，因为分布式数据可以实现所有节点信息共享，而智能合约能够协同交易双方的行为。区块链拓展了人类的信任基础，除了第三方担保和强制执行外，区块链第一次使得人类的信任可以基于人类自己发明的逻辑和数学。这是人类理性的胜利，也大大提高了人类合作的能力。

而随着区块链与金融资本、实体经济的深度融合，传统产业的价值将在数字世界流转，将构建区块链产业生态，推动产业变革升级。正如习近平指出，要抓住区块链技术融合、功能拓展、产业细分的契机，发挥区块链在促进数据共享、优化业务流程、降低运营成本、提升协同效率、建设可信体系等方面的作用。随着"区块链＋"在各个应用场景落地，区块链生态将逐步建立，为中国经济转型升级、实现高质量发展注入新动能。

9.3　区块链的应用场景

区块链技术具有去中心化、不可篡改、可溯源、匿名性、公开性等特点，这些特质就使区块链技术能够应用于需要建立多方互信的场景。目前，区块链的应用已从单一的数字货币应用，例如比特币，延伸到经济社会的各个领域，考虑到各个行业应用的可行性、成熟度和重要性，本章以“区块链＋”的模式，列举了金融、政务、司法存证、供应链、医疗、能源、农业等7个行业的应用场景作为代表。

9.3.1 区块链＋金融

作为价值与信用传递的载体，区块链的技术特征使得各类金融业务的变革成为可能。区块链共计一本账、不可篡改、可追溯等特性可以使金融业务的交易成本更低，业务流程更加便捷、透明、安全，从而从基础上改变金融业务的模式。自从区块链技术上升至国家战略层面以来，银行、证券、保险等金融机构率先开始对区块链技术进行探索、布局，构建基于区块链技术的应用场景。金融机构区块链实践主要集中在供应链金融、贸易金融、联合征信、交易清算、ABS等领域，是当前应用区块链技术的主要金融场景。

1. 供应链金融

(1)应用场景介绍

供应链金融指银行从整个产业链出发，以核心企业为支撑，向其供应链整体展开综合授信，为产业链提供金融产品和服务的一种融资模式。供应链金融是区块链最早应用落地的领域之一，能够为产业链上下游企业注入资金，提高产业链整体运营效率，对保障产业链、供应链高质量发展有着重要意义。

(2)行业应用的痛点问题

供应链金融业务面临的主要问题是中小微产业链企业存在融资难、融资贵问题。导致这个问题的根本原因是产业链企业、核心企业与金融机构间存在的信息孤岛。一方面，产业链的各参与方所拥有的信息较为割裂，无法将供应链中的商流、信息流、物流和资金流打通，导致信任传递困难、增信成本高昂；另一方面，中小微产业链企业由于规模小、抗风险能力低、信息不透明，往往未与核心企业建立直接的贸易关系而只是存在间接的业务往来，难以从金融机构处获取信用贷款，导致其融资成本高昂。

(3)区块链的解决办法

区块链技术的赋能则可以很好地解决传统供应链金融业务面临的问题。核心企业的信用(例如票据、应收账款等)可以改造成为高效、安全的线上化的区块链数字权证，通过区块链可以顺着供应链向产业链上下游进行传导，有效利用核心企业信用为产业链企业增信，打通产业链信用链条，使中小微产业链企业也能获得低成本的融资。同时，区块链智能合约可以自动执行合约，提高了相关区块链数字权证的履约效率，降低了违约风险；区块链数字权证可以在产业链企业间随意拆分、流转或向金融机构发起融资，极大优化了产业链资金流转效率，解决了产业链信息不透明、中小微产业链企业融资难融资贵问题，如图9-1所示。

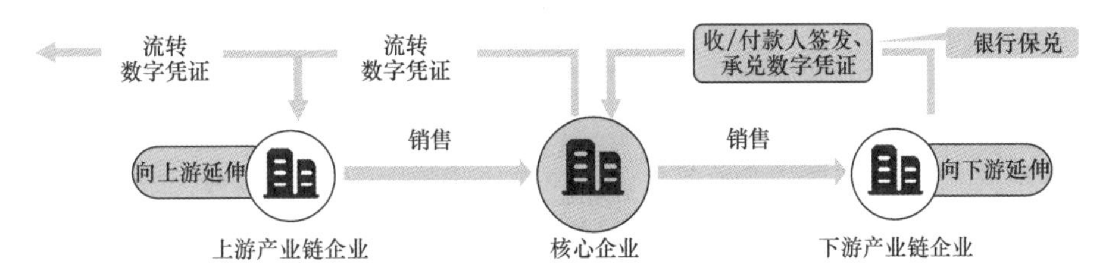

图 9-1　基于区块链的供应链金融解决方案

大宗商品供应链应用。仓单、预售证等作为大宗商品供应链中重要的信用凭证，可以成为企业重要的融资工具。利用好仓单和预售证能及时缓解大宗商品产业链中各个企业的现金流问题。大宗商品行业目前主要存在信息化程度不高，交易环节并不透明，金融机构难以提供金融服务等问题。依托区块链技术的大宗商品供应链金融服务，不仅仅可以确保信息的真实性，也解决了现阶段流转过程中重复质押等各方面问题，对于贸易商、金融机构、监管方、物流方都有益，如图 9-2 所示。

图 9-2　大宗商品供应链金融解决方案

应收账款应用。应收账款融资在实践中存在交易真实性难辨、信息不对称难解决、业务触达范围难拓展、履约意愿难控制等诸多难点。“区块链＋金融”应用围绕应收账款融资业务的核心痛点问题，形成并确立了基于应收账款的确认、流转、融资、清分的全生命周期链上管理业务架构，从而有效提高了应收应付账款融资的高效、可信，大大推动了供应链金融领域的行业转型升级，如图 9-3 所示。

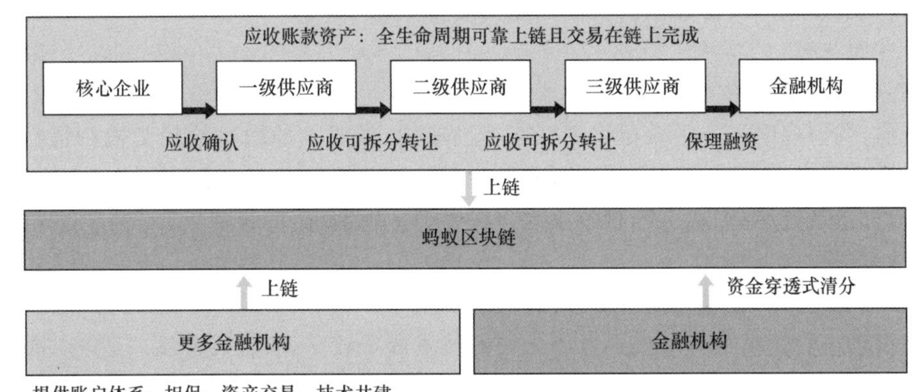

图 9-3　应收账款融资业务架构

(4)应用价值

对核心企业来说，其签发的区块链应收款可在供应链商圈内流转，实现圈内“无资金”交易，减少整个产业链条的外部资金需求，有利于构建健康稳定的供应链生态圈；对上下游中小企业来说，其收到核心企业签发的区块链应收款后，不仅可以向上游供应商进行支付，还可随时转让给银行进行融资变现，能够有效缓解企业融资难融资贵问题，降低企业负债。

2. 证券监管

(1)应用场景介绍

在以国内大循环为主体、国内国际双循环相互促进新发展格局下，跨区域资本要素的有序自由流动愈发重要。使用创新技术手段解决双边或多边金融往来中的程序、机制问题，降低交易成本、提升交易效率，则成为新时期我国金融市场体系的重要课题。区块链技术的应用具有交易即清算、信息披露成本降低、中介成本降低等优点，相对于传统场内市场基础设施在降低证券发行和交易成本、提高效率等方面具有优势。

(2)行业应用的痛点问题

在国际资本市场的双边及多边联系中，由于缺乏司法制约，可信机构寥寥可数，交易确权工作往往低效昂贵，并伴随诸多不可控因素。由美国主导的证券托管及美元清结算网络，必须遵守欧美法规与行政安排，时而有失公平有损我国利益，故而在该领域需要一个由国际共识组成的托管和清算网络。

(3)区块链的解决办法

证券监管系统是一个分布式的对等虚拟网络，由对不同参与者的权利与责任的定义合约所构成，实现不依赖可信机构的信息点对点传递、同步与决策，借助密码学保护所有信息的隐私性及真实性。这种债券系统的构成不是一成不变的，系统中包括 CSD、货币清算系统、承销商、保荐人、托管行等都可以持有节点，各主体节点的功能通过区块链共识限制，使其功能与现实已有业务场景一致。

(4)应用价值

证券监管系统通过多方共识满足各国的本地金融监管要求，不受外国机构影响，对我国来说可以强化我国资本账户有序自由流动，推进金融对外开放，同时还可以为实体经济提供新动能，进而形成促进国内大循环正反馈。

3. 理财代销

(1)应用场景介绍

当前，各家理财子公司希望将理财产品迅速的、低成本的输送给代销银行进行销售，分享市场红利，抢占市场份额。与此同时，代销银行也需要不断地丰富和完善理财产品代销系统，打造理财产品“超市”，有效满足自有客户理财需求，增强存量客户黏性，提升零售渠道的话语权。

(2)行业应用的痛点问题

规模较小的代销银行对接理财子公司的技术成本较高，而且需要逐一适配数据接口，费时费力。而现有平台提供方皆以中心化模式运营，如招商银行同业业务“招赢通”，不符合金融机构间保密的合规要求。

(3)区块链的解决办法

通过区块链技术,理财子公司和代销银行各自拥有独立区块链节点,机构间通过节点"点对点"直连。基于区块链的共识机制,运营方无权限查看平台上产生的数据,从而满足数据隐私性、独立性、合规性。此外,通过区块链 P2P 网络通道执行机构间的报文传输,建立机构间专属信息通道。数据交换采用公钥、私钥不对称加密,以 Hash 值在链上传输,进而实现定向传输,仅业务参与双方可见,从而保证数据的安全性。同时,在金融机构授权许可的情况下,该平台可根据理财子公司和代销银行实际业务需求,结合业务数据标签、代销能力、风险偏好以及客群特点等进行精准画像,提供增值服务,从而更好地帮助理财子公司和代销银行筛选适合的代销渠道和理财产品,如图 9-4 所示。

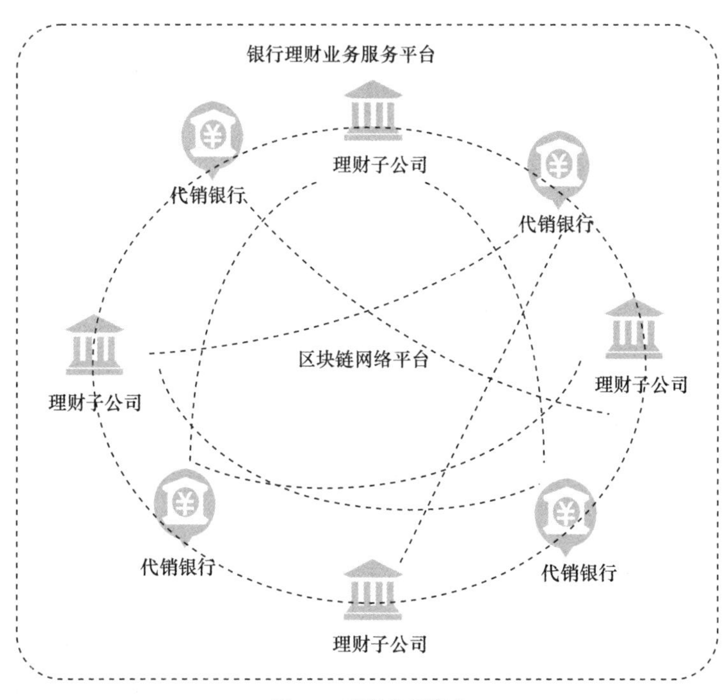

图 9-4　理财代销服务

(4)应用价值

通过区块链构建平台,既可以实现网络效应,又能保证持牌机构间的业务保密要求,还能基于隐私计算等技术拓展数据可用性。

4. 贸易金融

(1)应用场景介绍

贸易金融是指伴随着贸易发展而出现的、银行为贸易双方在国内或国际贸易活动中提供的全面金融服务,包括贸易结算、贸易融资、贸易担保等一系列服务。贸易金融场景是横跨多个主体、多重环节的复杂场景,涉及行业面广、交易链条长,需要参与主体之间的互信共享。

(2)行业应用的痛点问题

贸易金融业务的参与方包括贸易企业与商业银行。在传统贸易金融业务中仍存在一些待解决的问题:一是商业银行间贸易金融相关业务报文的传递依赖 Swift 等国际组织,易在基础设施上被“卡脖子”；二是各类贸易单据无纸化程度低，依赖人工判断单据真实性与准确性，导致银行在办理贸易融资业务时需要花费大量人力在核验、管理单据上；三是业务流程线上化程度低，且交易往往支付受理银行、资金清算银行等多方，导致业务审核流程漫长，效率低下；四是监管难度较大，贸易背景真实性难以把握，线下业务的交易过程也难以实时监控，无法确保融资用途合规，缺乏监管手段。

(3)区块链的解决办法

自2017年起，中国人民银行便开始牵头探索利用区块链技术解决贸易金融业务中的痛点，并于2018年9月4日正式上线试运行“央行贸易金融区块链平台”，致力于打造面向全国、辐射全球的开放共享的贸易金融生态。央行贸易金融区块链平台主要具备三项功能：

一是可信传输信用证。在区块链技术的支持下，平台将国内信用证的开立、通知、交单、延期付款、付款等各环节上链，提升信用证业务的安全性，缩短信用证及单据传输的时间，提高信用证业务处理效率与流程透明度。与传统贸易金融中的信用证业务相比，买卖双方客户可获知信用证业务全流程信息，过程更加透明和高效，有效避免错误和欺诈的发生。

二是跨国福费廷可信交易。基于区块链技术与统一的数据标准打造基于区块链的福费廷金融资产交易平台，支持意向询价、对话报价、请求报价、确认成交等多样化的交易方式，从而促进市场的对手方发现和价格发现，提升交易效率和市场透明度，可以规范原有福费廷业务交易市场，为监管部门提供有效的资产交易监管途径，建立信用市场。

三是提供便捷贸易结算服务。通过区块链智能合约控制贸易款项结算流程，当出口商的货物到达目的地、系统验证单证合格后，智能合约可被自动触发，并将相应预付款项发放给出口商，相较于原有流程更加简单、快速，服务费用更低，还可以能降低企业资金占用周期，提高资金效率。

(4)应用价值

央行贸易金融区块链平台一期自2018年9月4日正式上线运行后，已陆续上线应收账款多级融资、跨境融资、对外支付税务备案表、国际贸易账款监管等应用场景，并在大湾区形成了良好的示范效应。截至2020年7月底，平台已实现业务上链5万余笔，业务发生额超1 800亿元，并吸引了近50家银行接入。2020年年底，贸易金融区块链平台与香港贸易联动平台完成对接，进入试运行阶段，进一步推动两地金融科技合作的持续发展，创新跨境贸易融资，共同构建跨境金融生态体系。

5.联合征信

(1)应用场景介绍

目前，我国的征信行业市场规模已达千亿级，共有百余家企业征信备案机构。但目前征信行业数据不互通、信息不共享，导致各机构间存在数据孤岛，由于信息不对称导致的多头借贷、过度授信问题仍然存在，征信数据无法发挥出更大的价值。因此，征信数据的安全共享是降低金融风险、降低数据获取成本、促进征信行业健康安全发展的关键。

(2)行业应用的痛点问题

传统中心化的数据共享模式存在较多问题。一是中心化的数据共享实现难度大，特别是从跨行业、跨领域的多个机构间采集数据时，难以协调多个机构进行数据的汇聚，同时机构间也存在对数据隐私安全、数据滥用的顾虑，难以达成互信。二是传统中心化的技术难以保障数据安全，难以从技术层面很好地保护数据的隐私安全，也无法保障数据在汇聚、传输的过程中没有被篡改，数据的安全性与真实性都难以保障。三是中心化的数据共享过程缺乏监控，一旦数据出现异常会影响上层业务，且难以追溯问题所在。四是中心化的技术难以实现征信数据共享时在各个机构间实时同步，数据一致性和实时性较弱。

(3)区块链的解决办法

利用区块链技术分布式存储、点对点传输、共识机制等特性，可以以较低成本建立机构间的信任共识，从而建立安全可信的征信数据共享机制。此外，区块链、安全多方计算等隐私计算的融合应用可以解决大部分数据共享上的问题，具有广阔的发展应用前景。一是形成了有效的隐私保护，利用隐私计算技术进一步保障数据共享时用户数据的隐私安全，以“数据可用不可见”“数据不出库共享”的形式实现数据共享。二是提升了征信数据维度，接入区块链系统所需的系统改造小、成本低，利于推广，使得数据采集渠道、征信数据维度可以得到进一步提升，同时也提升了整个行业的运行效率。三是提高了数据的有效性，区块链保障了数据的不可篡改，其共计一本账的特性也保障了各机构间数据同步的一致性，提高了数据共享的有效性，保障了征信数据的真实性。

6. 交易清算

(1)行业应用的痛点问题

在传统的资产交易过程中，交易双方需要各自分别记账，在对账日进行对账清算后进行结算。这种清算方式不但消耗了大量人力、物力，还容易造成对账结果不一致的情况，影响最终的结算。同时，传统清算业务涉及环节较多，有时需要第三方清算机构介入，导致清算环节多、清算链条长，清算流程耗时进一步增加。此外，清算机构的介入还导致了清算环节过于中心化，可能存在单点风险。

(2)区块链的解决办法

由于区块链技术通过共识机制可以实现准实时、同步的交易，且参与方共计一本账，使区块链成了天然、可信的清算工具，可以大幅提高交易方间的清算效率。通过区块链进行交易的双方/多方交易者共享了一套互信互认的区块链账本，所有的交易记录全部在区块链中进行记录，可查、可追溯且不可篡改，极大提升了记账、对账的准确度、可信度与效率。不仅如此，交易方还可以将清结算规则写入区块链上的智能合约，通过智能合约自动执行交易清结算，从而实现交易即清算。在区块链技术的赋能下，清算业务的各项成本得以下降，差错率也大幅降低，极大提升了清算效率。

目前阶段，受制于区块链技术的性能瓶颈，基于区块链的清算业务尚只能应用在交易频次较低的场景中，区块链尚无法支持类似股票交易等高频业务场景的清算。但是，利用区块链技术优化高频业务场景的清算流程的相关研究一直在进行中，深交所、上交所、中国金融期货交易所等交易所都就相关课题进行了探索。

7. 数字藏品

(1)行业应用的痛点问题

数字藏品的概念来源于国外大热的非同质化代币(Non Fungible Token，NFT)。

NFT是一种具有区块链数字身份认证的数字资产，具有不可分割、不可篡改、不可替代、独一无二等特性。它的出现使得原本被称为虚拟的数字产物变成了一个可以永久拥有、保存和追溯的虚拟资产。数字藏品的行业应用存在版权登记成本高、所有权追溯成本高、侵权成本低、创作者收益难以保障等问题。

(2)区块链的解决办法

基于区块链的数字藏品是基于联盟区块链技术生成和发行的，通过唯一标识确认权益归属的数字作品、艺术品和商品，能够在区块链网络中标记出其所有者，并对后续的流转进行追溯。区块链数字藏品，包括艺术收藏类数字藏品、音乐影视类数字藏品、社交游戏类数字藏品、门票展览类数字藏品等。

通过将数字藏品的权属存储在去中心化的区块链网络上，利用链上信息的可追溯可查询特性，让创造者更便捷地实现数字藏品的确权，并对作品的权属转移和使用过程进行跟踪追溯，能够有效解决数字藏品在版权确权难、版权追溯难、维权取证难等方面的痛点，进一步规范数字参公版权保护，激发数字内容市场活力。

数字藏品技术框架如图9-5所示。

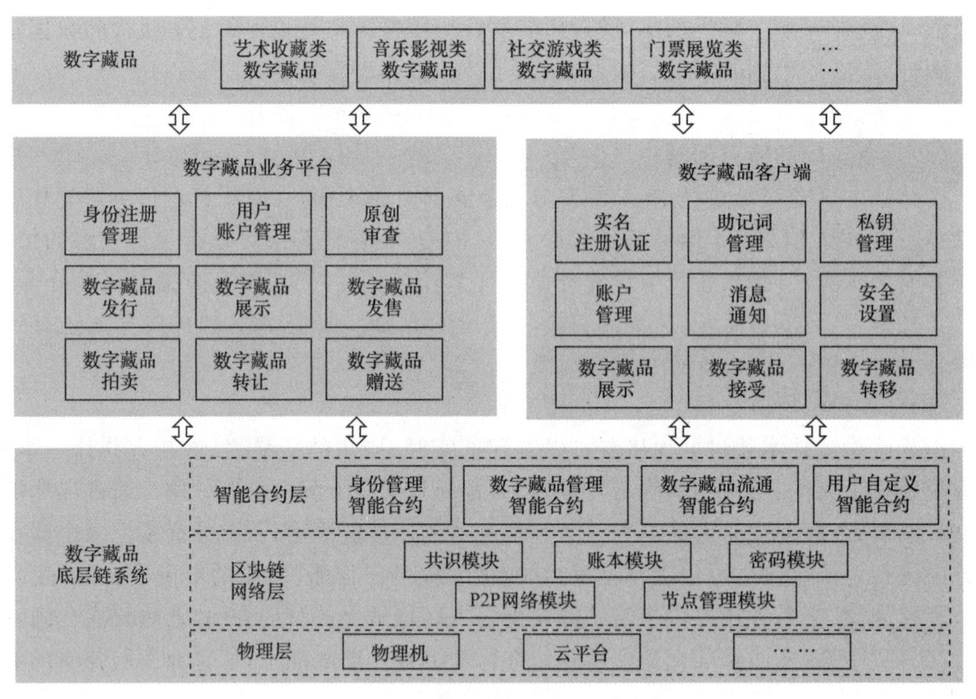

图9-5　区块链数字藏品系统的技术框架

(3)应用价值

区块链赋能数字藏品具有很大的应用价值，具体表现在：

- 保障真实性、持久性和延续性。
- 一经上链不可篡改，保证所有权确权和信息可追溯。
- 创作者版权得到充分保护。
- 数字藏品独一无二的特性，提升了其收藏价值。
- 降低交易成本，提升流动性。

- 加速构建数字藏品交易市场。

9.3.2　区块链＋政务

1. 三资监管

(1)行业应用的痛点问题

在农村“三资”管理中，普遍存在着“三资”底数大，人员管理水平参差不齐等问题。随着“三资监管系统”“农村产权交易系统”“资金管理系统”的建设，摸清了农村集体的资产资源底数，规范了资产资源的交易和资金的使用，在一定程度上减少了“三资”领域的违纪问题。独立的信息化系统解决了“三资”各个具体领域的业务问题，同时也给“三资”的统一化和全面化管理带来了困扰。资源、资产、资金之间是伴随着经济活动进行转化的，只有将这些独立的数据联系起来，才能够对“三资”的使用和管理进行有效的监管。

(2)区块链的解决办法

“三资监管链”利用区块链技术打通了现有“三资”的业务系统。将原本孤立的“三资”数据整合到一起，建立了统一的“三资”统计查询入口，帮助农业农村局全面地了解集体“三资”的情况，实现了“三资”管理的全流程监管，在实际应用过程中发现了一批“三资”管理方面的问题，大大提升了“三资”管理的规范性、透明性和监管的效能。

2. 电子发票

(1)行业应用的痛点问题

传统发票存在效率低下、查验困难、流转和共享困难、确权和审计困难等痛点问题。区块链电子发票系统通过将发票相关信息上链，实现对发票从开具到报销的全流程管理，支持企业、消费者以及税务机关等相关方实现基于区块链的发票开具和收取、开票和报销，以及开展相关风险管控，实现每一张发票都可查、可验、可信和可追溯。

(2)区块链的解决办法

区块链电子发票采用区块链底层技术进行发票无纸化管理，以交易相关方为节点，将交易及发票相关信息实时上链，覆盖注册、领购、开票、报销、纳税申报全流程，实现全流程、立体化监管。区块链电子发票能够解决信息孤岛问题，实现了无纸化报销，解决了一票多报，虚抵虚报的问题，能够提升各个参与方的便利性。

区块链电子发票系统的技术流程如图 9-6 所示。

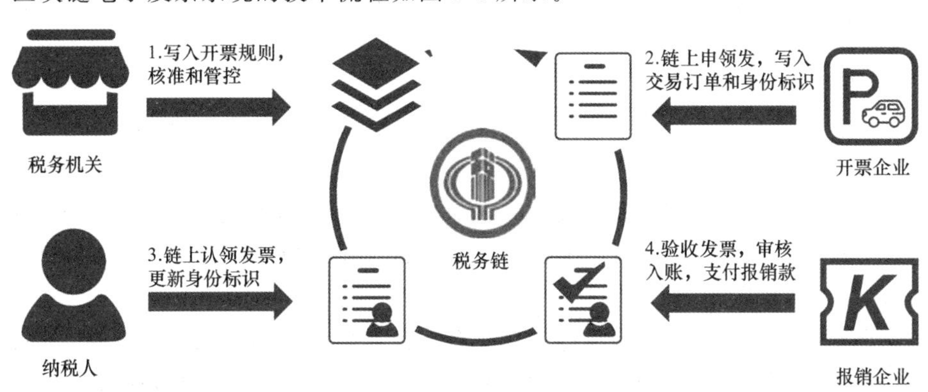

图 9-6　区块链电子发票系统的技术流程

3. 电子证照

(1)行业应用的痛点问题

随着电子证照全面推广,在不断提升政务服务效能的同时,政务数据跨地域跨部门可信共享以及电子证照灵活授权管理也面临着新的挑战,存在着难以摆脱纸质依赖、难以进行线下互认、难以实现数据互通等三大难题。

(2)区块链的解决办法

利用区块链技术解决电子证照跨区域、跨部门共享应用,实现证照加注审批、现场亮证核验场景下的电子证照数据的可信、互通、共享、防篡改以及可溯源。进一步促进政务职能部门间信息共享,推动部门间政务服务相互衔接,达到协同联动,在提升业务协同办理效率和安全性的同时,真正实现了"数据多跑路"的政务服务改革目标。构建电子证照联盟链,实现线上线下政务服务过程中经持有人授权后或系统自动关联引用电子证照作为申报材料,以及在便民服务及执法检查中的现场亮证并核验真伪。电子证照应用架构如图 9-7 所示。

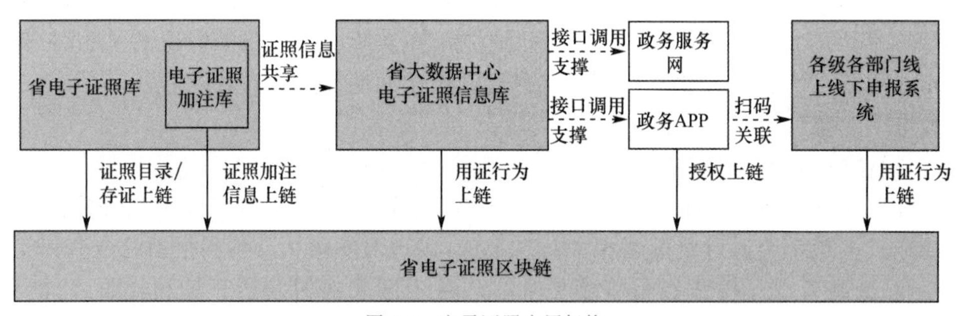

图 9-7　电子证照应用架构

(3)应用价值

在电子证照应用中引入区块链技术,创新了电子证照应用业务模式,规范了电子证照取用规则,透明了电子证照应用的各方权责,形成了亮证身份可控、证照授权透明、证照用证留痕、用证行为流程可溯、政务管理环节可控的政务服务模式。确保电子证照信息可信任且可追溯,使各社会主体共同建造、共同维护、共同监督,从而满足公众的知情权、监督权,增强电子证照的客观性与可信度,提高政务工作效率及公民和法人的办事效率。

4. 中小企业公共服务

(1)行业应用的痛点问题

目前我国很多省份都已经建设了面向中小企业提供扶持资金的公共服务平台,为落实平台服务补贴券和应急资金申领、发放、使用及核算的相关要求,平台需实现关键数据的安全、可靠存储,保证数据和相关资料安全可靠、不可篡改,实现服务全流程的可记录、可追溯、可审计,避免传统电子或纸质版的服务补贴券存证伪造和篡改超发的风险。

(2)区块链的解决办法

利用区块链技术提供链上数据存证及溯源服务,存储企业遴选、专家评审、机构服务产品、企业申领资格符合性审查、企业用券和企业服务评价六大类信息,形成中小企业补贴券注册、审核、申请、审查、使用、评价整个闭环流程的业务数据上链存储。

构建完成的中小企业服务联盟链,以接口方式对接中小企业服务平台,实现服务补贴券发放、消费、承兑和应急资金申请、审核、使用和收回全流程信息链上纳管、链上授权访问控制,并通过构建链上应用为用户提供链上数据查询追溯、核验对比、监管审计等服务,实现中小企业服务平台关键数据的安全、可靠存储,以及服务全流程的可记录、可追溯、可审计。中小企业补贴资金监管服务架构如图 9-8 所示。

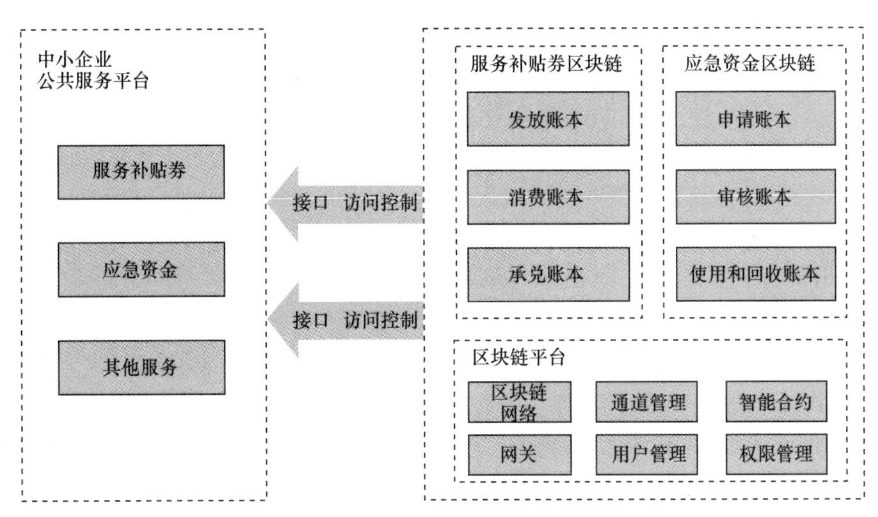

图 9-8　中小企业补贴资金监管服务架构

5. 跨境数据验证

(1)行业应用的痛点问题

随着对外交流的增加,个人在办理跨境业务时需要验证个人信息真实性的需求越来越多。按照相关条款,各类组织、企业处理的个人信息数据传输至境外(包括港澳台地区)需要相关部门批准,审批手续复杂、时间周期长,无法满足跨境场景需求。另外,很多境外国家和地区也有类似的法律法规,限制境外个人信息数据传输至国内,信息处理者跨境进行数据传输存在法律上的限制。如何在合法合规传输数据的前提下,做好跨境数据的验证工作,发挥数字经济对效率的提升作用,对于我国进一步发展对外数字经济、建设一带一路、促进粤港澳大湾区融合等国家战略工作具有重要意义。

(2)区块链的解决办法

区块链与生俱来的技术优势可有效解决上述问题,分布式、公开透明、不可篡改、不可抵赖及安全性等特质可以保证将相关个人信息转化为加密的可验证数字凭证,境内外相关机构在后台不互连的情况下,依然可以通过区块链 Hash 值的比对验证相关信息的真实性和有效性。同时,当用户需要跨境验证时,不需要在多个平台重复填写信息,系统在获得授权后将自动为用户转码,满足了各地不同的个人信息保护要求。以内地居民到港澳办理相关个人业务为例,区块链解决跨境数据验证问题可以分为三步:一是在相关数据生成时,就同时进行区块链 Hash 上链;二是正常的业务办理;三是数据真实性验证。

跨境数据验证模式如图 9-9 所示。

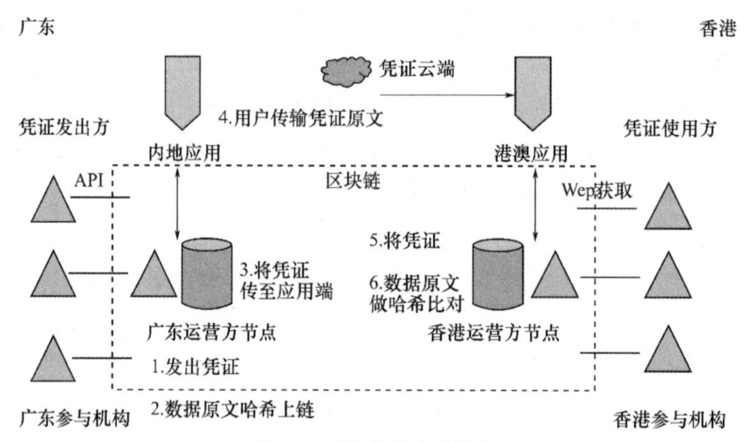

图 9-9　跨境数据验证模式

(3)应用价值

跨境数据验证的相关场景应用已经落地,反响良好。具备合规性,在区块链跨境数据验证的解决方案中,进行数据传输的只有个人,而个人出于生活需要传输个人数据,符合世界上主要国家和地区的法律法规。具备便利性,区块链跨境数据验证的方式解决了个人跨境数据验证的难题,有的为跨境通关提供了便利,有的省去了办理跨境业务需要的纸质证明,有的减少了业务的审核时间,打造了多方面的便利性。具备安全性,区块链具有不可篡改、不可抵赖等特性,因而可以保证区块链上的数据不会被破坏。同时,由于上链的是 Hash 值,非相关机构即便获取了 Hasn 值也不会造成个人信息数据泄露。

9.3.3　区块链+司法存证

1.应用场景介绍

互联网和移动互联网的快速发展,带来了大量的司法存证、取证固证的需求,《2018年中国电子证据应用白皮书》中数据显示,全国民事案件超 73%涉及电子证据。电子证据被应用于各种商务往来,知识产权、离婚财产、证券纠纷、互联网金融、电子病历、聊天记录中等不同类型的场景高达 43 种。

区块链与司法存证的结合,可以降低电子证据成本,提高存证效率,为电子证据、知识产权、电子合同管理等业务赋能,主要应用在以下场景。

(1)法院行业应用

应用区块链技术将诉讼服务过程中的电子材料、业务数据、用户行为等信息进行固证,防篡改、可验真、可追溯,确保诉讼服务数据的生产、存储、传播和使用全流程安全可信,提升电子诉讼服务的权威性、专业性和司法公信力。

(2)司法协同应用

基于区块链技术构建公安、检察院、法院、司法局等跨部门办案协同平台,各部门分别设立区块链节点,互相背书,实现跨部门批捕、公诉、减刑假释等案件业务数据、电子材料数据全流程上链固证,全流程流转留痕,保障数据全生命周期安全可信和防篡改,并提供验真及可视化数据分析服务。

(3)社会存证应用

①电子合同场景

电子合同存证平台是一个在去信任的环境下由多方共同维护的防篡改的分布式数据库。借助密码学的数学原理,可以确保数据在区块链上的防篡改与追溯。平台提供在线签约(电子合同)+全业务流程存证的一站式解决方案,在通过区块链实现合同的数字指纹信息分布式存储的同时,还可快速生成可信电子合同签署证据链,无缝对接和处理其中合同涉及的纠纷解决、仲裁机构裁决以及电子证据递送等问题。

②数字版权场景

确权类版权存证场景分为以下两方面:一是知识产权权属证明,是对作品数据进行保护的行为;二是平台公告证明,或就发出过公告的行为以及对公告内容本身进行存证。

侵权类版权存证场景可以分为两类:第一类是侵权结果状态的取证;此时可对侵权的网页进行存证,对侵权行为的时间可查询可追溯;第二类是对侵权行为过程取证,属于动态的证据固化过程。

③遗嘱存证

通过专业遗嘱见证系统,借助人脸识别、身份验证、密室登记、指纹扫描、现场影像、专业见证、文件存档、保密保管以及司法备案存证等功能,使立遗嘱人订立遗嘱的真实性得到了有力保障。涉及诉讼时,还将依法为当事人出具证明文件,遗嘱存证内容可在法院官方证据核验平台进行验证其真实性、合法性、有效性。

2. 行业应用的痛点问题

在互联网审判实务中发现,传统的公证方式为保全网页取证,往往需要权利人亲自到公证处使用公证处的电脑进行操作,甚至需要权利人与公证人员出差至某地进行现场摄像存证,耗时间、耗人力,与互联网审判的便捷高效不能一致。

与传统实物证据相比,电子证据的真实性、合法性、关联性的司法审查认定难度更大。由于电子资料的易修改、易删除等特性,因此在作为电子证据时,存在存证难、取证难、认定难的问题。

电子证据在证明案件事实的过程中起着越来越重要的作用,鉴于难存证、易篡改、易出差错等特点,电子证据迫切需要一个解决信任问题的存证环节。

3. 区块链的解决办法

区块链技术的赋能可以很好地解决传统电子证据业务面临的问题。区块链技术适合作为一个电子数据存证的补充,区块链时间戳标示出电子数据发生时间,用户的私钥对数据的签名是用户真实意愿的表达,区块链不易篡改、可追溯的特点方便对电子数据的提取和认定。证据在司法实践中的存证、取证、示证、质证等过程对应着电子数据的存储、提取、出示、质询等动作流程。区块链存证将原本分散的当事人、司法机构、第三方权威认证机构、存储机构整合在一起形成统一的区块链共识,共同维护统一的共识链条,所有的流程事务都将上链,集取证、验证、审理于一体。

2018 年 9 月初,最高人民法院《关于互联网法院审理案件若干问题的规定》确认了区块链存证的法律效力。引入区块链存证,可以有效解决电子证据真实性、合法性问题,使电子数据认证过程具有更高的可信赖性。下面以北京互联网法院的“天平链”为例,阐述区块链在司法中的应用方法。

北京互联网法院作为司法联盟链的管理节点，联合北京市高院、司法鉴定中心、公证处等司法机构作为一级节点，以及行业组织、大型央企、大型金融机构、大型互联网平台等20家单位作为二级节点，共同组建了“天平链”。天平链于2018年9月9日上线运行，通过利用区块链本身技术特点以及制定应用接入技术及管理规范，引导第三方平台使用区块链技术存证，实现了电子证据的可信存证、高效验证，降低了当事人的维权成本，提升了法官采信电子证据的效率。

司法存证的基本应用模式是基于电子证据相关规则，面向各类互联网应用提供电子数据存证服务。电子数据产生后，第一时间将其Hash值写入天平链，用户获得该数据在天平链的存证编号。当该电子数据涉及法院管辖案件时，用户可以提交该存证编号和原始电子数据，天平链后台可自动验证该电子数据的完整性和存证时间，从而大幅提升法官对于电子数据的采信效率。

对于第三方平台，电子数据可以通过第三方存证平台保存到第三方区块链系统，然后第三方区块链系统跨链接入天平链，同步所有存证信息，通过节点互信和跨链验证，对上链数据通过系统自动比对，验证是否有篡改，辅助法官进行证据认定。

司法存证技术流程如图9-10所示。

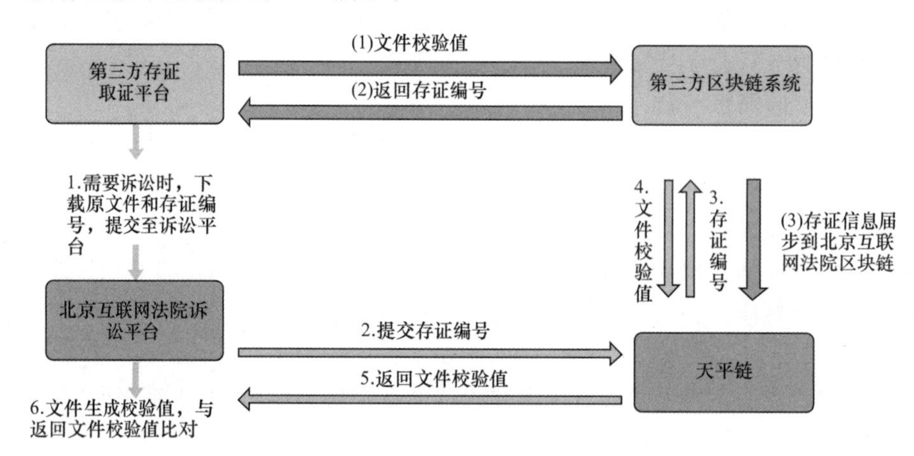

图9-10　司法存证技术流程

4. 应用价值

司法存证在数字版权、著作权、供应链金融、电子合同、第三方数据服务平台、互联网平台、银行、保险、互联网金融等方面具有广泛的应用价值。

区块链技术的应用，使得电子证据的整个取证进程都在网络进行，取证成本相比公证等其他传统方式明显要低，取证时间也更加灵活，甚至可以突破地域和时间的限制，理论上只要有网络的地方都可以实现取证存证。

区块链技术的应用，保证了电子证据的真实性，证据验证更加便捷。区块链具有的溯源性及不可篡改性，基于密码技术将电子数据生成唯一的数字指纹Hash值，并将其储存在多个不同的节点上，既能防止被篡改，也能溯源查找修改痕迹，还能实现是否篡改的验证。

区块链技术的应用，使得电子证据的质证和认定更快速有效。区块链的链式结构特点与证据链的链式闭环高度天然契合，使得电子证据在质证环节中更易被对方认可，也更易被法院采信。

目前，杭州、北京和广州三地已先后成立了互联网法院，也先后采用基于区块链技术的司法存证生成和提供电子证据，

按照相关统计标准，2019年，北京互联网法院在线立案42 114件，审结40 083件，法官人均结案871件，庭审时间减少一半，平均用时34分钟，平均审理期限55天，为当事人平均节约开支近800元，节省在途时间16个小时。

实践证明，区块链技术具有的去中心化的信任机制、不可篡改和可溯源的特点，可以在司法领域开拓较大的应用空间，降低行政成本，提升审判效率，具有较好的社会效益，客观上对互联网信任体系的建立也有推动作用。

9.3.4　区块链+供应链

1.行业应用的痛点问题

长期以来，资金瓶颈是大宗商品行业面临的普遍问题。特别是如钢铁等资金密集型行业，加上"钢贸危机"的负面影响，其供应链下游的加工商、物流商存在着较大资金缺口，根本原因是这些企业缺乏技术和渠道来证明自身的还款能力及真实贸易关系。

供应链金融(Supply Chain Finance)被看作是供应链管理和金融理论发展的新方向，是解决供应链上下游中小企业融资难题、降低融资成本、降低供应链风险等的有效手段。将区块链技术应用在钢铁行业中的供应链金融领域并真正意义上解决行业痛点是本案例技术和解决方案开发的核心。

在现有的供应链业务模式和技术条件下，以下痛点或成为阻碍供应链金融发展的主要原因：

(1)贸易场景的真实性难追踪

一直以来，贸易流通环节多由供应链企业负责。传统B2B平台在很大程度上整合了信息流、商流、物流与资金流等数据信息，但从金融机构角度看，场景的还原度和真实性不够，为了核实贸易背景的真实性，金融机构需投入大量的人力和物力，从多维度验证上述信息的真伪，导致供应链金融的业务效率降低。如果能够实现供应链数据"四流合一"，并保证数据透明可信、可审计、不可篡改，将大幅降低金融机构的尽调成本，提升供应链金融业务的整体效率，降低融资成本。

(2)B2B平台和金融系统之间数据割裂

传统的B2B平台和金融系统之间存在严重的信任缺失问题。供应链中的物流、信息流、合同流、资金流数据完全由B2B平台提供，存在个别平台为了谋取自身利益而私自篡改数据等情况，使得从B2B平台获取的数据信息的真实性无法得到保证，数据的有效性难以获得相应的认可，最终导致金融机构无法有效验证，难以为供应链的上下游企业提供金融服务。

(3)平台数据无法自证清白

传统B2B平台依托互联网技术，为核心企业、供应商、经销商以及金融机构提供线上

供应链金融服务，一旦出现交易纠纷，则需要进行责任划分。因此，需要确保原始交易记录的全生命周期可追溯，保证原始交易数据不被篡改。为提高数据的权威性，平台通常需要借助公证处等第三方机构，但这种模式必然会增加交易成本、影响效率，且可操作性低。在实践中，需要一种安全、高效、便捷和低成本的多方存储解决方案，确保各方都完整保存了数据信息，同时保证数据的安全性。

(4)核心企业的信任难以传递

核心企业的大额商票往往无法拆分和流通，无法通过供应链层层向上传递拆分成更小面值的商票。一般核心企业商票通常在几家大型核心企业中间流通，造成核心企业的企业信用不能通过供应链进行层层传递。在很多情况下，核心企业很难通过金融机构进行确权，在现有业务规则体系下，导致中小企业无法使用供应链金融业务。

2. 区块链的解决办法

利用区块链等新一代信息技术，能够很好地解决传统模式下的业务痛点。区块链是点对点通信、数字加密、分布式记账、多方协同共识算法等多个技术的融合，具有不可篡改、链上数据可溯源的特性，天然适用于多方参与的供应链金融业务场景。通过区块链技术，能确保数据可信、互认流转、传递核心企业信用、防范履约风险、提高操作层面的效率、降低业务成本。区块链技术对供应链金融业务的助益主要表现在以下方面：

- 对金融机构：对应用场景构建真实的、可验证的资产包，并通过区块链第一时间传递给资方，形成“四流合一”全流程刻画和交叉比对的验证规则，降低金融机构风险控制中的人工核对成本。
- 对供应链中的中小企业：实现降本增效，帮助中小企业获得融资或更低利率的融资。
- 对钢铁平台：获得银行资金支持，扩大融资服务范围，整体降低融资利率。

总的来说，通过区块链、物联网与B2B电商平台等的结合，将基于交易网络中实时动态取得的各类信息通过区块链真实地传递给金融机构，实现多维度的数据印证，提高场景的真实性和可验证性，如采购数据与物流数据匹配、库存数据与销售数据印证、核心企业数据与下游链条数据可靠性印证。通过建立第三方可信、可追溯、开放性通用的数据平台，打破数据孤岛，同时降低信息不对称所造成的流程摩擦，最终实现对钢铁交易的授信，缩短钢铁贸易的资金流转周期。

钢铁区块链底层（以供应链中的钢铁细分行业为例）采用DNA（Distributed Network Architecture）企业级应用架构，系统架构如图9-11所示。

系统架构由区块链底层技术的共识机制、分布式记账、智能合约、跨链协议等技术作为支撑，延伸出可信数据服务和数字金融服务的业务方向。可信数据服务由数字身份、身份授权、电子存证、可信数据存储等技术支持；数字金融服务由数字票据、数字资产、资产证券化、智能清算等技术支持。除以上两大业务方向外，还提供多种配套服务协助企业打造可信数据交换和交易环境。在这些底层技术和业务的基础上，开放源代码和服务供全球社区共同使用和学习，旨在与全球技术社区共同打造行业顶尖的区块链技术平台。利用区块链技术主要解决以下难题：

- 解决人工核查交易背景真实性无法得到保障、核查成本高问题。
- 解决银行难以逐笔监控货物流向，数据造假问题。

- 解决银行可信的历史数据缺失问题。

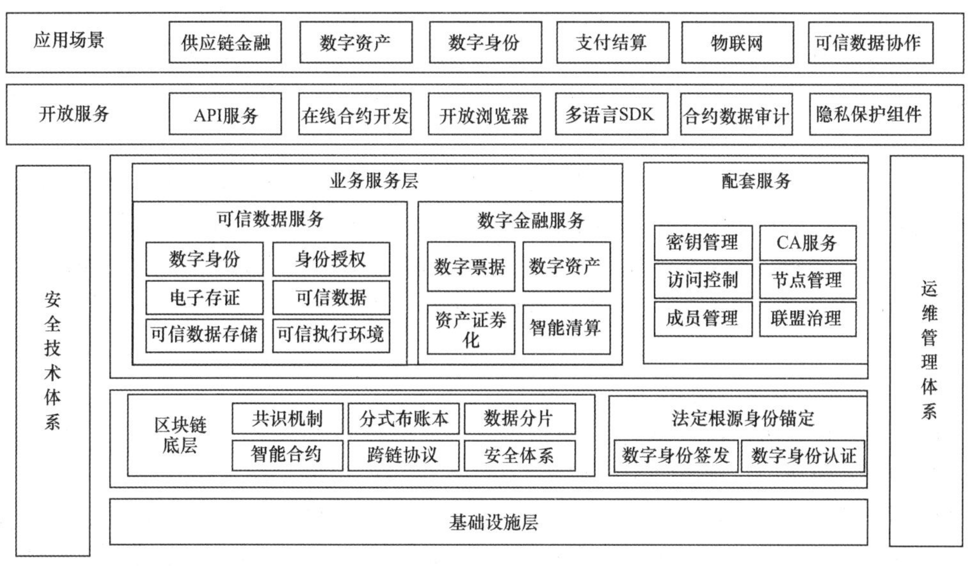

图 9-11　系统架构

3. 应用价值

上面的示例方案为钢铁电商平台的多样化再融资提供解决方案，基于现有的融资业务建立清晰可信的项目结构，方便再融资机构对钢铁电商平台的审查审核，从而加大再融资机构对钢铁电商平台的融资力度。以开展资产证券化 ABS 业务为例，债券的市场利率往往根据债项主体的资质情况与底层资产的基本表现来综合考虑，对于钢铁业务这类小而分散但数目众多的资产，底层资产的信息展现尤为关键，信息的完全透明可信有利于引导投资人将关注重点放在底层资产的结构上，而不仅仅是债项主体的资质情况上。示例方案在以下方面取得实际应用价值：

(1)增强对投资人的吸引力

基于区块链技术的可信资产数据有助于资产公开透明化，加强可视性，提升资产池内资产信息对投资人的吸引力。

(2)智能监测资产表现

智能合约机制有利于自动生成资产表现信息，对资产的履约情况进行分析，促进证券化资产的二级市场估价，提升资产对交易者的吸引力。同时，也有利于投资人做好风险预警识别，在资产状况出现不利因素时及早采取相关措施。

(3)弱化对主体的资质要求

资产自证清白有助于构建标准化和合规化的流程体系，促进资产良性循环，有助于投资人将关注的重心放在资产本身的表现上，从而弱化投资人对债项主体的相关要求。

9.3.5　区块链+医疗

1. 疫苗追溯

(1)行业应用的痛点问题

疫苗生产造假历年来都是整个社会关注的焦点，在涉及孩子健康和安全的问题上，疫苗生产造假现象频发,使无数父母陷入担忧。从近几年发生的疫苗安全事件来看,既存在生产环节的数据造假,也有缺少流通环节监控的问题。近年来,国家颁布了一系列针对建立药品质量管理的规章条令,支持发展区块链与医疗的融合应用,区块链作为疫苗源头追溯和防伪的重要技术手段,逐渐成为行业主要的发展方向。

(2)区块链的解决办法

通过区块链技术搭建的疫苗溯源平台可在生产环节记录全过程的设备数据,在运输过程中通过扫码设备和定位技术的结合,完整记录运输环节的所有装卸和拆分数据,从而对疾控中心和接种站进行疫苗库存的安全管理,有效实现对疫苗数据信息的实时监管,确保疫苗冷藏运输记录的透明可信,为疫苗接种过程保驾护航。

2. 医疗数据共享

(1)行业应用的痛点问题

传统中心化的医疗信息化网络建设,因为数据没有办法在互联网里确权保护,所以使得各个医疗机构间的医疗数据形成信息孤岛,无法轻松实现互联互通。同时中心化网络使得病人自己也无法合理化的使用本人的健康数据,想要将一些医疗数据商业化运营又无法有效解决病人的隐私保护问题,所以医疗数据的利用非常有限,很多医疗改革没有得到更有效的推行。

(2)区块链的解决办法

区块链技术与医疗数据结合,可以将各类医疗数据进行上链确权,有了确权以后就可以进行有限的授权分享,从而实现各个医疗机构间的数据实时互联互通,以低成本的方式实现分级诊疗,远程转诊等。同时因为区块链可以对医疗数据进行确权和授权,所以病人自己可以有效管理和使用自己的健康数据,为医疗数据的商业化运营提供基础。

医疗处方流转主要是通过交易的方式将各角色间(患者、医生、药房、保险)的交互记录在链上,通过权利凭证化的方式进行处方流转,发药后回收凭证,防止多次配药,通过加密的方式确保处方内容的安全且患者的身份信息不在链上存储,确保了患者信息的安全。

主要特点是为特殊病例单独创建区块链账户,针对隐私要求高的特殊病例,创建独立的账户,处方信息需通过病例私钥解密查看。病例不直接与患者进行关联,病例账户加密后,通过患者账号设置的方式上链。避免患者私钥泄露造成过往特殊病例的公开。

3. 疫情防控数据协同

(1)行业应用的痛点问题

近年来通过新冠疫情暴露出医疗系统的诸多问题和防控痛点:

- 各自为政、信息孤岛:各区县、各部门之间存在信息孤岛,导致无法协同作战。各层级医院,疾控中心信息不通,即使是发热病人重复在不同医院就诊也无法第一时间掌握基础资料和病情。

- 组织协调不够顺畅:协调脱节、各自为战、多头指挥,导致政策无法下达,响应速度较慢,同时存在重复工作的问题。

- 防控手段相对滞后:缺乏人工智能、大数据、云计算等技术协助。疫情监测分析、病毒溯源、防控救治、资源调配等缺乏科技手段的支撑。排查主要靠"脚"、流调主要靠"问"、统计主要靠"表"、监测主要靠"枪",采用的还是人海战术,现代化技术手段配备明显不足。

(2)区块链的解决办法

疫情防控协同平台作为区块链技术在医疗领域中的应用，运用区块链和大数据技术，依托区块链 BaaS 服务，以联防联控为切入点，构建基于区块链的传染病信息共享防控协同系统，开发可信信息数据采集、传输、存储以及应用，解决医疗行政、业务部门疫情信息汇总上报，实现“四类人员”筛查处置，配合相关部门合理部署、及时预警，有效减少社会公众舆情恐慌。

9.3.6　区块链+能源

传统的能源供需模式、管理机制、市场体系等能源形态正在发生改变。分布式的新能源、氢能、储能的大力发展，极大改变了传统能源生产格局，电气化、低碳化、清洁化成为主要发展趋势。能源发展面临着传统交易机制无法满足新能源灵活交易需求，行业间数据交互与协同效率低且安全性差，缺少有效技术手段支撑能源全环节监管与统筹规划等问题。

围绕国家“双碳”减排绿色发展要求，充分发挥区块链技术在存证溯源、数据交换、信用评价等方面的优势，能够促进数据共享，构建分布式智能体系，推进业务协同式发展，特别是面对能源领域企业数量庞大、用户构成复杂、数据安全性、实时性要求较高的环境下，更能发挥其技术优势。已在分布式能源系统、能源交易平台建设、电动汽车充电等场景开展应用，在促进能源互联网和综合能源系统建设，推动能源数字化有序发展方面发挥了重要作用。

近年来，区块链技术在能源领域应用已出现众多案例，能源企业积极推进区块链在能源行业的探索实践。目前区块链技术在共享储能、综合能源、绿电交易、碳市场交易、电动汽车充电等场景均有广泛应用。

1. 共享储能

(1)应用场景介绍

共享储能作为储能的一种创新形式，充分利用了共享经济的特点，将电网侧、电源侧、用户侧的所有储能装置视为一个整体，通过不同层级的电力装置相互联系、协调控制、整体管控，共同为某一区域范围内的新能源电站和电网提供电力辅助服务。当前我国共享储能产业进入了快速发展的新阶段，初步具备了产业化的基础。

(2)行业应用的痛点问题

我国共享储能产业发展仍然有许多问题需要克服和解决，在传统交易模式下，共享储能存在多边交易矛盾冲突、司法存证、清结算规则复杂等问题，将区块链技术与共享储能融合，可以一定程度上解决现有问题。

(3)区块链的解决办法

利用区块链可以解决多边交易矛盾冲突相关问题，采用身份认证机制，减少企业身份认证费用，降低企业运营成本，同时提高参与方身份可靠性。可以解决司法存证相关问题，通过区块链技术，提供以司法为背书的电子证据服务机制，大幅降低了数字化经营带来的诉讼风险与举证成本；通过区块链技术，把相关的重要数据资产予以存/固，可以得到法律认可，有效解决合同纠纷。可以解决清结算规则复杂问题，利用区块链技术，实现清结算规则智能合约，实现线上交易自动撮合、结算，解决企业间恶意竞争、交易流程烦琐问题。综上，利用区块链可信互联、去中心化分布式部署、智能合约等技术优势，有望有效解决共享储能产业发展面临的问题，进一步加速推进能源产业高质量发展，加速产业转型升级，推动新一轮的商业模式变革。

基于区块链的共享储能应用如图 9-12 所示。

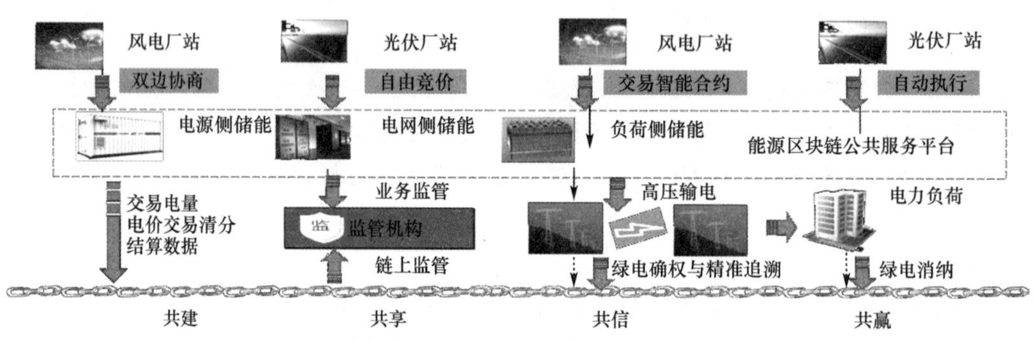

图 9-12 基于区块链的共享储能应用

2. 综合能源

(1)应用场景介绍

综合能源服务以电能为统一载体，以最大限度开发清洁绿色能源为目标，通过集中与分布相结合的双向智能电网，综合调配各种能源的发、输、变、配、用、储全过程。综合能源具有参与主体多、实施业务类型多、业务环节多等特点。

(2)行业应用的痛点问题

综合能源业务发展存在八大痛点：一是以需定供带来的不可预测性与波动性风险；二是利益相关方的博弈和阻力通常较多；三是买方市场属性下，卖方核心议价能力较难建立；四是市场资源与渠道分散，供需方信息不对称；五是市场政策、规则、标准、监管、信用的缺失；六是概念多，落地少，元素越多越难闭环；七是行业间、专业间相互理解不足，难以高效协同；八是价值挖掘和利润挖潜深度不足，缺乏跨界联动。未来综合能源服务市场必将逐步迈向规范化、理性化、协同化、平台化。

(3)区块链的解决办法

基于区块链技术构建涵盖冷、热、电、气、石油各类型节点综合能源区块链服务体系，各节点间采用联盟链的形式实现信息公开互联与可信共享，在保护企业、政府数据隐私的前提下有效实现数据的高效交互。综合能源服务过程中的交易信息分布存储，降低了由交易信息量大导致的交易信息难以查询、信息泄露、交易不可靠以及交易漏洞的风险，由区块链技术支撑下的综合能源服务网络具有匿名性和公开性的双重特点，在助力能源企业由能源供应商向综合能源服务商转变过程中能够发挥重要推动作用。

基于区块链的综合能源应用如图 9-13 所示。

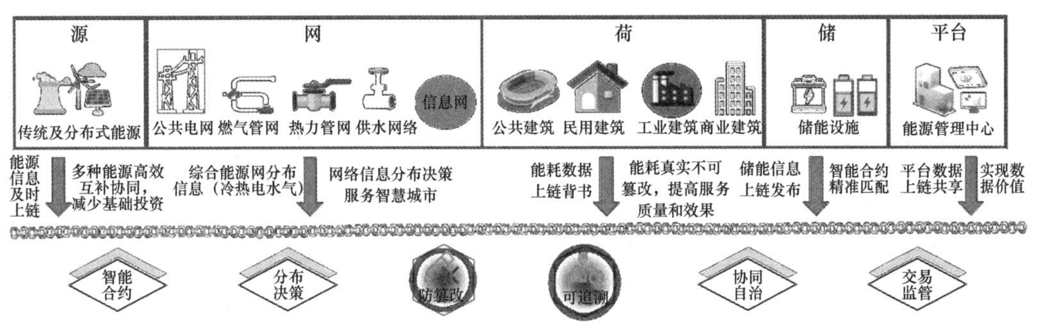

图 9-13 基于区块链的综合能源应用

3. 绿电交易

(1)行业应用的痛点问题

绿色电力交易是指用电企业直接对接光伏、风电等发电企业，购买绿色电能，并获得相应的绿色电力消费认证，是我国促进清洁能源消纳的重要手段。在传统火电与绿电交织并用情况下，绿电由于缺乏有效的技术证明手段，存在认证流程复杂、成本高且存在伪造、篡改等潜在痛点，交易环节公开透明度不足，导致市场主体信任度不强。

(2)区块链的解决办法

利用区块链加密和智能合约技术，为绿电颁发具有唯一性且不可篡改的数字化凭证，保障绿电消费证明公信力。结合区块链分布式存储技术，为绿电交易的申报、确认和出清提供全链上应用服务，有效保障绿电交易的精准核算。对绿电全环节数据进行收集、管理、查验、溯源，实现生产、交易、传输、消费全环节的有效“串联”，从源头上保障绿色电力消费的真实性和可信度。应用区块链共享特性，实现绿电交易相关环节各类信息的可信共享，支撑政府部门对业务开展监测和监管，服务企业、用户进行绿电消纳统计与查询，进一步提升绿电消纳的公信力。

基于区块链的绿电交易应用如图 9-14 所示。

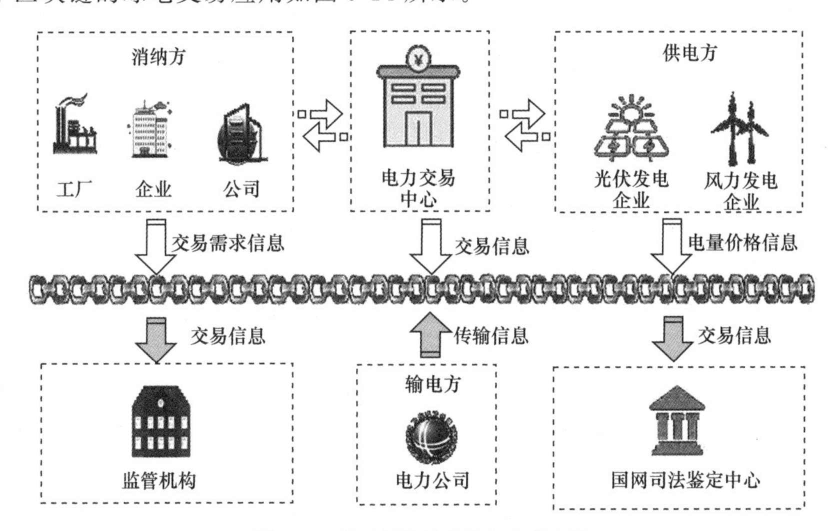

图 9-14 基于区块链的绿电交易应用

9.3.7 区块链+农业

1. 项目基本情况

(1)背景情况

近年来在国家的大力推动下,农产品供应链追溯体系建设已经取得了长足的进步。但在西藏自治区内尚处于起步阶段,缺乏具备代表意义的重大项目。同时,西藏的农产品具有品质高、价格贵的特点,市场上的藏区农产品质量良莠不齐,不乏假货冒充真货、赝品冒充真品的现象。林芝市作为“西藏江南”,特色农牧资源丰富,对于农产品溯源的需求更加旺盛。在西藏自治区对高原特色生物产业项目的投入建设中,林芝市必将面临巨大的发展机遇,进入加快发展的新阶段。

①项目背景

“发展优质优价的特色农业,保障农产品质量安全,实现质量兴农”是党和国家实施乡村振兴的关键战略,也是我国解决“三农”问题的重要途径。西藏作为世界第三极,地处有“世界屋脊”之称的青藏高原核心区域,拥有极其丰富的特色农产品资源。并且,中央西藏第四次、第五次以及第六次工作会议都明确了特色农业的发展目标和任务。与此同时,自治区党委、政府都启动实施了高原特色农产品基地建设。建立西藏的特色农产品品牌、提高内地居民认知度、打开广阔消费市场,对实现西藏的乡村振兴,解决“三农”问题都具有重要意义。

林芝松茸,作为西藏自治区林芝市特产、中国国家地理标志产品,素有“质量最高”松茸的美誉。近些年来,伴随着物流条件的改善,越来越多的林芝松茸得以销售到国内外。然而,由于松茸的品质高、价格贵、产品附加值高,因此在市场上存在不良商家用价值较低的姬松茸来冒充林芝松茸。这一现象不仅严重侵害了消费者的自身权益,对林芝松茸的声誉也造成了极大损害,消费者会对购买的产品的真伪产生怀疑,进而影响消费者对其他西藏特色农产品的信任,严重阻碍西藏乡村振兴进程。因此,建立可信有效的农产品溯源系统,实现保质保真的松茸供应链体系,对于林芝市松茸产业的生存和发展至关重要。

②区块链技术介绍

区块链是一种按照时间顺序将数据区块用类似链表的方式组成的数据结构,并以密码学方式保证不可篡改和不可伪造的分布式去中心化账本,能够安全存储简单的、有先后关系的、能在系统内进行验证的数据,具有去中心化、数据的防篡改、可追溯等特征。从本质上讲,区块链是一种公开透明的、去中心化的数据库。

习近平总书记在中央政治局第十八次集体学习时指出,要抓住区块链技术融合的契机,发挥区块链在降低运营成本、提升协同效率等方面的作用,由此“区块链+”受到了各行各业的高度关注。已有实践证明区块链技术能够影响供应链减排行为,如IBM与中国合作开发基于区块链的碳资产管理平台、京东建立“京东智臻链”进行产品的品质溯源等。

区块链作为一种信息存储的可信中介,对于建立可信有效的农产品溯源系统尤为关键。从本质上讲,区块链是一种公开透明的、去中心化的数据库,其最核心的优势在于数据透明、去中心化等特点能够保证各主体之间相互信任,减少重塑或维护信任的成本。将区块链技术应用于当前的供应链溯源系统当中,将有助于改善供应链各个参与方相互隔离的局面，实现溯源系统的去中心化，强化供应链各个组织的数据和信息共享，并且防止上传数据的篡改。

(2)项目概况

如图 9-15 所示，本项目是基于区块链的林芝松茸溯源系统由基础设施层、区块链服务层、功能服务层和参与方交互层构成的。自底向上，各层次的功能及实现内容包括：

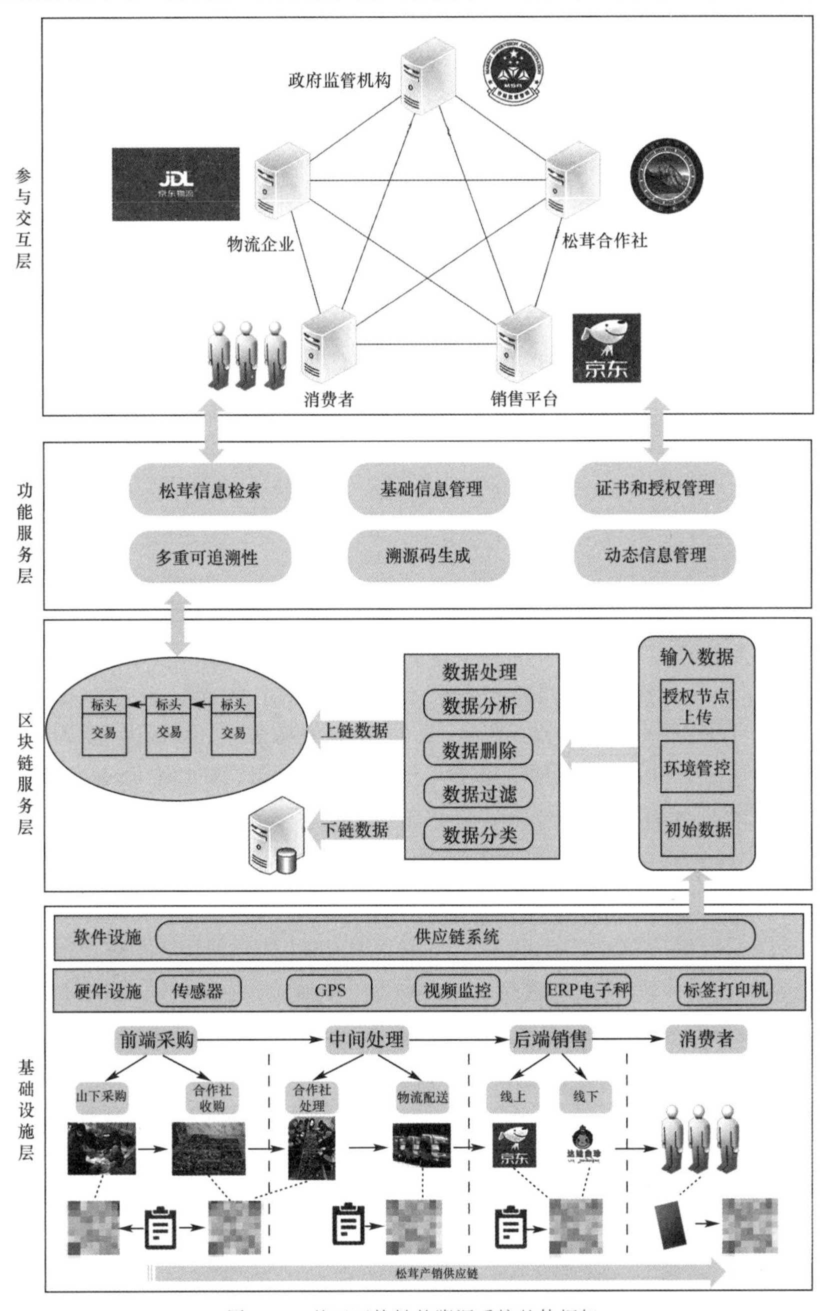

图 9-15　基于区块链的溯源系统整体框架

①基础设施层

基础设施层是整个系统的基础，用于对整个产业链上的各个环节的数据进行采集。基础设施层采用基于物联网的数据自动采集和追踪方案，利用电子身份识别器、摄像头、温湿度传感器、GPS传感器等物联网数据采集装置实现全生命周期数据自动采集，同时设计了“采购编号→收购编号→处理编号→产品标识码→运单号→订单号”的全生命周期数据追踪。

另外在该层次设计了防伪包装来保证信息和实体的对应。为了防止在该过程中可能出现的“真包装、假产品”的现象，需要对包装进行防伪设计。除了在产品的第一层外包中设置了可以进行扫码的溯源码之外，在包装盒中另外设置了防伪标签，并同时粘贴相应的溯源码。只有林芝松茸的生产机构才具备防伪标签的认证权限。

②区块链服务层

区块链服务层是整个系统的核心，是实现数据存储、共享和后续质量追溯的核心模块。区块链服务层采用基于区块链的分布式数据存储架构，将业务参与企业、业务关系及相关交易数据映射为通道中的共识节点、链码和相应的账本，从而实现合作社、销售企业以及物流配送企业可以根据业务弹性加入区块链中。在数据分布式存储过程中，区块链服务层采用“双轨”数据存储机制，将所需存储空间较大的数据存储到数据库服务器中(下链存储)，仅在区块链网络(上链存储)中存储所需空间较小的数据，用以支持供应链环境下大吞吐量交易数据存储和查询场景。

③功能服务层

功能服务层基于可追溯性智能合约，对系统节点进行授权和管理，对分布式数据库进行管理整合，为后续松茸的溯源防伪的查询功能提供支持。

系统节点授权和管理功能包括：节点证书和授权管理，此功能为区块链的各个参与方颁发证书，用来确保区块参与方的合法性；多重可追溯性验证，此功能基于节点认证根据智能合约，自动地验证用户权限、智能地进行逐级信息交互，确保关键溯源防伪信息的完整性，实现松茸产业链中的追溯防伪。

分布式数据库管理整合功能包括：静态信息管理，是指松茸产销供应链中产生的静态信息的管理，静态信息是指那些一经产生就不会发生改变的信息；动态信息管理，与静态信息管理相对应，对供应链中产生的各类动态信息进行管理，比如各类意外情况的出现，相关的信息就可以录入动态信息管理；溯源防伪码生成，溯源防伪码是松茸产品上可用于查询溯源防伪信息的二维码，与系统中的标识码一一对应；溯源防伪信息检索，每个产品都标定一个唯一标识码，可以在系统中输入该标识码，调用智能合约来查询该产品的溯源防伪信息。

④参与方交互层

参与方交互层用来为供应链中各成员(系统用户)提供信息共享和查询的接口，系统用户可以通过UI界面对账本中的数据进行添加、查询并进行一些基本的数据分析工作。系统用户的交互权限通过功能服务层中系统节点授权和管理功能界定，可以基于智能合约实现数据的查询和(或)添加。

系统用户分为三类：消费者用户、供应链用户(包括合作社、物流企业、销售平台等)以及监督背书用户(包括备案中心和认证机构等)。根据用户类型的不同,系统根据其具体业务需求提供不同的接口:面向消费者用户,系统提供查询接口,根据其订单基于智能合约授权查看其购买的松茸产品当前的状态信息和溯源信息;面向供应链用户,系统提供查询和添加两类接口,基于智能合约授权其查询和添加其业务相关的供应链数据,这里在数据添加接口中设置缓存机制,即添加的数据先存入可以撤回的缓存中,需经二次确认再写入区块链中;面向监督背书用户,系统提供查询接口,基于智能合约授权其查看其业务相关的整个供应链业务数据。

松茸溯源的整体流程和整体的数据流程,分别如图 9-16 和图 9-17 所示。

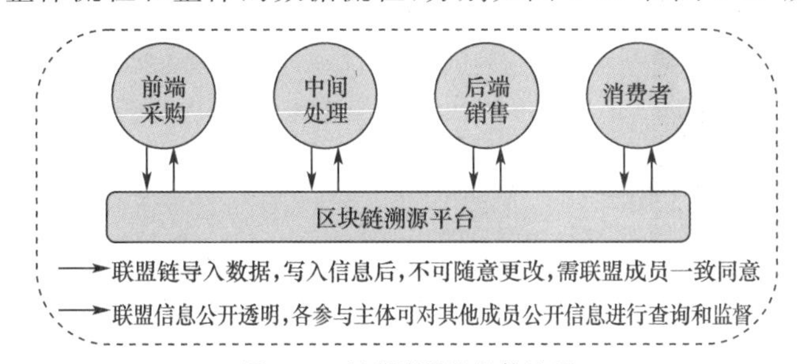

图 9-16　松茸溯源的整体流程

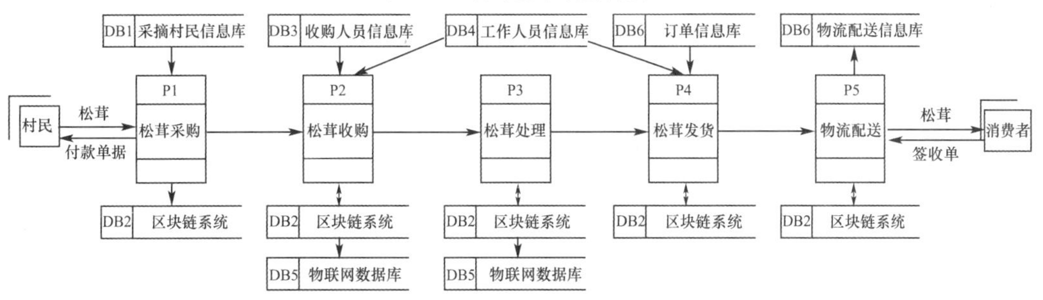

图 9-17　松茸溯源的整体数据流程

完成了上述对于整体流程的分析以及构建之后,进一步地,在 Linux 操作系统上基于 Hyperledger Fabric 完成了区块链系统的底层部署。如图 9-18 和图 9-19 所示为部署完成后的区块链浏览器的相关页面。

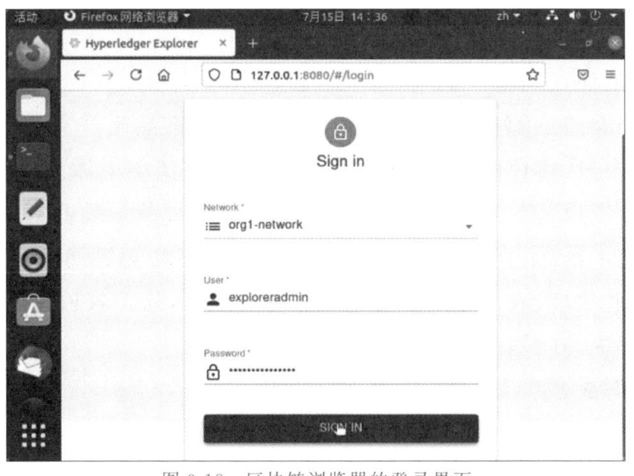

图 9-18　区块链浏览器的登录界面

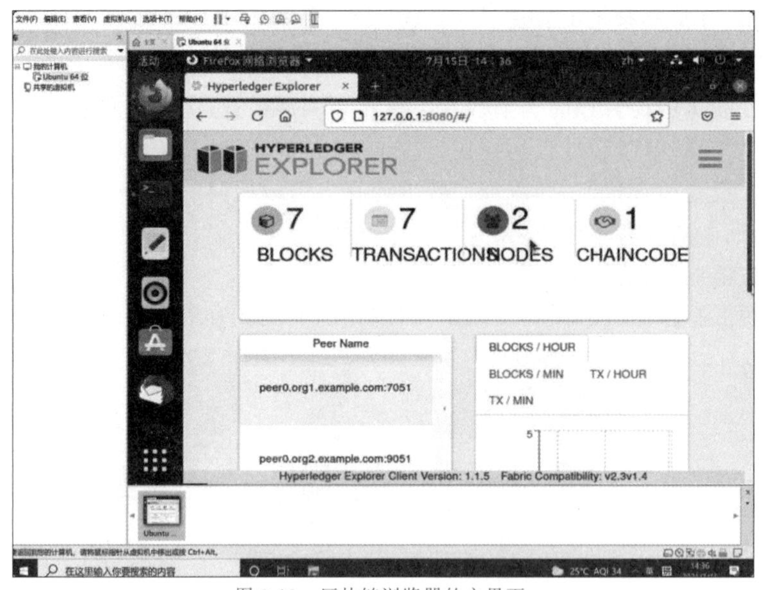

图 9-19　区块链浏览器的主界面

2. 农产品金融保险

(1)行业应用的痛点问题

传统养殖业面临水质恶化、农残超标、水产品存活率不高等问题,养殖风险不可控。养殖户难以获取金融服务支持,消费者无法安心购买健康水产品。

(2)区块链的解决办法

建设基于区块链技术的农产品金融保险服务平台,以服务养殖户为核心,不断为养殖户创造财富、为消费者保障品质、为社会保护生态。借助物联网设备,自动化采集养殖业的全流程业务数据,并基于区块链链上数据真实可信的特性,将业务数据上链存证,为农业信贷与保险业务办理提供可信数据基础。同时,基于区块链实时监控鱼塘养殖情况,实时预警,提醒养殖户调整养殖策略。同时,提供相应的金融保险服务。本项目的业务核心模式为利益共享、风险共担、平台化多元收益。

3. 农业供应链金融

(1)行业应用的痛点问题

农业供应链涉及的范围包括农产品生产原材料,农产品生产、加工、运输、仓储、销售等各个环节,包含农户、村集体、上下游企业、金融机构等诸多主体。农业供应链一般存在链条长,参与企业(农户)较多,底层资产状态难以把控,放款风险高等特点。供应链内存在着信息共享渠道不畅通、合作主体不稳定、利益分配不均衡等问题,还存在着相关企业贷款难、金融机构放款难、农民难以享受金融服务等难题,这给农村发展带来了阻碍,是农村普惠金融亟待解决的问题。

(2)区块链的解决办法

依托区块链+农产品溯源体系打下的基础,在农村场景实现生产、经营的数据采集和共享,借助区块链平台实现农产品信息的在线查询、监控,实现资产的穿透式监管,从而为供应链金融服务奠定数据基础。

区块链＋农业供应链金融解决方案的流程如下：一是实现农产品实时状态信息上链；二是实现商业信息实时上链，通过打通物流企业、仓储企业、零售企业的业务系统，进行农产品订单信息的链上存证与查询验真；三是进行大数据分析，降低贷款风险，供应链各级参与机构及金融机构、监管机构可通过区块链平台实时查看产品销量信息、库存信息，并可预测农产品的产量信息、各级农户的贷款违约率，从而降低贷款利率及贷款违约风险。

区块链＋农业供应链金融解决方案的流程如图9-20所示。

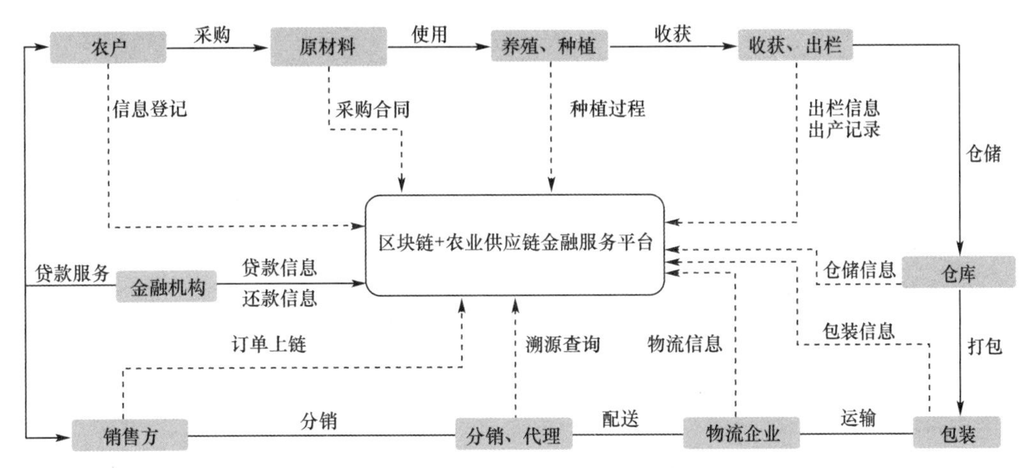

图9-20　区块链＋农业供应链金融解决方案的流程

4. 生物资产监管

(1)行业应用的痛点问题

“区块链＋生物资产”场景下，基于区块链技术的肉牛资产管理能够监控和记录每头牛从入栏到出栏的全生命成长周期中的关键数据，建立了与活体牛孪生存在的“数字牛”。肉牛养殖周期长，资金占用成本高，是导致肉牛产业难以规模化养殖的最重要因素之一。尽管肉牛作为优质的金融资产，牧场可向金融机构进行抵押融资，解决资金短缺的问题。但在具体实践中，肉牛融资在管理运营、资产监管和抵押贷款等方面仍面临现实难题。

(2)区块链的解决办法

区块链模组植入生物资产监管物联网设备，监控和记录每头牛从入栏到出栏的全生命成长周期中的关键数据，实现了线下生物资产的链上“数据化”。依托区块链＋物联网技术，可保证肉牛产业的数据真实有效和可追溯，获得了政府部门、银行和保险等金融机构的认可，实现了肉牛资产安全监管，帮助畜牧农场获得优质的金融服务和保险服务。生物资产可信监管系统通过IoT设备，可以查看牧场的整体运营情况以及牧场牛只的生命体征数据，对肉牛进行远程监管，从多个维度对肉牛养殖过程中产生的数据进行汇总分析，为企业决策者提供可视化数据依据。同时，将关键数据存证上链，并对异常数据进行实时的报警提醒。

生物资产可信监管业务流程如图 9-21 所示。

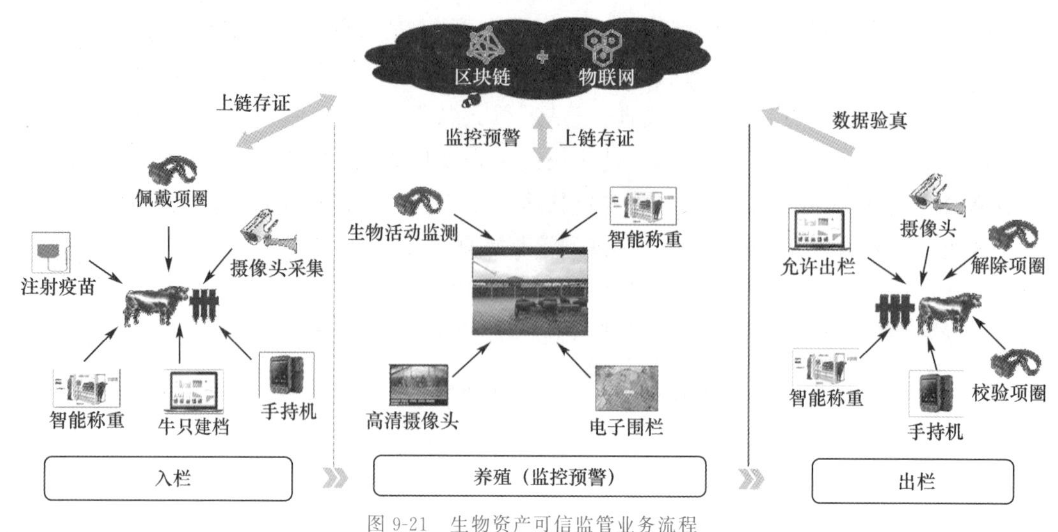

图 9-21 生物资产可信监管业务流程

5. 农村产权交易

(1)行业应用的痛点问题

总体来看，我国农村产权交易流转体系正逐渐完善，但现阶段仍面临着不少问题亟须解决。如部分农村产权归属尚不清晰，带来经营收益不清、分配不公开、成员的集体收益分配权缺乏保障等一系列问题。产权交易涉及环节多、流程复杂，交易成本高、效率低。农村产权交易流转过程不够公开、透明，存在监管漏洞（如交易过程、成交价格、交易后的用途等）。

随着国家乡村振兴战略规划的深入实施，理顺农村产权交易问题成为农村现代化建设的关键。

(2)区块链的解决办法

为解决农村产权交易流转过程不公开、不透明，存在监管漏洞等业务痛点，基于区块链技术的"线上交易＋云签约＋区块链"的模式应运而生，并逐步形成区块链农村产权交易信息服务平台的典型场景，能够提高村产权交易的透明性和交易活性、盘活集体资产、激活农村经济等方面，带来了极大的促进和推动作用。

区块链在农村产权交易中的处于应用探索和试验阶段。区块链应用于农村产权交易中，可更加安全高效地实现农村产权的确权和交易流转，在产权真实性证明、身份验证、交易数据存储等领域发挥重要作用。通过将区块链等先进技术有机融入农村产权交易全过程，能够有效解决农村产权信息系统与业务主管部门基础数据的对接、共享问题，在产权真实性证明、身份验证、交易数据存储等领域发挥重要作用，有助于农村产权交易业务推广，建立农村产权、资源价值体系。

农村综合产权交易平台如图 9-22 所示。

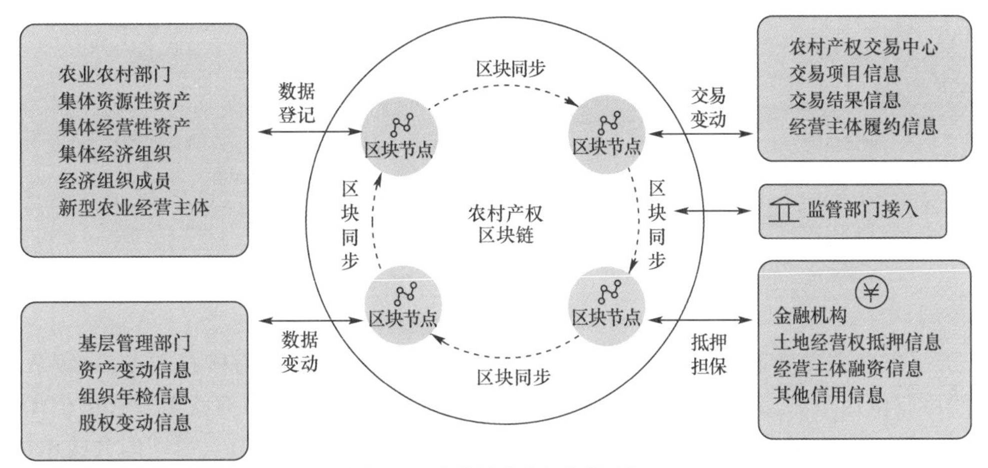

图 9-22　农村综合产权交易平台

9.4　区块链的建设路径

9.4.1　确定网络节点

任何一个业务都涉及上下游、关联方、应用方、监管方等不同机构，这些机构就对应着区块链网络上的节点。对于区块链节点根据职能可以做相应的区分，例如核心企业和上下游都可以作为业务节点，而监管方、公信力机构可以作为监管节点或见证节点。监管节点和见证节点不需要太多，主要用以确认网络上数据的真实性，作为强背书节点存在，而业务节点多多益善，代表着整个区块链网络生态的繁荣。这些节点通过沟通协调产生对业务流程和解决方案的共识，加入网络，认可智能合约规定的规则，承担相关责任义务、享受相关收益。

确定网络节点的业务架构如图 9-23 所示。

以北京互联网法院天平链为例说明。北京互联网法院秉持“中立、开放、安全、可控”的原则，联合北京市高院、司法鉴定中心、公证处等司法机构，以及行业组织、大型央企、大型金融机构、大型互联网平台等 20 家单位作为节点共同组建了“天平链”。天平链于 2018 年 9 月 9 日上线运行。通过利用区块链本身技术特点以及制定应用接入技术及管理规范，实现了电子证据的可信存证、高效验证，降低了当事人的维权成本，提升了法官采信电子证据的效率。截至 2023 年，已经吸引了来自技术服务、应用服务、知识产权、金融交易等 9 类 23 家应用单位的接入。天平链的建设及运行，实现了以社会化参与、社会化共治的方式，践行“业务链、管理链、生态链”三链合一的“天平链 2.0”新模式，打造了社会影响力高、产业参与度高、安全可信度高的司法联盟区块链。

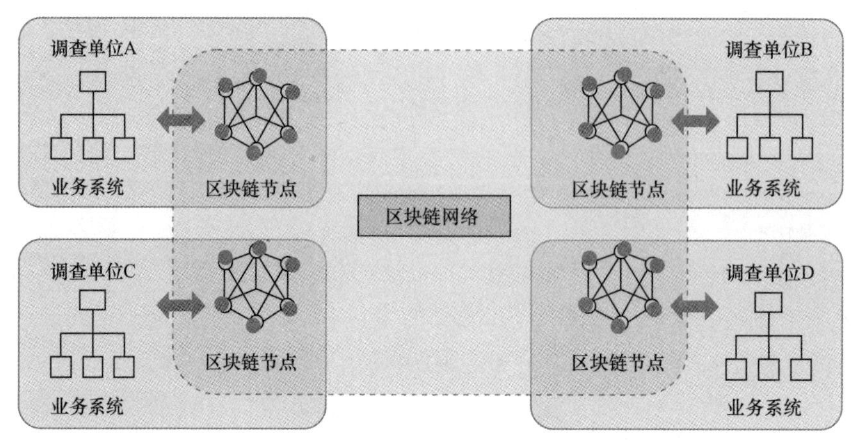

图 9-23 确定网络节点的业务架构

天平链各方在联盟内发挥的价值不同，天平链网络将节点分为核心节点、一级节点、二级节点、应用节点，其权限和承担的责任也不同。其中：核心节点由联盟发起单位承担，具备节点管理、应用管理、合约管理、参与共识与记录等权限；一级节点由联盟共建单位承担，具备应用管理、合约管理、参与区块共识与记录等权限；二级节点由联盟参与单位承担，只有应用管理和区块记录等权限，不参与区块共识；应用节点由应用单位承担，仅使用区块链，不参与联盟治理。

9.4.2 共建区块链网络

先前我们讨论区块链架构的时候已经探讨过，完整的区块链网络往往包括云计算基础设施底层、区块链网络、服务层、接口层和应用层。按照业务的不同，可以有所取舍，我们在不同的解决方案中能够看到各种区块链网络结构的图示，但总体功能大致相仿，只是命名方式与摆放的位置有所差异。

区块链网络结构如图 9-24 所示。

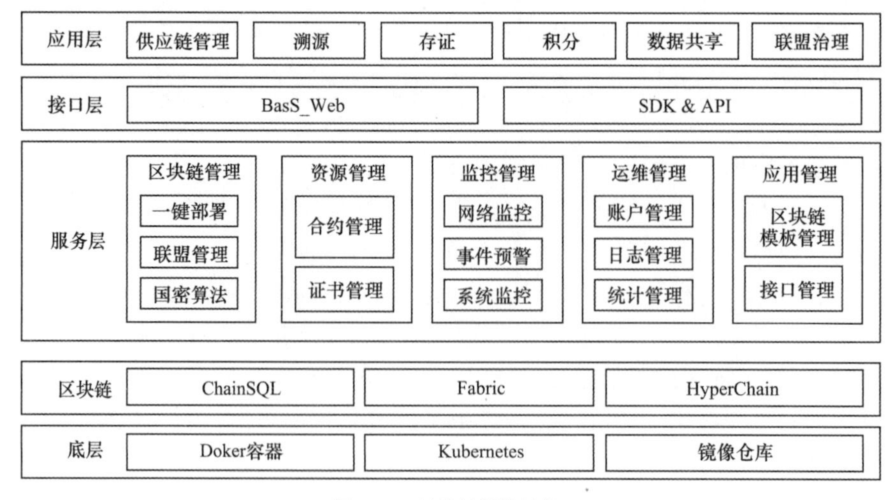

图 9-24 区块链网络结构

区块链网络必须运行在云计算基础设施上，至于是私有云还是公有云，抑或是一台

PC、一台笔记本来运行一个节点，并不是特别重要。区块链网络有强大的容错能力，即便某个或多个节点出现致命性的故障和错误，区块链网络都能够自行纠偏，这一点，我们讲共识机制的时候特别有感触。所以除非重要的或核心的节点外，热备或负载均衡并不是必需的，整个网络往往就是互相备份并自动负载均衡的，当然规模特别小的网络除外。

服务层具有区块链管理、资源管理、监控管理、运维管理、应用管理等重要功能，这些功能通过 API 接口与应用层通信。在有的架构里面，会把服务层与接口层合并为区块链中间件。有了中间件的存在，就能做到与区块链网络底层技术无关的弹性架构。也就是说，区块链网络中间件对外提供区块链网络的所有服务能力，底层用任何技术都可以直接适配。当然，区块链网络与云计算基础设施的适配也同样能做到这一点儿，很少说有什么区块链底层技术依赖于某个云的技术，例如华为云或阿里云。但一旦选择了这些云厂商提供的 BAAS 平台，对平台的依赖就会加重，或许组建新的网络和数据迁移会难得多。一旦迁移，或许整个网络需要重新搭建，那么以前生成的区块数据也有作废的可能。

应用层比较好理解，就是区块链支撑的供应链管理、金融服务、防伪溯源、版权保护、政务民生等应用。因为我们是以讲解区块链技术为主，所以往往在架构中凸显了区块链的位置，实际上当前任何领先的应用都是离不开云计算、大数据、人工智能等技术的，从这点来讲，ABCD 确实是当之无愧的新基建的基础设施，似乎在最底部都要列举出来才令人信服。

9.4.3　部署智能合约

智能合约是区块链网络的核心内容，智能合约的管理包括合约编写、合约部署、合约升级和合约废止等功能。

智能合约的开发取决于系统的需求。以最常见的数据存证为例，首先要考虑上链的数据是什么，是完整的信息上链还是元数据上链，甚至仅仅是上链一个 Hash 值，所有的数据线下保存。对于复杂的智能合约，理清节点上各个业务环节数据状态的变化至关重要，对于智能合约来讲，只有数据和执行，一旦执行则无法撤回，所以合约的编写与部署至关重要。

智能合约部署后，会通过支持各种编程语言的 API 接口与应用系统打通服务。这些接口可以统一提供，但务必开源，对于每个节点来讲，都有义务认为其他节点有可能是有问题的。有能力的节点，可以从区块遍历开始，完全自行实现 API 接口，以防止即便合约没问题，区块链网络也没问题，反而问题出现在最后一公里。API 如果有黑箱，无论什么共识算法都会前功尽弃。

9.4.4　连接业务系统

节点单独存在意义不大，必须要跟节点单位的信息系统打通，形成自动的业务数据交换模式才有意义。区块链一般来讲要求是实时的数据交换，如果人工干预太多，有可能造成数据上链前已经不完整或被篡改，脏数据太多，会导致整个区块链项目的失败。

连接业务系统如图 9-25 所示。

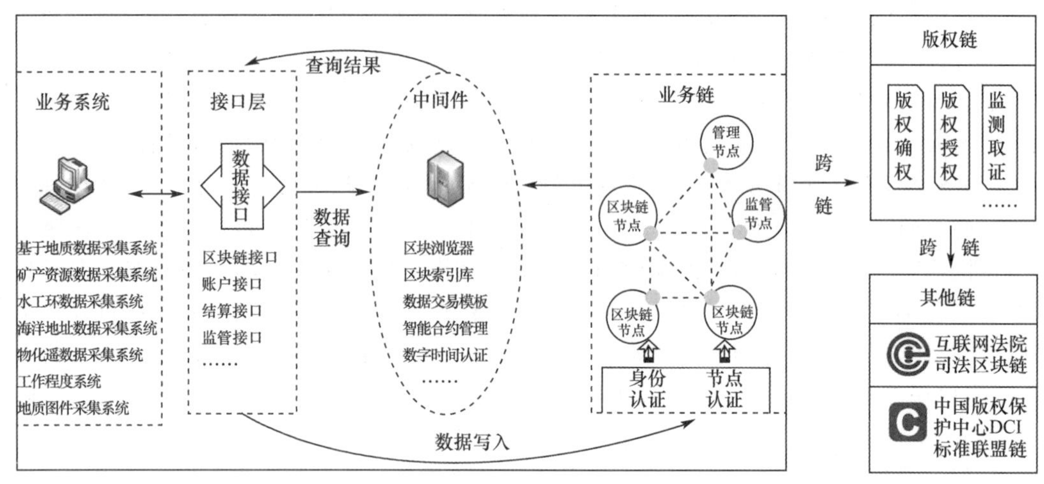

图 9-25　连接业务系统

一般来讲，区块链中间件会提供大量的开源工具，以方便业务系统对接。例如节点管理系统能够对接入节点进行身份鉴别；区块浏览器可以提供可视化的区块数据查看；区块索引库能够方便遍历与查询区块内容，数据交易模板可以方便的由模板生产自己需要的业务范例。

业务系统打通，数据就会源源不断写入区块链网络，这时候要考虑的问题还有很多，例如，什么数据上链，不可把链当成大型数据库，而应该保持轻快；数据原文上链如何保护隐私；如果数据的 Hash 值上链，如何结合原始数据库的权限进行读写；数据出现错误如何弥补等。

9.4.5　生态治理与发展

区块链网络建好只能说明业务系统的顺畅进行与生态环境的不断壮大离不开区块链网络的治理工作。区块链生态必须配套相关管理规范、技术规范和上链内容规范等。同时为了确保整个区块链网络管理有序，还要定义管理规范如节点的权利与义务、申请节点流程、应用接入流程、退出/吊销流程等；技术规范如系统安全要求、应用接入接口、数据格式、数据隐私保护要求、跨链技术规范等；数据上链内容规范如数据主体、数据要素、业务行为等。

基于区块链的治理思路，可以开发区块链网络相关治理工具，实现集合成员管理、通道管理、智能合约管理和策略管理的闭环联盟管理，通过定制化的流程和投票机制对联盟信息进行管理，实现成员管理、更新锚节点、通道创建、部署智能合约、更新策略等功能。

区块链生态的发展技术上要开源开放，在技术保障措施智商，还要更多应用和节点加入，同时要多跟外部区块链生态链接，共享数据、共同发展，还要主动拥抱监管，主动跟司法链打通作为商业权益的最终保障手段。

9.5　本章小结

本章首先在总结归纳区块链应用价值的基础上，从技术角度、经济学角度、社会角度等不同角度来分析区块链的创新性，并提出区块链技术的价值体现在简化流程、降低交易对手的信用风险、减少结算或清算时间、增加资金流动性，提升资产利用效率、提升透明度和监管效率，避免欺诈行为、重新定义价值等方面。其次分析了适合区块链应用的存证、共享、信任、协作等 4 个应用发展方向。再次选取当前最具代表性的共计 7 种“区块链＋”应用场景进行了分类综述，这 7 种应用场景分别是：区块链＋金融、区块链＋政务、区块链＋司法存证、区块链＋供应链、区块链＋医疗、区块链＋能源、区块链＋农业等，力图从应用场景来提炼区块链的价值。最后给出了区块链应用的建设路径。

学生通过对本章的学习，基本上能够了解或者熟悉区块链的应用价值、应用发展方向、应用场景以及建设路径。

9.6　课后练习题

一、选择题

1. 下列不属于适合区块链应用的发展方向的是（　　）。

A. 存证　　B. 共享　　C. 节能　　D. 信任

2. 下列不是分析区块链应用场景可以参照的逻辑的是（　　）。

A. 一定会涉及多个信任主体

B. 主体之间有比较强的合作关系

C. 用于高频交易场景，满足需求

D. 激励体制与商业模式一定要完备、可持续发展

3. 下列不属于区块链建设路径的是（　　）。

A. 确定网络节点　　B. 共建区块链网络

C. 编写代码　　D. 连接业务系统

4. 区块链的颠覆性价值不包括（　　）。

A. 简化流程，提升效率　　B. 减少结算或清算时间

C. 增加资金流动性　　D. 唯一性

二、填空题

1. 区块链的创新性最大的特点不在于单点技术，而在于________的组合，在于________的创新，在于________的创新。

2. 区块链“弱中心化、分中心化”的特性，并非是让________完全消失，而是其________系统弱化了中心的控制。

3. 区块链应用有五个重要的目标：________、________、________、________、________。

4. 区块链通过________，能够实现多个主体之间的________，从而大大拓展人类相互

合作的范围和深度。

5. 任何一个业务都涉及________、________、________、________等不同机构，这些机构就对应着区块链网络上的节点。

6. 区块链生态的发展技术上要________，在技术保障措施智商，还要更多应用和节点加入，同时要多与外部区块链________，________，共同发展，还要主动________，主动跟司法链打通作为商业权益的最终保障手段。

三、问答题

1. 简述区块链的应用价值。

2. 简述区块链的应用发展方向。

3. 简述区块链＋金融的应用场景。

4. 简述区块链＋政务的应用场景。

5. 简述区块链＋司法存证的应用场景。

6. 简述区块链＋医疗的应用场景。

7. 简述区块链＋能源的应用场景。

8. 简述区块链＋农业的应用场景。

第 10 章 区块链的机遇与挑战

本章导读

当前，全球已迎来前所未有的新一轮技术革新和产业变革，蓬勃发展的数字经济对人类生产生活、各国经济社会、全球治理体系、世界文明进程都带来了深刻改变，并产生着深远影响。作为数字经济底层技术的重要构成，区块链依托的数据基础日益坚实，面临的信息环境不断改善，自身的效率和安全性亦持续提升，在政策、资金和市场的多重推动之下，愈加呈现出对高质量发展的重要支撑作用。

从全球来看，区块链产业发展动力依然充足。区块链应用场景已基本实现从起始的数字货币和矿机制造向金融服务的延伸，目前更是向着供应链、数字版权、食药可追溯等多个领域持续渗透。区块链产业具备广阔空间。

但当前区块链不仅具备前所未有的机遇，同时也面临巨大的挑战，我们需要了解机会在哪里，挑战在哪里。通过本章的学习，可以达到以下目标要求：

- 了解区块链的发展情况，包括国际与国内区块链的发展。
- 了解区块链的产业机遇、行业生态以及发展方向。
- 了解区块链落地应用中面临的挑战，例如安全与隐私、治理与监管、可扩展性以及其他的问题，同时也提出了解决之道。

10.1 区块链的发展

10.1.1 国际区块链的发展

美国作为全球区块链发展的重要力量，在底层技术、金融服务与监管等方面处于领先水平。2019 年 6 月，世界上用户数量最多的社交网站 Facebook 发布稳定币 Libra 白皮书，短时间内引发广泛的争论。对此，美国议会明确 Libra 必须符合最高标准的金融监管要求，并计划起草《2020 年加密货币法案》，拟将区块链和加密货币纳入金融监管框架。2019 年 7 月，美国参议院商业、科学和交通委员会批准了《区块链促进法案》，要求在联邦政府层面成立区块链工作组，旨在推动区块链技术定义及标准的统一，以及区块链在非金融领域更大范围的应用，指导美国商务部对“区块链”进行标准定义，从而促进区块链技术创新和保持美国高新技术在全球的领先地位。

德国、法国、瑞士对区块链技术和加密货币持积极态度。2019年9月，德国通过了区块链国家战略，确定政府在区块链领域里的优先职责，包括数字身份、证券和企业融资等。法国也在大力推动区块链技术创新，以政府为主导推动区块链生态系统的发展。从欧盟各成员国的发展来看，各成员国正加速推进区块链技术的探索、研究与应用落地。与其他机构相比，欧盟成员国的央行在推进区块链落地上更为积极。其中，德国较为积极，无论是开放数字货币政策等制度制定还是科技探索都十分大胆，鼓励区块链落地应用。

日本对数字货币的态度由早期鼓励发展到后来谨慎监管，逐步实现由松到严的转变。早在2017年，日本便实施了《支付服务法案》，正式承认比特币是一种合法的支付方式，对于数字资产交易所提出了明确的监管要求。2019年3月，日本参议院全体会议通过了关于加强对加密货币交易服务商、交易活动监管的《资金结算法》及《金融商品交易法》修正案，并将虚拟货币纳入《金融商品交易法》的监管对象，以便限制投机交易行为。2019年8月，日本金融厅公布国家金融科技实验的十大要点，其中三点包含区块链技术。2020年1月，日本金融监管机构日本金融厅(FSA)修订后的《金融工具和交易法内阁府条例》，于2020年春季生效。随着区块链应用场景的不断扩大，日本区块链应用逐渐走向实用。

韩国早期对于区块链市场尤其是数字货币管理并不严格，当前韩国政府对于加密货币的监管态度几度反转，防止投机行为，大力支持区块链技术。近期，韩国政府还将区块链看作第四次产业革命的基本技术，频繁出台区块链政策。随着区块链技术的快速发展，韩国区块链技术应用也随之大面积落地。

新加坡作为全球的金融中心之一，对世界金融有极强的影响力，对区块链行业的发展有急速的推进力。新加坡支持加密货币背后的区块链技术及其发展潜能，不支持加密货币作为通行货币或投资资产类别，对数字货币发行态度较为开放，但采取积极监管政策。新加坡对金融科技领域一贯秉持相对开放和包容的态度，逐渐成为公认的对区块链政策与运用氛围最友好的国家之一。

经过十年的发展，区块链技术在全球领域内已实现金融、政务、医疗、工业制造等多个领域不同程度的应用，社会对区块链的价值和适用场景的认识不断提高。具体表现为产业资本回归理性，各国政府重视程度上升，产业逐渐由野蛮生长期迈入规范有序发展阶段。虽然区块链产业前景广阔，但受限于尚未形成的行业技术标准体系，区块链技术在应用和推广方面受到诸多限制。作为下一代互联网的关键技术，各国政府以及巨头企业将加大力度布局区块链的研究和应用，对于行业标准制定权的争夺趋于激烈。

10.1.2 国内区块链的发展

区块链是一个交叉性学科，区块链与人工智能、大数据、云计算、5G、物联网等技术互有交叉，与新、旧技术的结合也更加紧密。全球主要国家都在加快布局区块链技术发展。我国在区块链领域尤其是联盟链领域，拥有良好基础，要加快推动区块链技术和产业创新发展，积极推进区块链和经济社会融合发展。要构建区块链产业生态，加快区块链和人工智能、大数据、物联网等前沿信息技术的深度融合，推动集成创新和融合应用。

2016 年，区块链技术应用已延伸到数字金融、物联网、智能制造、供应链管理、数字资产交易等多个领域。2018 年，区块赋能实体经济多点突破，区块链技术不仅仅在数字票据、跨境汇款、跨境支付、资产证券化、贸易融资、供应链管理、KYC 管理、抵押贷款等商业应用得到广泛引用，还进一步服务政务和民生，在医疗、政务、出行、扶贫、征信等逐步形成应用规模。

2019 年，联盟链技术的成熟继续推动企业区块链的应用和落地。2019 年下半年，央行加快推出法定数字货币的步伐，已经开始试点工作。央行法定数字货币 DC/EP 定位于替代 M0，并且具有松耦合的双层账户，前端匿名，与现有货币体系具有较好的衔接性。央行数字法币的推出意义重大、影响深远，无论对零售支付、理财资管、货币政策等市场活动和监管活动，还是对区块链技术本身而言，都是一场里程碑式的变革。

2020 年，除在已有场景探索创新外，市场的多元化需求将促进区块链技术和应用迎来创新和爆发，同时，还可以看到：

- 随着区块链、密码学、金融科技等专业人才进入市场，区块链人才供不应求的状况得到缓解。
- 区块链的商业模式更加成熟，盈利模式更加清晰，区块链发挥作用的场景更加丰富、更加细化，产业布局更加合理，面向消费者端的区块链应用逐渐增加。
- 更多的区块链行业组织出现，推动了公有链、联盟链生态的形成和发展，促进区块链产业供给侧结构性改革，充分发挥区块链技术的正向效能。
- 区块链发展更加规范，被进一步纳入法治框架，更加注重科学立法在区块链监管和治理中的引领和推动作用，法治与监管成为提升区块链竞争力的基础。

2020 年 3 月 4 日，中共中央政治局常务委员会召开会议，明确提出“加快 5G 网络、数据中心等新型基础设施建设进度”。2020 年 4 月 20 日，在国家发改委举行的例行新闻发布会上，区块链正式被列为新型基础设施中的信息基础设施。

2021 年 5 月 27 日工业和信息化部、中央网络安全和信息化委员会办公室联合发布《关于加快推动区块链技术应用和产业发展的指导意见》，明确到 2025 年，区块链产业综合实力达到世界先进水平，产业初具规模。

2023 年 1 月 1 日，河北省人民政府办公厅印发《河北省一体化政务大数据体系建设若干措施》：强化政务大数据基础能力建设。建设政务数据分析系统，构建通用算法模型和控件库，为各级政府部门开展数据分析、应用和创新提供技术支撑。升级完善省区块链技术平台，形成“区块链 BaaS 管理平台＋共性能力组件＋跨链服务系统”的区块链基础设施平台，提供可复用的区块链服务，支撑“区块链＋政务服务”“区块链＋政务数据”应用，并实现与国家区块链服务体系对接。

2023 年 1 月 3 日，工业和信息化部等十六部门印发《关于促进数据安全产业发展的指导意见》：布局新兴领域融合创新。加快数据安全技术与人工智能、大数据、区块链等新兴技术的交叉融合创新，赋能提升数据安全态势感知、风险研判等能力水平。加强第五代和第六代移动通信、工业互联网、物联网、车联网等领域的数据安全需求分析，推动专用数据安全技术产品创新研发、融合应用。支持数据安全产品云化改造，提升集约化、弹性化服务能力。

我国区块链产业蓬勃发展，产业规模和企业数量不断增加，国际竞争力显著提升，垂直行业应用落地项目不断涌现，国家各部委及各地方政府先后推出百余条政策鼓励区块链技术和产业创新发展。由此可以看到，未来区块链技术极具想象空间，以5G、物联网、工业互联网、卫星互联网为代表的通信网络基础设施，以人工智能、云计算、区块链等为代表的新一代信息技术基础设施，以数据中心、智能计算中心为代表的算力基础设施等基于新一代信息技术演化生成的基础设施将汇聚成为新时代的信息基础设置，共同完成未来中国数字化基本信息建设的大业。

10.2 区块链：数字时代的领导者

10.2.1 区块链的产业机遇

根据人民日报报道，2019年10月24日，中共中央政治局就区块链技术发展现状和趋势进行第十八次集体学习。习近平总书记在主持学习时强调，区块链技术的集成应用在新的技术革新和产业变革中起着重要作用。习近平总书记指出，要把区块链作为核心技术自主创新的重要突破口，明确主攻方向，加大投入力度，着力攻克一批关键核心技术，加快推动区块链技术和产业创新发展。2020年4月，国家发改委明确将区块链作为信息基础设施纳入新型基础设施，区块链技术与应用将再掀热潮。国家各部委纷纷发布区块链支持与鼓励政策，区块链发展迎来历史良机，已成为国家发展战略。

中国的区块链研究技术和产业发展处于全球领先水平，拥有较好的区块链产业基础，众多的应用场景为区块链技术的应用提供了良好的基础。这很大程度上归功于中央政府的大力支持和正确引导，目前区块链产业已形成涵盖理论技术研究、区块链底层基础设施、技术服务、区块链应用以及产业周边等的良好产业生态。

全国已有16个省(自治区、直辖市)将区块链写入2022年地方政府工作报告，不仅涵盖北上广，重庆、甘肃等中西部省份也已将区块链视为经济弯道超车的新赛道。而由于经济发展程度不同，所处新基建的产业地位不同，不同地区对区块链的定位也不同。整体上看，东部地区对于区块链更多侧重于技术研发与创新引领，中西部地区则更倾向于通过区块链的产业化应用，带动地方经济发展。

国内多地发布区块链政策指导信息，这些指导政策以鼓励和扶持偏多，很多地区对区块链技术发展高度重视，并重点扶持区块链应用，以带动地方区块链相关产业发展。中央和地方级政府的重视，为区块链技术和产业发展营造了良好的政策环境。这些举措包括：

1. 引导产业发展

产业层面，设立区块链产业引导基金，扶持方式主要有技术和人才奖励、设立产业园和实验室、设立区块链专项投资基金等方式。通过专项人才引进补贴、技术创新补贴、办公用房补贴等措施，促进区块链产业发展。

2. 强化区块链产业基础

加大区块链技术研发和应用，打造国际化的区块链应用项目，在区块链产业层面，强化平台建设、基础设施建设、安全防护等方面的建设，并借力区块链等新兴技术打造新型数字经济，与实体经济广泛融合，助推我国经济高质量发展。

3. 全方位鼓励技术发展

加快技术标准化建设，以技术标准化推进区块链在应用领域、应用场景上更加的深入；推进技术融合发展，鼓励区块链技术与人工智能、物联网、大数据、云计算等技术的融合与应用；保障技术安全应用，持续完善区块链在共识机制、加密算法、智能合约等技术上的安全漏洞，减少技术应用层面的风险；加速技术创新迭代，加强区块链在跨链分片、交易效率、隐私安全、共识机制等底层代码和应用安全方面的创新。

4. 加快应用落地

在金融领域，区块链与支付清结算、证券、保险、征信、供应链金融等诸多金融细分领域已开始深度融合；在知识产权方面，区块链可以让版权保护更加透明，促进知识产权和数字资产的交易；在医疗、法律、公益等民生领域，通过区块链实现数据共享共治，可以追溯善款、农产品、药品和司法证据等的来源和去向，大大降低社会治理成本；在智能制造、物联网、能源等各方面，区块链均可大展身手。

总体来看，各地纷纷根据自身特点，制定相关专项政策，并鼓励区块链与实体经济结合，逐渐从金融领域应用扩展到各行各业；在各地区相关政策的推动下，区块链行业发展迎来新契机。

10.2.2　区块链的行业生态

随着行业的不断发展，区块链技术已开始在实体经济的很多领域实现落地应用。区块链具有分布式、不可篡改、可追溯等特性，在实体经济的改造中已经开始了广泛的探索并取得初步成效，区块链在实体经济产业场景中落地的模式和逻辑也日益清晰。

在市场形势大好的背后，联盟链行业的格局与模式发生着日新月异的变化。目前联盟链行业技术参与者分为三类：

1. 平台型模式

在推出其自主知识产权的联盟链底层后制订面向行业的解决方案，并吸引生态内企业将其业务系统搭建在其联盟链平台，例如阿里巴巴、腾讯、华为、蚂蚁金服、百度等大型机构，它们都推出了 BAAS 区块链服务平台。这些大的联盟链平台都具有宏大的远景，志在成为区块链时代的通用基础设施，应用场景的丰富性与深度则将成为其实力的直接体现。

2. 项目型模式

项目型模式多为创业公司，利用自身既有的区块链通用底层架构与代码以及丰富的技术经验，为外部机构研发与搭建面向特定场景业务的联盟链，它们大多同时兼具技术开发者与应用实践者的双重身份。

3. 应用型模式

部分行业龙头在自身的场景中已经具备领先优势，例如版权、公益、电子商务、金融等场景，这些公司从自身业务出发寻找合适的区块链解决方案，提升自身竞争力。

联盟链的客户当前多为官方机构，包括政府单位与银行等国企单位。这些机构涉及现代社会个人与企业的方方面面，且各机构间存在大量协作关系，故而成为目前各大联盟链平台的主要使用方与实践方，也为行业的发展提供了肥沃的土壤。同时也有部分行业的中小型公司，在有志之士的领导下，尝试采用区块链技术争取新的突破和更快的发展。

联盟链技术的场景化应用并不意味着该技术取得真实落地，由于联盟链的技术应用门槛并不高，许多场景目前尚属于“伪落地”状态，只有这些应用真正解决了该场景难以克服的问题，或提升效率或降低成本，才有可能取得更大规模应用并受到行业的认可。同时从行业普遍观点来看，一项业务中存在多个具有协作关系的参与方，并且彼此的信息化程度都很高，才具备应用联盟链技术去提升效率的可能性。

在众多场景层面，供应链金融是各大联盟链都在重点发力的场景，同时也堪称目前联盟链实践案例最丰富、参与者最多的场景之一。其中逻辑不难理解，中小型企业融资难的现象存在已久，难点在于银行与企业间的信任难以达成，中小企业可以利用区块链技术的不可篡改、清晰留痕等特性，令其企业运营数据在区块链上逐级流转，使得银行更加便捷地评估企业资金与业务状况并给予融资。

司法场景亦是目前联盟链实践较多的场景之一，其痛点在于当前互联网的数据存在易被篡改伪造等问题，普通用户如需取证维权需要面临非常复杂的取证与示证流程。区块链技术可以将用户在疑似侵权平台上的操作行为记录于区块链上，这种方式下电子数据的生成、存储、传播和使用的全流程可信，同时多数司法联盟链的链上的节点为公证处、CA 机构、司法鉴定中心以及法院等各个单位，由这些机构对电子数据流转过程进行见证更加具有公信力。

最高人民法院在 2018 年 9 月 7 日印发的《关于互联网法院审理案件若干问题的规定》第十一条规定：“当事人提交的电子数据，通过电子签名、可信时间戳、Hash 值校验、区块链等证据收集、固定和防篡改的技术手段或者通过电子取证存证平台认证，能够证明其真实性的，互联网法院应当确认。”

目前蚂蚁区块链、百度超级链等联盟链在区块链存证方面的效力都已经取得北京、杭州、广州等地互联网法院的认可并形成较多案例。例如，2019 年 4 月北京市互联网法院发布了第一例采用区块链平台提供证据的判决书，该判决书由安妮股份旗下品牌版权家区块链存证平台提供，并帮助原告取得胜诉。

目前联盟链的市场空间还很庞大，竞争大多集中在增量市场，但随着此后竞争的加剧以及官方联盟链的加速入场，乃至于公链在性能、合规等层面取得突破，如今的联盟链参与者必然会面临更加复杂的格局。当前行业生态具有如下现状：

（1）区块链研究机构纷纷设立

当前区块链研究主体以高校和头部企业为主。区块链研究机构在专利方面，布局不断拓展，中国区块链发明专利位居全球第一。

2023 年 2 月，科技部批复由微芯研究院牵头，联合国内优势资源建设国家区块链技术创新中心。将开展区块链关键技术攻关与产业化，集聚国际领军人才形成链接全国资源的创新网络，为提升我国区块链领域的技术创新能力，实现高水平自立自强提供有力支撑。

(2)区块链企业应运而生

《中国区块链行业报告 2020》显示，2019 年中国新增经营范围中含区块链的企业超过 1.1 万家。国内互联网企业也纷纷布局区块链应用，包括阿里巴巴、华为、百度、腾讯、京东等企业纷纷推出区块链平台，包括央行和四大国有商业银行在内的几十家银行机构纷纷开展区块链应用。

(3)区块链行业联盟发展壮大

越来越多的机构加入区块链源代码的开发和贡献行列，形成多个开发生态，如中国区块链技术与产业应用论坛、微众银行金链盟、蚂蚁区块链联盟、安妮股份版权区块链联盟等。

(4)区块链行业投融资跌宕起伏

2017—2018 年是区块链产业投融资最活跃的时期，2019 年整个互联网投融资市场活跃度降低，资本市场趋紧，2020 年加剧了这一趋势，新增区块链企业数量趋缓。2020 年下半年在我国经济率先复苏，A 股资本市场逐步活跃，投融资方面已经开始出现底部启动的态势。

10.2.3　区块链的发展方向

按照近期各省市出台的区块链政策，区块链行业在我国的发展方向可以概括如下：

1. 坚定发展目标

要强化基础研究，提升原始创新能力，努力让我国在区块链这个新兴领域走在理论最前沿，占据创新制高点，取得产业新优势。

2. 核心技术攻关

要推动协同攻关，加快推进核心技术突破，为区块链应用发展提供安全可控的技术支撑。

3. 争夺国际话语权

要加强区块链标准化研究，提升国际话语权和规则制定权。

4. 加速应用落地

要加快产业发展，发挥好市场优势，进一步打通创新链、应用链、价值链。

5. 培养技术生态

要构建区块链产业生态，加快区块链和人工智能、大数据、物联网等前沿信息技术的深度融合，推动集成创新和融合应用。

6. 持续输出人才

要加强人才队伍建设，建立完善人才培养体系，打造多种形式的高层次人才培养平台，培育一批领军人物和高水平创新团队。

总的来看，发挥区块链技术融合、功能拓展、产业细分的契机，发挥区块链在促进数据共享、优化业务流程、降低运营成本、提升协同效率、建设可信体系等方面的作用，区块链行业的大发展态势已然不可逆转，不过联盟链与公链的融合竞争、区块链落地的真伪争论大概率也会长期伴随行业左右，并最终推动联盟链的进一步进化与落地。

10.3 区块链应用中面临的挑战

10.3.1 安全与隐私问题

“数据的共享开放”是科学和技术进步的基础，也是研究和开发新应用的必要条件。然而，无论是个人还是企业用户，数据的共享需要适当的保护措施，特别是涉及隐私数据。

而安全和隐私是两个不同但又相关的概念。安全问题，就像是信用卡出现安全漏洞被盗钱，人们可通过一些措施来阻止并要求退款。而隐私问题，在于当个人隐私受到侵犯时，我们无法采取同样的措施。隐私信息一旦被公开，就无法再次隐密。因此，需要设计一种安全协议，在不泄露隐私的前提下实现数据价值。

区块链采用的是国际通用的密码算法、虚拟机和智能合约等核心构建，这些构建并非完全自主可控，而且会增加受攻击的风险。大量采用诸如零知识证明、群签名等复杂密码算法会大大降低区块链数据读写能力，导致原本处理效率较低的区块链系统雪上加霜。

智能合约具有类似高频交易的自我循环特性，会显著放大价格波动。区块链数据信息写入之后无法修改，导致交易后无法退回，灵活性差。

在大数据时代，保护数据隐私的重要性不言而喻。目前区块链公链上的数据大体来说是完全开放的。因此，随着区块链应用的不断拓展以及其数据库应用比重的提升，如何在区块链上引入完备的隐私保护机制已经成为亟待解决的问题。

区块链采用了去中心化的共识机制，本身的安全性是比较高的。然而，区块链由网络实现，因此其网络协议的各个层次均有可能受到攻击。例如 Mt Gox 交易所曾因为钱包的安全性漏洞被盗走 3.6 亿美元，直接导致交易所破产。

更为严重的安全隐患来自智能合约。由于智能合约是具有图灵完备性的程序，因此其行为更加复杂，而且代码在分布式网络环境上运行时，潜在风险会大大提升。目前的智能合约编程以 Solidity 语言为主，该语言成熟度相对较低，因此虽然代码由虚拟机执行，但攻击者可以利用溢出等情况侵入宿主电脑。同时，为了支持交易引入了跨合约程序调用等功能，易于遭受重入攻击。典型案例是以太坊上的众筹项目 DAO，它在 2017 年受到重入攻击，被盗走当时价值 6 000 万美元的以太币。

1. 关于交易的隐私

对于比特币而言：是有一个很好的保护的，因为地址经过了非对称加密算法的加密。

对于交易而言：是公开透明了，没有隐私保护，导致有一些领域是没有办法接收交易信息透明的。

2. 关于个人隐私

有区块链服务提供者解决方法：欧盟保护法规《通用数据保护条例》规定，一旦有用户的个人信息上链，区块链服务的提供者必须保证用户数据的隐私性。

如果没有提供者：没有提供者的区块链的性能还是存在问题的，如果别人以一条交易信息的附加消息的方式把个人信息写入区块链中，那么就没有人能删除这条信息，不可篡改。

没有提供者常用解决方法：

（1）同态加密

对密文直接进行处理，与对明文进行处理后再加密后得到的结果相同。四种类型：加法、减法、乘法、除法 $F(A)+F(B)=F(A+B)$。

在于金融转账交易是整个过程中数据，包括区块链账本纪录的数据都是处于加密的状态的，只有持有对应客户端私钥的人能看到，其他人只能看到加密后的交易信息，从而提高隐私性。

（2）零知识证明技术的数字货币（不向验证者提供任何有用的信息的情况，使验证者相信某个结论是正确的）

零知识证明相关的技术来完成加密后的交易的有效验证，结合同态加密，可以完成一个完整的隐私保护和校验流程。

注意：大零币是第一个成功的零知识证明技术的商业应用。

3. 其他隐私保护技术

（1）群签名

利用群公钥来验证签名信息的正确性，但是不能确定是群中的哪一个成员进行的签名。（就比如×××班，拿这个标签进行签名）

（2）环签名

一个成员利用他的私钥和其他成员的公钥进行签名，但是不需要征得其他成员的同意，所以验证者只能知道签名来自这个环，但是不知道谁是真正的签名者。

（3）可信执行环境

可信执行环境能够用在隐私保护领域中，也可以为区块链中密钥保护提供硬件级别的能力。也可以让密文在这个环境下解密得到明文，然后操作明文，在这个过程中不担心泄露信息的问题，也可以解决保护隐私问题。

4. 区块链系统应该给用户足够的安全及隐私保护提示，以提高用户安全意识

现在确实有很多隐私保护的策略，像是零知识证明、安全多方计算、可信硬件环境、全同态密文计算等，还有相关规范和标准，那是不是就能完整保护隐私了？编者的观点是，每种隐私保护策略各有所长、各有所短，它的长短可能都体现在性能、功能、复杂度和中心化程度上。零知识证明和安全多方计算，就是隐私保护的“核武器”，非常有潜力。但其也有局限，比如零知识证明重点在于证明一个事物的有效性，而不在于运算，但用户的账目、风控模型都涉及计算。安全多方计算是可以用于联合计算，但现在它处在从两方向多方发展的阶段，多方安全解决起来比较困难，牵涉成本、计算量、复杂度。

我们都知道，手机有个安全区，把密钥保护在安全区可以降低安全风险，但一个大企业把成千上万的数据保护在安全区，就相当于完全依赖安全区。安全软硬件依旧会有漏洞，还是要及时升级。总的来看，依赖硬件体系的反应速度会比较慢。

同态非常有趣，两个密文相加得到一个密文，密文解密之后是这两个密文对应的明文相加的结果。它可以用于多种情况的账目计算，但只能计算，很难验证，也就是计算结果如果是错的，在密文情况下无法得知。而且，现在同态一般应用于加法计算、乘法计算的速度比较慢。另外，同态的数据量如果是比较大，那么其数据膨胀和运算速度降低就会非常明显。

规范和标准,依赖很多链外管理手段,比如惩罚、司法追责。我们要把这些手段全部综合起来,在性能、功能、复杂度和中心化中取平衡,在不同的场景下扬长避短,来达到成本和效果的最优。那就要求从多维度考虑隐私保护,它是个立体的场景化问题。

没有一种技术是区块链安全和隐私的万能药,应该根据具体情况选择合适的技术,一般来说,多种技术的结合比使用单一技术更有效。没有任何技术没有缺陷或在所有方面都是完美的,所以我们仔细关注将一些安全和隐私技术整合到区块链中所带来的隐患和潜在危害。安全、隐私和效率之间总是有一个权衡,要提倡完善安全和隐私的技术,但是也要保证性能是可以实际部署使用的情况。

10.3.2 治理与监管问题

我国政府层面对区块链技术的态度非常明确,一方面,积极鼓励区块链技术创新和应用发展;另一方面,严厉打击借区块链之名的虚拟货币投机炒作、ICO、IEO 等非法活动,加强对加密货币和各种代币的监管。

2017 年 9 月,央行、网信办、工信部、原工商总局、原银监会、证监会、原保监会等七部委发布的《关于防范代币发行融资风险的公告》指出,比特币、以太币等所谓虚拟货币,本质上是一种未经批准非法公开融资的行为,要求即日停止各类代币发行融资活动,已完成代币发行融资的组织和个人应当做出清退等安排。

2018 年 1 月 22 日,央行支付结算处下发《关于开展为非法虚拟货币交易提供支付服务自查整改工作的通知》,要求各单位及分支机构开展自查整改工作,严禁为虚拟货币交易提供服务,并采取措施防止支付通道用于虚拟货币交易;同时,加强日常交易监测,对于发现的虚拟货币交易,及时关闭有关交易主体的支付通道,并妥善处理待结算资金。

2018 年 1 月 23 日,中国互联网金融协会发布《关于防范境外 ICO 与“虚拟货币”交易风险的提示》,警示投资者尤其要防范境外 ICO 机构由于缺乏规范,存在系统安全、市场操纵和洗钱等风险,同时也指出,为“虚拟货币”交易提供支付等服务的行为均面临政策风险,投资者应主动强化风险意识,保持理性。

2018 年 8 月,中央网信办、公安部、人民银行、市场监管总局、银保监会等发布的《关于防范以“虚拟货币”“区块链”名义进行非法集资的风险提示》文件指出,一些不法分子打着“金融创新”“区块链”的旗号,通过发行“虚拟货币”“虚拟资产”“数字资产”等方式吸收资金,侵害公众合法权益。此类活动并非真正基于区块链技术,而是炒作区块链概念行非法集资、传销、诈骗之实。

2019 年 1 月,网信办发布《区块链信息服务管理规定》,为区块链信息服务的提供、使用、管理等提供有效的法律依据;对于区块链信息提供者(项目方)开发上线新产品、新应用、新功能的,应当按有关规定报国家和省、自治区、直辖市互联网信息办公室进行安全评估。旧有区块链应用项目,首先要按照新规规定在省级网信办进行备案。随着区块链市场监管政策的成熟和完备,以及区块链技术的进一步提升,行业监管制度体系建设进一步完善,为产业区块链项目深入服务实体经济提供有力保障,一些违法违规的项目则会受到严格监管,市场渐趋规范,产业发展环境得以优化。

2019 年 1 月，网信办发布《区块链信息服务管理规定》，旨在明确区块链信息服务提供者的信息安全管理责任，规范和促进区块链技术及相关服务健康发展，规避区块链信息服务安全风险，为区块链信息服务的提供、使用、管理等提供有效的法律依据。

2020 年 4 月，公安部发布《区块链服务信息网络安全要求》，同时国家互联网信息办公室发布了三批境内区块链信息服务备案的公告，为区块链信息产业健康良性发展助力。

在未来，我国区块链监管技术工作重点在于：区块链节点的追踪和可视化；联盟链穿透式监管技术；公链的主动发现与探测技术；全链监管的体系结构和标准建设。

区块链行业的快速发展，推动了整个经济格局的变革，为促进现代化经济体系的改良无疑跨出了重要的一步。而区块链技术公开、不可篡改的属性，为去中心化的信任机制提供了可能，也给监管方式的改变带来了机遇。未来全球的监管部门也将拥抱区块链这项新的监管科技，用新科技提升政府监管效能。

10.3.3　可扩展性问题

随着区块链逐渐走向主流应用场景，大规模计算需求所带来的扩展性瓶颈将越来越显著。大量网络节点同步、海量交易都将成为区块链提高扩展性并成为新一代信息基础设施的关键障碍。

区块链可扩展性最具体的指标就是链的 TPS，即链每秒能承载的交易笔数。BTC 在理论上最多是 7 笔每秒，实际平均值是 3 笔每秒。即 BTC 网络每秒最多能处理 7 笔交易，多了就只能排队等。以太坊网络的 TPS 平均是 10 到 15 笔每秒，要知道支付宝的支付峰值 TPS 是 54.4 万笔每秒(2019 年双 11 节创下的)，比 BTC 高了超过 10 万倍。

除了提高 TPS 外，可扩展性解决方案还要保证区块链最原始的目标，最重要的就是去中心化和无须许可，只有这样才能保证安全和隐私。

可扩展性还有另外一个隐性的目标是经济收敛性，即扩展出来的交易和用户量得要在一个经济生态里。

像 Polygon 这样的侧链确实是实现了 ETH 的扩容，但它另发了一个币，经济上是和 ETH 相隔离的，没有实现经济收敛。

可扩展性还有一个隐性的目标是实现功能的多样性，即让区块链可以做更多更复杂的事。

历史上主要的可扩展性解决思路如下：

(1)另造链

另造链非常简单粗暴，但显著的缺点是经济不收敛，做出来很难获得用户。

(2)直接链上扩容

如 BCH 对 BTC 的 1 M 区块改成 8 M；如 ETH 提高区块的 Gas Limit。其优点是简单有效，但会影响去中心化，存在可扩展的上限。

(3)状态通道

如 BTC 的闪电网络、ETH 的雷电网络，其技术极为复杂，一直没成功。

(4)侧链

侧链和另造一条链差不多，但目标是想做到和主链经济收敛，以及和主链共享安全性。但实践起来一直不理想，最大的问题是目前还没找到去中心化的主链和侧链之间双方锚定(two-way-peg)的相互转币的解决方案。

(5)分片

分片可看成特殊的侧链。放弃一个完整节点包含和处理所有(历史的和未来的全部)交易的目标，将待处理的交易分成片，一个片包含相当于一条链，并且在理论上可以证明这些分片可以相互信任。该技术太复杂了，一直不成功，包括最著名的 ETH 2.0，基金会都宣布放弃最初的分片计划。

(6)分层 L2

最早的 usdt-omni 就是基于此技术实现的。在 2018 年对这一理论做了大量的理论建设和实践。基本原理是将交易的存储和计算分开来，分层的缺点非常明显，安全性无法保持一致。

(7)Rollup

Rollup 是现在较火，看起来也将会成功的可扩展性解决方案之一。Rollup 的核心思想是将“打包”后的交易数据区块发布在链上，从而降低交易有效性验证的难度。交易数据的上链和验证是基于智能合约完成的。操作者收集到不同参与者提交的链下交易后，在链上执行 Rollup 智能合约提供的脚本，将打包后的交易数据区块作为参数提交给合约，合约验证数据有效后为每个参与者记账。这相当于一次性执行了一批链下交易，但是在链上只执行了一个交易。以太坊创始人 Vitalik Buterin 在主题演讲中表示，Rollup 能够大幅度提升可扩展性，在目前为止至少可以提升 100 倍。数据分片是一个分片比较简单的形式，它并不是打造一个强大的能够处理交易的分片，相反只打造能够存储，并且对于数据进行验证的分片，这是一种简单的分片形式。通过这样的分片，是能够提高 Rollup 的可扩展性，可以再提高 100 倍。对于以太坊来说，Rollup 是可行的可扩容方案。

10.3.4 其他问题

1. 区块链的行业应用效果有待进一步验证

区块链行业应用推广总体形势持续向好，尤其在司法和数据存证、金融、供应链等领域，但由于区块链技术涉及多方实体数据互联互通，需协调多方机构进行应用落地及推广，如政务、物流、供应链、溯源等领域，参与主体较多，且各主体之间信息化建设程度参差不齐，区块链平台建设和协调难度较大。此外，区块链作为降本增效的重要技术手段，目前应用效果还有待验证，各应用场景目前仍处于试点实验阶段，缺乏典型的应用示范场景和案例。

2. 智能合约面临法律适用难题，发展停滞

我国区块链企业对智能合约的创新研发工作长期处于停滞不前的状态，已有的智能合约技术大多仿照国外主流区块链智能合约架构，对智能合约编写语言进行了一定的扩展，以提高智能合约的易用性，但同时面临这些问题：智能合约的不可篡改、不可撤销和自动执行的特性导致合约无法使用法律手段纠偏，代码写入就会生效，法律无法直接干预，甚至无法事后弥补；智能合约受害者的权利难以保障，消费者私钥丢失引起的欺诈交易在传统的诉讼模式下难以得到保护。

例如监管,区块链技术的现有架构在有限程度上保证了部分监管合规性,然而,在更广义的现实场景下的监管需求难以得到有效支撑。如何高效的保证区块链数据符合法律法规、行业规范、风控模型等特定监管规则,是区块链实现大规模落地应用的另一大挑战。

3. 数字资产潜在金融风险

近年来区块链技术一直在不断发展和创新中,数字资产在全球的应用也越来越广泛,伴随诸多风险,问题聚焦在数字资产法律性质、行业规范和政府税收等方面。数字资产的法律性质无法明确,国家法律法规对数字资产的概念、属性、交易流转等问题没有明确规定,不以监管。数字资产的巨大投机价值吸引了大量不合格投资者和不法分子,各种诈骗和传销手段层出不穷,消费者权益无法保证。数字资产借全球性与匿名性的特点,屡屡挑战金融监管规则,各种管控与税收措施对此无能为力,需要国际件反避税、反洗钱手段的提升。

4. 企业增速后继乏力,服务类型同质化。

区块链企业的发展仍处于高速发展阶段,创业者和资本不断涌入,形成了各大聚集区。这些聚集区,在中心城市的带动下,区块链企业虽在增长,但有实质性产出的区块链企业,增长速度有所下降,缺乏后继之力。同时,从各企业的服务类型、发展定位来看,多数企业在区块链项目的开发上,多以底层技术的研究、信息数据的处理、解决方案的提供、公共链、平台链等为主,整体上体现出企业服务类型同质化的现象。

5. 区块链社会整体认知程度有待深入。

大量民众对区块链的应用价值往往是一知半解,将真正的区块链技术与比特币混淆,认为国家禁止了 ICO、关闭了加密数字货币交易平台就是否定了区块链技术,短时期内难以深刻理解和接受。国内的 IT 巨头企业、金融机构虽然纷纷布局区块链,但投入资源有限且主要应用于非核心业务领域,对区块链技术的应用仍处于初级阶段。部分地区政府对区块链的认知仍存在偏见,对区块链技术的安全问题、监管问题、合规问题仍没有清楚的认识,经济较发达地区对区块链发展仍处于观望态度,相关扶持政策和发展力度较为保守,区块链企业难以有效推进落地。

10.3.5　解决之道

1. 坚持应用导向,推动技术落地

区块链可深度融入传统产业中,通过融合产业升级过程中遇到的信任和自动化等问题,增强共享和重构等方式助力传统产业升级,重塑信任关系,提高产业效率。区块链是新一代创新信息技术,要脱虚向实,与实体经济、产业充分结合,才能发挥其应有作用,坚持应用导向,集聚区块链技术提供方和需求方,逐步在社会治理、公共服务、工业、农业、金融等重点领域推动区块链落地;组织行业力量积极参与区块链国际、国家标准体系制定。联合各类机构研究区块链评级体系,牵头成立区块链技术评级平台;研究技术动态和前沿理念,推动国产区块链基础设施建设。在加密算法、共识机制、公链、联盟链等区块链核心底层实现一批拥有自主知识产权、开源产品。

区块链技术与加密货币相伴而生,但区块链技术创新不等于炒作虚拟货币,应防止利用区块链发行虚拟货币、炒作空气币等行为。同时还要看到,区块链目前尚处于早期发展阶段，在安全、标准、监管等方面都需要进一步发展完善。大方向没有错，但是要避免一哄而上、重复建设，能够在有序竞争中打开区块链的想象空间。

企业应用是区块链的主战场，联盟链将成为主流方向。未来的区块链应用将脱虚向实，更多传统企业使用区块链技术来降成本，提升协作效率，激发实体经济增长，是未来一段时间区块链应用的主战场。与公有链不同，在企业级应用中，需要更关注区块链的管控、监管合规、性能、安全等因素。因此，联盟链这种强管理的区块链部署模式，更适合企业在应用落地中使用，是企业级应用的主流技术方向。

2. 营造行业生态圈，打造产业集聚区

当前，区块链在金融服务、物联网、智能制造、供应链管理、文化娱乐、社会公益、教育就业等多个领域的应用已初步形成“百花齐放、百链争鸣”的新格局。行业生态的营造和协同发展成为区块链产业良性发展的新要求。协会的成立将积极推动区块链生态的构建和产业集聚，吸引培育一批优秀的区块链企业，以区块链技术联合研发、应用培育为依托，以产融结合为纽带，以行业内交流、技术协作和应用讨论为基本形式，推广区块链技术应用并形成产业化集群，营造具有国际影响力的行业生态圈，打造区块链产业集聚区，集聚区块链技术标杆企业和传统企业，整合产业资源积极推广区块链技术应用。着力打造国际性应用落地对接平台，面向全球开放应用场景，构建国际化行业生态圈和集聚区。

3. 引领关键技术研究

区块链性能将不断得到优化。截至 2022 年，超过 100 种区块链技术解决方案已被探索。当前的种种迹象表明，区块链给金融领域带来的变化已经开始、正在加速，并将形成趋势。未来，区块链应用将从单一到多元方向发展。票据、支付、保险、供应链等不同应用，在实时性、高并发性、延迟和吞吐等多个维度上将高度差异化。这将催生出多样化的技术解决方案。区块链技术还远未定型，在未来一段时间还将持续演进，共识算法、服务分片、处理方式、组织形式等关键技术环节上都有提升效率的空间。区块链系统从数学原理上讲，是近乎完美的，具有公开透明、难以篡改、可靠加密、防攻击等优点。但是，从工程上来看，它的安全性仍然受到基础设施、系统设计、操作管理、隐私保护和技术更新迭代等多方面的制约。未来需要从技术和管理上全局考虑，加强基础研究和整体防护，才能确保应用安全。

4. 开展学术交流

定期召开行业专题研讨会各类沙龙活动。为区块链行业的从业企业、人员、技术需求方提供沟通交流平台；组织区块链应用案例及技术培训。联合相关研究机构、院校、企业开展区块链技术技能培训，为行业培养适用人才。积极向政府部门、国有企业、传统行业推广普及区块链应用场景及其优势特点。开展国际、国内合作与交流。定期与海外、国内优秀区块链企业及机构进行互访交流，参加国内外区块链的会议、论坛，加强国际、国内技术互动，借鉴学习国内外的先进技术和经验。引进来走出去，强化全球化布局；建立政企沟通桥梁，探索行业创新发展沙盒，设置行业负面清单，辅助监管部门制定相关政策，推动行业健康有序发展。

5. 加强监管

区块链投资持续火爆，代币众筹模式累积的风险值得关注。区块链成为资本市场追逐的热点，未来这个领域的投资热度不会减退。我国虽然从监管层提出禁止炒币，但要防止变异、变种、变形、变相的各种炒币形式复活。区块链技术的成熟，也能够为提高监管有效性提供帮助。区块链行业的快速发展，推动了整个经济格局的变革，为促进现代化经济体系的改良无疑跨出了重要的一步。而区块链技术公开、不可篡改的属性，为去中心化的信任机制提供了可能，也给监管方式的改变带来了机遇。未来全球的监管部门也将拥抱区块链这项新的监管科技，用新科技提升政府监管效能。

10.4　本章小结

本章首先介绍了区块链的发展情况，包括国际与国内的发展。其次在介绍区块链产业机遇时，重点介绍了中央和地方级政府为乐区块链技术和产业发展，采取了包括引导产业发展、强化区块链产业基础、全方位鼓励技术发展、加快应用落地等举措。本文将目前联盟链行业技术参与者大致分为平台型模式、项目型模式、应用型模式等三类，并总结归纳了当前行业生态具有区块链研究机构纷纷设立、区块链企业应运而生、区块链行业联盟发展壮大、区块链行业投融资跌宕起伏等现状，同时提出行业现存区块链的行业应用效果有待进一步验证、智能合约面临法律适用难题，发展停滞、数字资产潜在金融风险、企业增速后继乏力，服务类型同质化、区块链社会整体认知程度有待深入等问题。对此提出了坚持应用导向，推动技术落地、营造行业生态圈，打造产业集聚区、引领关键技术研究，实现关键领域突破、开展学术交流，培养区块链人才、加强区块链行业监管等解决之道。按照近期各省市出台的区块链政策，文中还介绍了区块链行业在我国的发展方向可以概括如下：坚定发展目标、核心技术攻关、争夺国际话语权、加速应用落地、培养技术生态、持续输出人才。最后，重点介绍了区块链应用中面临安全与隐私、治理与监管、可扩展性以及其他问题的挑战，并给出了解决之道。

学生通过对本章的学习，基本上能够了解或者熟悉区块链的发展、产业机遇、行业生态、发展方向以及区块链应用中的面临的挑战，同时了解响应的解决之道。

10.5　课后练习题

一、选择题

1. 中央和地方级政府为区块链技术和产业发展出台各种措施。这些不举措包括(　　)

A. 引导产业发展　　B. 强化区块链产业基础

C. 加快应用落地　　D. 引进先进技术

2. 下列不是当前行业生态现状的是(　　)。

A. 区块链研究机构纷纷设立　　B. 区块链广泛普及

C. 区块链企业应运而生　　D. 区块链行业投融资跌宕起伏

3. 下列不属于目前联盟链行业技术参与者的是(　　)。

A. 平台型模式　　B. 项目型模式　　C. 应用型模式　　D. 加盟型模式

4. 区块链行业在我国的发展方向不包括(　　)。

A. 全面推广区块链应用　　B. 坚定发展目标

C. 核心技术攻关　　D. 培养技术生态

二、填空题

1. 我国在区块链领域尤其是________领域,拥有良好基础。

2. 2020 年 4 月 20 日,在国家发改委举行的例行新闻发布会上,区块链正式被列为新型基础设施中的________。

3. 不同地区对区块链的定位也不同。整体上看,东部地区对于区块链更多侧重于________,中西部地区则更倾向于________。

4. 常见的隐私保护技术包括________、________、________、________、________。

5. 区块链可扩展性最具体的指标就是________,即________。

6. 在未来,我国区块链监管技术工作重点在于:________、________、________、________。

三、问答题

1. 简述区块链的产业机遇。

2. 简述区块链的行业生态发展有哪些特征,当前存在哪些现状,以及如何解决。

3. 简述区块链的发展方向。

4. 简述区块链在安全与隐私问题上面临的挑战。

5. 简述区块链在可扩展性上面临的挑战。

6. 说说你对区块链应用中面临的各种挑战的解决之道。